吴 磊 杨 勇 江训艳◎著

多源遥感图像融合方法及其应用

中国铁道出版社有限公司
CHINA RAILWAY PUBLISHING HOUSE CO., LTD.

内 容 简 介

本书基于注入模型从像素级层面开展遥感图像新算法研究，重点是提高遥感图像的融合性能和应用价值，主要论述基于精炼细节注入的遥感图像融合算法、基于补偿细节注入的遥感图像融合算法、基于多光谱图像改进的遥感图像融合算法、基于光谱及亮度调制的遥感图像融合算法和基于多目标决策的遥感图像融合算法。

本书适合数据融合、计算机视觉、图像处理等领域研究人员的参考，也可供对相关领域感兴趣的读者阅读。

图书在版编目(CIP)数据

多源遥感图像融合方法及其应用/吴磊，杨勇，江训艳著．—北京：中国铁道出版社有限公司，2023.12

ISBN 978-7-113-30974-9

Ⅰ.①多… Ⅱ.①吴… ②杨… ③江… Ⅲ.①遥感图像 Ⅳ.①TP75

中国国家版本馆 CIP 数据核字(2023)第 248227 号

书　　名:多源遥感图像融合方法及其应用
作　　者:吴　磊　杨　勇　江训艳

策　　划:曹莉群　　**编辑部电话:**(010)63549501
责任编辑:贾　星　徐盼欣
封面设计:尚明龙
责任校对:安海燕
责任印制:樊启鹏

出版发行:中国铁道出版社有限公司(100054，北京市西城区右安门西街 8 号)
网　　址:http://www.tdpress.com/51eds/
印　　刷:北京盛通印刷股份有限公司
版　　次:2023 年 12 月第 1 版　2023 年 12 月第 1 次印刷
开　　本:710 mm×1 000 mm 1/16　**印张:**12.25　**字数:**206 千
书　　号:ISBN 978-7-113-30974-9
定　　价:60.00 元

前　言

遥感图像的分辨率直接影响国土资源信息的全面性和准确性,随着遥感技术的发展,遥感图像在国土资源中的应用越来越广泛,国土资源管理对遥感图像的分辨率有了更高的要求。在实际应用中,由于卫星遥感器的技术受限,多数商业卫星不能提供高空间分辨率多光谱(high-spatial-resolution multispectral, HRMS)图像。它们只能提供低空间分辨率多光谱(multispectral,MS)图像和高空间分辨率全色(panchromatic,PAN)图像。这种由卫星直接成像的 MS 图像和 PAN 图像通常因空间分辨率或光谱分辨率不高无法为国土资源管理提供全面、准确的信息,不能直接用于国土资源信息管理。因此,遥感图像融合应运而生。遥感图像融合是两幅或多幅来自同一场景的不同空间分辨率、光谱分辨率或时域分辨率的 MS 图像和 PAN 图像的信息整合过程,其目的是通过融合不同传感器成像的 MS 图像和 PAN 图像互补信息,产生一幅 HRMS 图像。遥感图像融合技术按照信息表征层次不同,由低到高可分为像素级图像融合、特征级图像融合和决策级图像融合。像素级图像融合是目前研究广泛的一类融合,它对各源图像中的像素逐个进行信息融合,能尽可能多地保留源图像中的重要信息,有利于获得对场景更全面、更精确的描述。经过 20 多年的发展,像素级遥感图像融合形成了一个以注入模型为代表的遥感图像融合方案。该方案假定低空间分辨率 MS 图像丢失的空间信息可以用高空间分辨率 PAN 图像的空间信息来补偿,提取其高频信息注入 MS 图像中获取 HRMS 图像。

本书首先论述遥感图像融合相关知识,然后论述注入模型理论,最后论述各类新遥感图像融合方法的工作原理、融合性能及在国土资源管理中的应用效果,使读者既能全面了解遥感图像融合概念及其应用价值,又能学到一些新颖有效的遥感图像融合精巧算法。

本书共分 7 章,具体内容如下:

第 1 章首先介绍了遥感图像融合的作用,简述了遥感图像融合层级结构、常用融合规则,回顾了国土资源信息管理中遥感图像融合算法的发展进程,阐述了遥感图像特性、遥感图像质量评价体系,分析了现有遥感图像融合算法的优缺点以及目前国土资源信息管理中遥感图像融合算法存在的问题。

第2章回顾和归纳了高频细节注入模型遥感图像融合算法，介绍了基于成分替代技术和多分辨率分析技术的注入模型融合方案、相关理论，为后续章节的展开进行铺垫。

第3章论述了基于精炼细节注入的遥感图像融合算法及其应用，介绍了细节精炼关键技术、基于精炼细节注入的遥感图像融合框架和基于精炼细节注入的遥感图像融合算法，讨论分析了将该算法应用于遥感图像融合的效果。

第4章论述了基于补偿细节注入的遥感图像融合算法及其应用，介绍了补偿细节提取的关键技术、基于补偿细节注入的遥感图像融合框架和基于补偿细节注入的遥感图像融合算法，讨论分析了将该算法应用于遥感图像融合的效果。

第5章论述了基于多光谱图像改进的遥感图像融合算法及其应用，介绍了多光谱图像改进关键技术、基于多光谱图像改进的注入模型融合框架和基于多光谱图像改进的注入模型遥感图像融合算法，讨论分析了将该算法应用于遥感图像融合的效果。

第6章论述了基于光谱及亮度调制的遥感图像融合算法及其应用，介绍了光谱及亮度调制关键技术、基于光谱及亮度调制的遥感图像融合框架和基于光谱及亮度调制的注入模型遥感图像融合算法，讨论分析了将该算法应用于遥感图像融合的效果。

第7章论述了基于多目标决策的遥感图像融合算法及其应用，介绍了基于多目标决策的遥感图像融合算法关键技术、基于多目标决策算法构建新的光谱调制系数和基于多目标决策的遥感图像融合算法，讨论分析了将该算法应用于遥感图像融合的效果。

本书由吴磊、杨勇、江训艳著。本书在编写过程中，得到了江西财经大学数字图像处理及机器学习研究团队的关心和支持，同时得到了江西省自然科学基金项目“基于注入模型和迁移学习的遥感图像融合方法研究”（项目编号：20212BAB202028）的经费资助。在此，谨向曾经关心和支持本书编写工作的各方人士表示衷心的感谢！

由于著者水平有限，书稿虽几经修改，疏漏及不妥之处仍在所难免，热忱欢迎广大读者批评指正。

著　者

2023年9月

目　录

第 1 章 遥感图像融合概述

1.1 遥感图像融合的作用

1.1.1 遥感图像融合的应用背景

国土资源利用是国家可持续发展的重要保障。随着经济的发展,国土资源信息管理需要准确反映国土资源利用的客观性,因此,国土资源信息管理技术的研究备受学者和研究人员的关注。遥感是指通过各种传感器从远处探测和接收来自目标物体的信息,经过信息的传输及其处理分析,识别物体的属性及其分布等特征的综合技术[1]。遥感图像是指遥感数据,即太阳辐射经过大气层到达地面,经地面反射或地表辐射,再次经过大气层,到达传感器,传感器将这部分能量记录下来,传回地面[2]。遥感技术通常借助卫星传输信息,具有获取地表信息快、信息覆盖面积广和空间信息丰富等优点。在国土资源信息管理中,利用遥感技术准确地掌握国土资源变化情况,有利于国土资源管理部门对国土资源进行动态监测和管理,从而为国土资源的综合开发、决策和规划提供科学、可靠的依据。

地球的上空有很多功能不同的卫星,它们每天周期性地获取地球表面信息,帮助国土资源管理部门分析、监测国土资源的动态变化和更新国土资源管理信息数据库。由于卫星遥感器的技术受限[3],这些卫星如 IKONOS、QuickBird 和 WorldView 不能提供一幅高空间分辨率多光谱(high spatial resolution multispectral,HRMS)图像[4]。它们通常携带多种不同的传感器,获得的信息呈现多样性和复杂性。这些传感器以不同的工作模式获取图像信息,这些不同成像传感器获取的图像信息之间或同一成像传感器以不同工作模式获得的图像信息之间存在着冗余性和互补性,如全色和多光谱传感器[5,6]。全色传感器通过一个宽的瞬时场景(instantaneous FOV,IFOV)来记录窄带信号,提供一种具有高空间分辨率、低光谱分辨率的全色

(panchromatic,PAN)图像;多光谱传感器通过一个窄 IFOV 和宽光谱范围来记录信号,提供一种具有低空间分辨率、高光谱分辨率的多光谱(low spatial resolution multispectral,LRMS)图像。然而,在国土资源管理中,如土地利用规划、地球资源普查、海洋研制、农业和林业管理、城市和测绘管理、环境污染监测等任务需要对某一场景描述更为全面和准确的 HRMS 图像。正是在这样的背景下,遥感图像融合应运而生。遥感图像融合是指利用传感器、信号处理、图像处理和人工智能等技术,通过某种特定算法对来自多个传感器、同一场景的 MS 图像及相应的 PAN 图像进行多级别、多方面、多层次的处理与综合,从而获得对该场景描述更全面、更精确、更可靠的 HRMS 图像[7]。HRMS 图像蕴含的信息比任何单个源图像更丰富,更适合目标检测、图像分割、模式识别和分类等图像处理操作。遥感图像融合也称全色锐化,就是采用合适的算法联合 LRMS 图像的光谱信息和相应的 PAN 图像的空间信息,合成一幅 HRMS 图像[8-11]。由遥感图像融合产生的融合图像具有高空间、高光谱分辨率,可满足国土资源信息管理日益增长的需要。

近年来,遥感图像融合在气象监测、环境管理、精细农业、安全和防卫等方面得到了广泛的应用。一方面,高光谱分辨率对于土地精确分类非常必要;另一方面,形状和纹理的精确分析要求 HRMS 图像。目前,国际学术界对遥感图像融合技术的重视程度也与日俱增。国内外很多研究人员针对遥感图像融合进行研究,提出了很多算法,发表了大量的文章。

1.1.2 遥感图像融合的意义

国土资源管理涉及土地、矿产和海洋资源的开发、保护和规划,有利于解决环境、资源、灾害和人口等社会发展面临的问题。为促进社会的全面进步和国家经济的可持续发展,需要监测国土资源,了解国土资源现状,以利于及时发现农业和林业中作物的病、虫、害等自然灾害,监测环境变化,控制环境污染及合理利用土地资源,改善生态环境等[12]。遥感图像包含数量巨大、类型众多、结构复杂、丰富的国土资源管理信息数据,通常由地球上空各种功能不同的卫星提供。多数卫星遥感技术受限,拍摄到的遥感影像数据不能直接用于国土资源信息管理,需要用图像处理技术进行处理才能用于国土资源信息管理。遥感图像融合是遥感图像数据处理中的重要环节,目的是从多源遥感图像中获取具有全面、准确的地理信息的高空间、光谱分辨率遥感图像,方便国土资源信息管理中目标检测、图像分割、地物分类等具体图像分析处理操作,有利于准确分析国土资源分布情况,各类自然、地质灾害发生机理。其应用原理可通过对比源 MS 和 PAN 图像及遥感图像融合算法获得的融合图像主观效果图来说明，如图 1.1 所示。

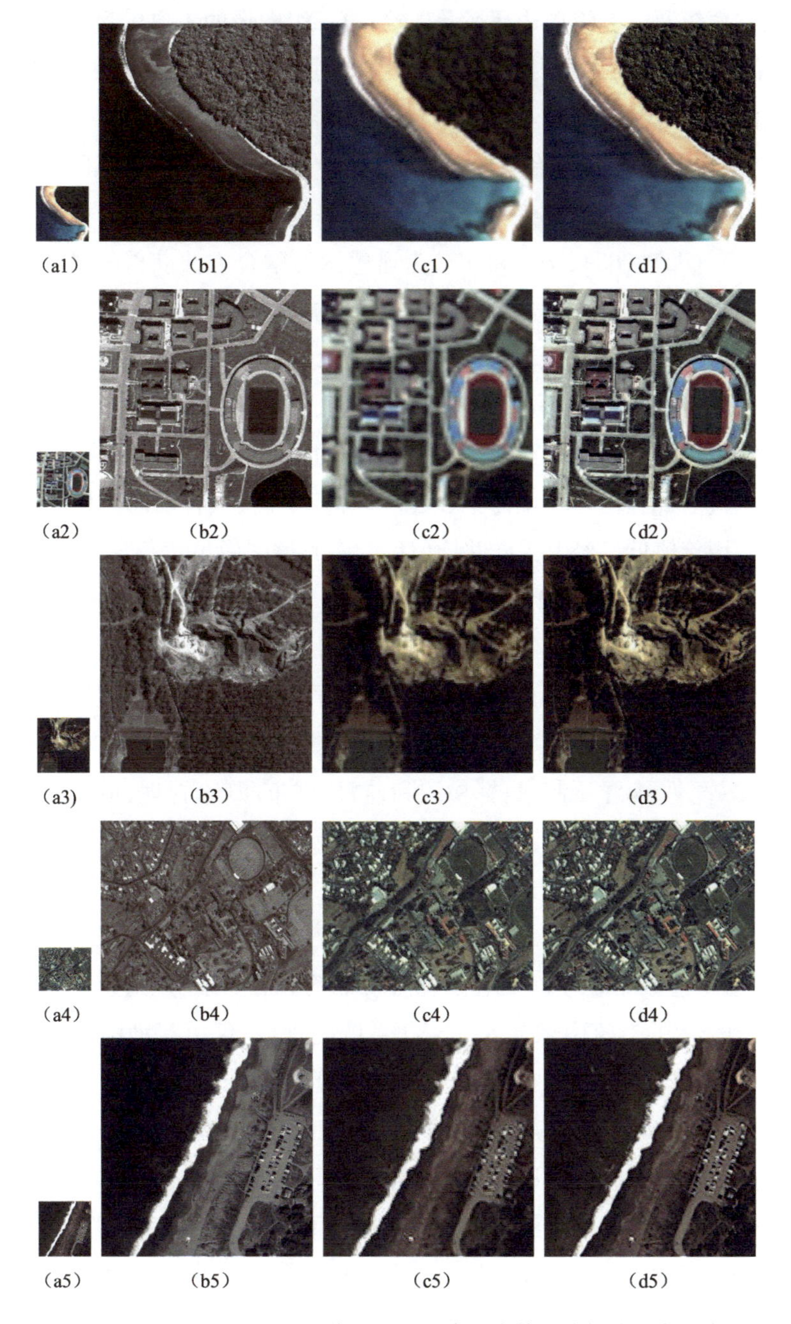

图 1.1　源 MS 和 PAN 图像及遥感图像融合算法获得的融合图像

注：(a1)～(a5)为低分辨率多光谱图像；(b1)～(b5)为全色图像；(c1)～(c5)为上采样多光谱图像；(d1)～(d5)为遥感图像融合算法获得的融合图像。

图1.1中第一组图的内容包括森林、陆地和海域；第二组图像的主要内容是某城市的体育馆及体育馆周边环境及建筑；第三组图像的主要内容是某森林资源分布图；第四组图像的主要内容是某城市土地使用情况；第五组图的内容包括陆地、沙滩、海域、车辆和植被。其中(a1)、(a2)、(a3)、(a4)和(a5)为低分辨率多光谱图像，是卫星拍摄到的原始多光谱图像；(b1)、(b2)、(b3)、(b4)和(b5)为全色图像，是卫星拍摄到的原始全色图像；(c1)、(c2)、(c3)、(c4)和(c5)为上采样多光谱图像；(d1)、(d2)、(d3)、(d4)和(d5)为遥感图像融合方法获得的融合图像。从图1.1所展示的各类图来看，卫星直接拍摄到的全色图像的空间分辨率是低分辨率多光谱图像的4×4倍，低分辨率多光谱图像分辨率低、视觉效果差，地物特征不明显，直接用于国土资源信息管理会导致国土资源信息提取不准确、误差率高。图中全色图像虽然有很高的空间分辨率，地物的边缘、纹理信息清晰，但是只有灰度信息，没有色彩信息，在环境污染、农业和林业中病、虫害及海洋监测等国土资源管理中应用价值低。经上采样并插值后的多光谱图像虽然色彩信息丰富，但是地物的边缘、纹理信息很模糊，不利于国土资源管理中空间数据的提取。遥感图像融合算法所获得的融合图像色彩信息丰富，且地物的边缘、纹理信息清晰，与源MS和PAN图像相比，几乎没有空间、光谱失真。通过对比这几组图中源遥感图像和融合后的遥感图像，证实融合后的遥感图像非常适合应用于农业和林业管理、土地资源管理、海洋研制、目标检测和监督、城市/测绘管理、道路识别等国土资源管理方面。

融合后的遥感图像基于遥感图像处理软件(the environment for visualizing images，ENVI)[13]获取地表信息用于国土资源信息管理。ENVI系统可对遥感图像进行分类、雷达数据处理、三维立体显示分析等操作，用于从遥感影像中提取信息[13]。将融合后的遥感图像输入ENVI系统处理，不仅可帮助国土资源政府管理部门有效管理国土资源的空间信息和属性信息，还可以帮助国土资源政府管理部门降低找矿难度，寻找隐矿、盲矿，同时可帮助国土资源政府管理部门进行矿产、土地等生态资源评价，为地质灾害预警以及环境污染、农业和林业动态监测提供科学有效的数据源和信息服务。具体应用如下：

(1)地球资源普查[14]。遥感图像融合在矿产资源的勘探、生物资源的调查、水资源的监测等资源普查领域有着重要应用。例如，通过遥感技术识别地质断裂或环形构造带，判断这些地方是否蕴藏矿产，借助遥感技术分析遥感图像划定蕴藏矿产的大致区域。

(2)农业和林业管理[15]。在农业和林业管理方面,遥感图像融合被广泛用于检测火灾、作物生长状况分析、作物受害原因的早期发现、经济发展预测、水分补给状况监视等领域。利用遥感图像融合技术解译和处理遥感图像,分析遥感图像中波谱特征,对不同植被的反射波谱特征进行分析,以此了解植被的分布,判断植被的类型、健康状况,分析植被的结构、产量等,有利于病害树木、农作物病虫害的管理。

(3)城市和测绘管理[16]。主要包括地图的制作、更新,建筑物、道路等环境情况的把握,火灾发生状况的把握,紧急车辆经过道路的安排,地形变化调查,机场、港湾设施等的建设规划,无线中转站设置场所调查,道路、电线杆、上下小道、煤气管道管理、天线等的维修管理等。

(4)土地利用规划[17]。主要包括土地利用状况的把握、城市建设规划、环境破坏状况的把握、国有/私有土地的管理和河川管理等。

(5)环境、灾害监测[18]。遥感图像融合在环境、灾害监测方面所起的作用是巨大的,主要表现在两方面的应用:一是环境监测,如监测海洋生态、气候变化、大气及水体污染、植被变化、土壤盐渍化、荒漠化和海上冰山漂流等;二是灾害监测,如森林火灾、水灾、虫害、旱情、泥石流、滑坡和地震等。总之,遥感图像融合可以为人们提供大量信息资源,帮助人们预防灾害、治理和保护环境,遥感技术的发展将影响人们的生活,改变人们的生产生活方式。

综上所述,遥感图像融合在国土资源管理中发挥着巨大的作用,对科学研究、文化教育、国防建设和国民经济均具有非常重要的意义,在未来国土资源信息管理中的应用将会越来越广泛。总体而言,遥感图像融合具有如下优点:

(1)提高系统可靠性和鲁棒性。形式多样的遥感系统如近地遥感、航天遥感、航空遥感工作模式不一样,成像特点迥异。例如,位于大气层外的卫星、宇宙飞船等航天遥感多为多波段成像,距离地球表面高度大于100 km,比例尺小,概括性强,具有动态性好、适合对某地区连续观察、周期性好等应用特点。而各类飞机、飞艇是大气层内飞行的航空遥感,多为单一波段成像,距离地球表面高度一般20 km左右。这些航空遥感比例尺中等,成像影像分辨率高,画面清晰,可以对垂直点地物清晰成像,动态性差,适合做长周期(几个月及更长)观察。近地遥感、三脚架、遥感塔、遥感车(船)建筑物的顶部等,比例尺最大,覆盖率最小,画面最清晰,多为单一波段成像,灵活机动,费用较低,适合小范围探测。由此可见,不同成像条件的遥感系统性能不同,有各自的成像优势及局限,遥感图像融合可整合不同遥感系统所成像的遥感图像之间的互补信息，极大地提高遥感系统可靠性和鲁棒性。

(2)减少工作量，提高工作效率。遥感具有视域广阔、监测范围大、动态监测、实时传输、快速处理等特点。在许多遥感技术应用中，通过视觉系统工作的观察员，需要从多种图像源中获取信息并做出判断。观察员同时监视多种源图像，工作量大，且人类视觉系统和大脑的特性导致观察员很难从多种图像源中获取全面、精确可靠的图像信息。通用的做法是通过协同多名观察员监视多幅连续变化、独立的图像，但这种方法获取综合信息成本高、难度大。遥感图像融合技术可以高效地获取多源图像中的互补信息，将多源图像整合成一幅单个信息全面、精确的图像，帮助观察员做出正确、合理的决策。

(3)更高效地表示信息。由于遥感技术受限，在实际遥感数据获取过程中，通常需要用多个成像系统对同一场景的信息进行采集，这样遥感技术获取到的信息冗余度高，不利于数据量大的遥感数据的传输和保存。遥感图像融合能够将多源图像信息融合在一幅图像上进行描述，获取信息的更高效表示形式，大大降低了源图像中的冗余信息，便于传输和保存，可极大地提高传输和存储效率。

1.2　遥感图像融合的层级结构

遥感图像融合主要是高光谱图像、MS 和 PAN 图像间的信息整合[19]，目的是将两幅或两幅以上来自同一场景的遥感图像合成一幅具有比任何一幅源图像更好解释能力的光谱图像，用于目标跟踪、对象监测、模式识别、图像分割、变化检测和分类等不同的应用[20-22]。根据不同的应用需求，遥感图像融合技术可以在像素级、特征级及决策级[18-23]三个不同的层进行融合。

1. 像素级遥感图像融合

像素级遥感图像融合是指对图像物理参数的操作，在操作过程中，通常会对源图像进行边缘、纹理的提取等处理，基于这些处理设计某种融合准则融合源图像中互相独立的像素点，该层次的融合是最低处理级别上的图像融合。常用的融合准则[24]主要包括：

(1)基于像素点的规则。该规则考虑独立的像素点或像素点的分解区域，如绝对值取大融合准则[25]。

(2)基于面积的规则。该规则计算像素点周围固定面积(局部区域或窗)内的多个点的归一化值，这个值反映细节信息强度，如计算局部区域能量或方差，用加权平均规则[26]度量像素点周围固定面积（局部区域或窗）内的多个点所反映的信息强度，根据值最大准则产生融合决策图。

（3）基于区域的规则。该规则首先对源图像进行区域分割，然后提取目标或区域特征，利用区域特征信息指导像素级图像融合。如在小波分解域进行特征的合并，最终形成一个二元的决策图。

像素级图像融合处理像素级信息能力强，可以有效地保持原始图像的像素级程度本质，应用范围广，是图像融合领域最受欢迎的图像融合层次。

2. 特征级遥感图像融合

特征级遥感图像融合联合独立源图像中提取的特征，创建一个信息更丰富的、全新的特征。令 $\boldsymbol{x}$ 为 MS 图像，$\boldsymbol{y}$ 是 PAN 图像，假设 $\boldsymbol{x}'=(x_1',x_2',\cdots,x_m')$（$\boldsymbol{x}'\in\mathbb{R}^m$）是 MS 图像提供的特征，$\boldsymbol{y}'=(y_1',y_2',\cdots,y_m')$（$\boldsymbol{y}'\in\mathbb{R}^m$）是 PAN 图像提供的特征，联合 $\boldsymbol{x}'$ 和 $\boldsymbol{y}'$ 特征生成一个新的特征 $\boldsymbol{z}'=(z_1',z_2',\cdots,z_m')$。用生成的新的特征代表目标图像的特征。相对于像素级和决策级遥感图像融合而言，特征级遥感图像融合是中间级别的处理，是对象检测、目标识别和图像分割要求的融合前的特征合成处理。在实际应用中，特征级遥感图像融合常用于土地利用/土地覆盖制图，如林业制图。由于特征级遥感图像融合主要依赖图像区域特征的提取，随着人们对遥感图像中感兴趣的目标进行识别和跟踪的需求越来越多，特征级遥感图像融合优势越来越突出。

3. 决策级遥感图像融合

决策级遥感图像融合是最高抽象级上的信息融合，旨在联合独立源图像中提取的特征，做出某种决策，如目标存在的概率。决策级遥感图像融合处理过程中，首先提取源图像特征，然后制定决策规则，最后合成特征。与特征级遥感图像融合不同，决策级遥感图像融合高度独立于提取特征的质量，融合结果对制定决策的规则很敏感。最常见决策规则的选择是硬决策和软决策。硬决策如用逻辑与/或做布尔运算的方法。软决策如贝叶斯方法。在实际应用中，决策级遥感图像融合常用于土地利用/土地覆盖图像的生成，其优势主要体现为分类精度高。

1.3 像素级遥感图像融合算法概述

遥感图像融合也称全色锐化，像素级遥感图像融合算法致力于用高空间分辨率的 PAN 图像锐化 LRMS 图像产生一幅 HRMS 图像[27-30]。通常，全色锐化方法分为五类：基于成分替代技术的遥感图像融合算法、基于多分辨率分析技术的遥感图像融合算法、基于模型的遥感图像融合算法、基于人工神经网络的遥感图像融合算法和基于混合技术的遥感图像融合算法。

1.3.1 基于成分替代技术的遥感图像融合算法

基于成分替代技术的遥感图像融合算法使用一种变换将 MS 图像映射到另一个空间，在这个空间将 MS 图像的空间结构信息和光谱信息分离成不同的成分，然后用 PAN 图像替代包含空间结构信息的成分。由于被替代的成分和 PAN 图像有更大的相关性，基于成分替代技术的遥感图像融合算法可减少融合结果的光谱失真。在执行成分替代前，将 MS 图像上采样并插值到与 PAN 图像一样大小；同时，为了使 PAN 图像和被替代成分有一样的均值和方差，必须先对 PAN 图像和被替代成分做直方图匹配，最后通过反变换将处理产生的数据带回原来的空间，完成 MS 和 PAN 图像的融合。常用的基于成分替代技术的遥感图像融合算法主要包括亮度-色度-饱和度（intensity-hue-saturation，IHS）变换[31]、主成分分析（principal component analysis，PCA）[32]、施密特正交（gram-Schmidt，GS）变换[33]。这些主要变换的基本原理如下：

（1）IHS 变换。该变换局限于分离 MS 图像的 Red（R）、Green（G）、Blue（B）三通道的空间结构信息和光谱信息[34]。它将 MS 图像的色彩信息变换到色度和饱和度成分中，将 MS 图像的空间结构信息变换到亮度分量中[35]。该变换在图像融合领域有很广泛的应用。文献[36]针对特定的传感器（IKNOS）提出用 IHS 变换分离 IKNOS 传感器获取的 MS 图像的空间结构信息和光谱信息，然后对融合图像的色度进行调制，实现融合图像植被区域的增强。文献[37]提出一种基于光谱调整的快速 IHS 变换融合技术，能够快速融合大量数据，减少融合图像的光谱失真。为了将 IHS 变换延伸到除 RGB 通道以外的 MS 图像全色锐化，文献[38]提出一种消除 IHS 的正向变换和逆变换的广义 IHS（GIHS）变换，该变换使用权衡参数平衡融合图像的光谱失真和空间锐化，是一种计算简单的成分替代技术。近 10 年，GIHS 变换被广泛用于遥感图像融合。例如，一种高分辨率光学和合成孔径雷达图像融合的多选择可调 IHS-BT 方法[39]，基于 GIHS 变换和遗传算法实现 MS 图像全色锐化的方法[40]。有关 IHS 变换和 GIHS 变换在图像融合领域应用在文献[41，42]有详细的描述。

(2)PCA 变换。该变换是一种统计技术,它通过求变量间的协方差矩阵,计算方差贡献率,方差最大者为第一主成分,第二大者为第二主成分,依此类推,将相关变量转化为不相关变量变换多元数据[43]。将 PCA 作用于 MS 图像得到的第一主成分图像包含的信息是与 MS 图像所有通道高度相关的空间结构信息,而各波段所特有的光谱信息被映射到其他成分。文献[44]应用 PCA 处理像素邻域的空间信息。文献[45]提出一种新的光谱 PCA 和空间 PCA 相联合的杂交方法。文献[46]探索联合 PCA 与离散小波(contourlet)变换的遥感图像新方法。

(3)GS 变换。GS 变换是一种强有力的全色锐化方法,被认为是一种广义的 PCA[47]。首先,MS 图像被插值到相应的 PAN 图像大小,所有图像被转换成向量。然后,MS 图像每个通道对应的向量的所有成分减去其所在通道的均值。被合成的低分辨率 PAN 图像的近似作为正交处理中新的正交基的第一向量使用。这些正交向量对应的成分与这些正交向量一起定义一个超平面,找 MS 图像对应的向量在这个超平面的映射,其中,正交和及投影分量等于原始 MS 图像通道的零均值版本。文献[48]提出一种基于 GS 的改进的成分替代算法,该算法通过 MS 图像和 PAN 图像数据的多变量回归实现 MS 图像的全色锐化。文献[49]提出一种遥感图像超分融合算法,GS 作用到超分后的 LRMS 和 PAN 图像实现 MS 图像的全色锐化。

1.3.2　基于多分辨率分析技术的遥感图像融合算法

近年来,多分辨率分析技术被广泛用于遥感图像融合领域。基于多分辨率分析技术的遥感图像融合方法首先通过诸如金字塔变换或小波变换等,在不同的尺度上,将原始图像分解成高、低成分,然后采用相应的融合准则作用于不同尺度的图像上进行高、低成分的融合处理,最后反变换获得融合图像。常用的多分辨率分析技术主要包括 *à* trous 小波变换[50]、拉普拉斯金字塔变换[51,52]和轮廓波变换[46]等。基于金字塔变换的图像融合算法的优点是能够在不同尺度上表现图像的重要特征和细节信息,但金字塔变换的各层之间有一定的冗余性,易出现模糊现象。基于金字塔变换的图像融合算法不具备方向性,所以无法提供图像的方向边缘信息。小波变换[53]是一种强有力的图像融合工具和手段,具有分析数据量小、正交性和方向选择性等优良特性。从 20 世纪 80 年代中期小波变换发展以来,用于图像融合的金字塔变换开始逐渐被人们用小波多尺度变换理论代替。1995 年,Yocky[54]提出通过小波变换的方法,将两种不同空间分辨率和色彩内容的空间图像融合在一起，实验结果表明该方法在 MS 和 PAN 图像的融合效果要好于 IHS 方法。Chibani 等[55]比较了 à trous 小波变换和正交小波变换的图像融合效果，实验结果表明 à trous 小波变换性能明显优于后者。Nunez 等[56]提出一种基于多分辨率小波分解的技术，利用 à trous 小波，首先对高分辨率全色图像和低分辨率多光谱图像进行分解，然后将高分辨率图像的小波系数添加到低分辨率多光谱图像中。之后，Kim 等[57]提出基于改进的 à trous 小波遥感图像融合算法。基于小波变换的遥感图像融合方法在一定程度上解决了传统遥感图像融合的光谱失真问题。由于小波变换只能对图像三个方向进行分解，因此，面对较为复杂的遥感图像，无法对遥感图像细节进行较好的表示。

2005 年，Do 和 Vetterli 提出一种新的小波变换方法——Contourlet 变换方法[46]，该方法相对于传统小波变换，具有很好的方向性和各向异性，能准确地将图像边缘捕获到不同尺度、不同频率的子带中。Shah 等提出结合 Contourlet 变换和 ICA 的融合方法[58]，实验表明在 PAN 锐化过程中采用自适应 ICA 方法有助于降低频谱失真，其与 Contourlet 的合并可提供更好的融合结果。宋梦馨和郭平[59]提出结合 Contourlet 和 IHS 变换组合优化遥感图像融合，该方法能够在提升图像空间分辨率的同时较好地保留光谱信息。然而，由于 Contourlet 变换采用上采样和下采样的操作分解和重构源图像，因此，Contourlet 变换不具备平移不变特性。Da 等提出一种非抽样 Contourlet 变换（nonsubsampled contourlet transform，NSCT）[60]，该变换具有平移不变性，可以在一定程度上抑制 Contourlet 变换导致的图像失真。NSCT 具备平移不变性的同时又能有效降低配准误差对融合性的影响[61]。但是，NSCT 比 Contourlet 变换有更多的冗余的系数成分[62]。针对这个问题，Yang 等[63]提出一种基于抠图（the matting model）和非抽样 Shearlet 变换（nonsubsampled shearlet transform，NSST）的新型 PAN 锐化框架。

1.3.3 基于模型的遥感图像融合算法

基于模型的遥感图像融合算法在学术界受到广泛关注。这个家族的图像融合方法主要基于概率统计理论求解某个优化问题的近似解。例如，文献[64]提出一种利用最大似然解 Sylvester 方程的方式快速融合多通道图像，该方法结合融合问题的先验信息进行贝叶斯估计。文献[65]提出一种基于贝叶斯理论的图像融合框架。文献[66]采用非齐次高斯马尔可夫随机域先验方式利用 PAN 图像对 MS 像进行全色锐化。

最近，基于稀疏理论的图像融合研究非常流行，它的基本原理是：被重建的信号是稀疏的，可以看成很少原子的线性联合[67,68]。基于稀疏表示的图像融合方法的核心是构建字典。文献[69]认为可随机从 HRMS 图像采样构建字典，LRMS 图像可用获得的字典的原子稀疏地表示。然而，在实际应用中，HRMS 图像是不可获得的，所以该方法受限于实际应用。为了克服上述问题，文献[70]提出用上采样的 LRMS 图像和 PAN 图像构建联合字典学习算法。文献[71]提出用 PAN 图像和它的低通版构建高分辨率及低分辨率字典对。文献[72]探索 LRMS 图像和 PAN 图像局部相似度，提出用归一化的图块构建字典，执行两阶段稀疏编码。文献[73]提出在线耦合字典实现遥感图像融合。文献[74]提出基于稀疏表示解决时空反射融合问题。

1.3.4　基于人工神经网络的遥感图像融合算法

另一种近几年非常流行的遥感图像融合方法是基于人工神经网络的遥感图像融合算法[75-79]。这类方法基于超分概念，即通过增加最大空间分辨率和消除由低分辨率相机获取的图像中的退化，从低分辨率图像中获取高空间分辨率图像。对比传统的线性与简单非线性分析方法，人工神经网络在图像处理领域表现出更强的处理能力和自适应性。基于人工神经网络的方法采用非线性响应函数在一个特殊的网络结构中迭代多次以学习输入/输出训练数据间复杂的关系。早期的人工神经网络技术远不能令人满意[80-82]。近年来，随着大数据及计算机处理能力的飞速发展，图像处理研究人员研究多层人工神经网络，这种深度网络基于人工神经网络的深度学习，适合从大量数据中学习特征。

用于深度学习的神经网络源于对人工神经网络的研究[83,84]，通常由输入层、隐藏层（1 个或多个）和输出层构成，每层有若干神经元，输入数据经神经元以某个权重大小被激活、反馈和评估，通过不断调整权重训练网络。最近，深度学习技术的研究引发了大量关注并取得一系列成果。例如，Masi 等[85]使用 SRCNN 架构，将上采样的低分辨率的多光谱图和全色图像一起作为输入，最后得到一个高分辨率的多光谱图。另外，该文献有一个非常有意义的尝试，在实验过程中特别关注遥感图像的特定领域知识。李红等[86]提出一种基于深度支撑值学习网络的融合方法，较好地保持了图像的光谱信息和空间信息。Wei 等[87]提出一种多尺度深度卷积神经网络的遥感图像融合算法，提取和融合多光谱图像的多尺度特征。Yang 等[88]提出一个遥感图像融合的深度网络架构——PanNet。文献[89]

改进稀疏自编码的算法用于训练深度神经网络所表示的高、低分辨率图像块之间的关系。文献[49]提出用卷积神经网络对低分辨率 MS 图像进行超分处理，然后将施密特正交变换作用到超分后的 LRMS 和 PAN 图像实现 MS 图像的全色锐化。

1.3.5 基于混合技术的遥感图像融合算法

上述各类遥感图像融合算法有着各自不同的融合优势及不足，为了极大发挥各类遥感图像融合算法的优势，克服其不足，近 20 年来，学术界涌现了很多基于混合技术的遥感图像融合算法的文献。例如，一种联合使用脊波变换和压缩感知技术的遥感图像融合方法[90]，一种小波变换和稀疏表示相结合的全色锐化方法[91]，一种多尺度分析技术与稀疏表示实现图像融合框架[92]，一种用多尺度引导滤波提取全色图像细节，以及基于边缘细节纹理保护将其自适应注入 MS 图像中的全色锐化方法[93]。这些基于混合技术的遥感图像融合算法利用其混合技术的优势，极大地提高融合算法的性能，实现保护融合图像光谱信息的同时增强融合图像的空间信息。在这些基于混合技术的遥感图像融合算法中，以基于注入模型的遥感图像融合算法最受关注，正如文献[92]所提出的，考虑 MS 图像的空间细节恢复及光谱信息的保留，整合不同的融合技术优势到一个恰当的融合框架中完成遥感图像的有效融合是解决 MS 图像的空间细节恢复及光谱信息保留的一个很好的解决方案。高频细节注入模型就是一个很受研究者欢迎的基于混合技术的遥感图像融合框架，它是可以吸纳各种不同融合技术的容器。

高频细节注入模型基于两个假设：一是 MS 图像和 PAN 图像的线性联合关系；二是 MS 图像丢失的空间细节可以用 PAN 图像的空间细节补偿。很多研究者围绕高频细节注入模型开展研究，文献[94]将现有基于高频细节注入模型的研究分成了两类，即基于成分替代技术的高频细节注入模型和基于多分辨率分析技术的高频细节注入模型。例如，利用高通滤波器特性从 PAN 图像中提取高频细节，并将其按某种注入效益注入 LRMS 图像中的方法[95]，基于设计的优化滤波从 PAN 图像中提取相关的非冗余信息注入 LRMS 图像中的方法[7]。早期的基于高频细节注入模型的遥感图像融合方法[96]侧重提取 PAN 图像细节方法的研究，将提取到的高频细节无差别地注入多光谱图像中，融合图像遭受因过度注入引起的光谱失真。后继研究者改进高频细节注入模型，提出自适应高频细节注入模型。最近，很多研究者围绕自适应高频细节注入模型开展研究，新的算法相继被提出[97-99]。

1.3.6 遥感图像融合存在的问题

国土资源信息管理中的大量信息来自遥感图像。一方面，遥感图像中的光谱信息是分析地物性质、状态和客观性的有力数据，有利于农业和林业的管理；另一方面，从遥感图像中挖掘的空间数据是国土资源信息管理中的核心数据，数据量大且类型复杂。现有国土资源信息管理面临数据信息不够全面、准确和高空间、光谱分辨率的遥感信息自动化提取水平不高两大问题，这两大问题的解决主要依赖国土资源信息管理中遥感图像融合技术的提高，解决途径是通过改进遥感图像融合算法减少融合图像的空间失真和光谱失真。为满足国土资源管理需求，近 20 年，许多先进的遥感图像融合算法相继被提出。尽管如此，遥感图像融合领域仍然存在着很多有待解决的问题，如光谱信息的有效保护、空间质量的增强、算法的时间消耗及鲁棒性等。

在开展遥感图像融合研究时，研究者看重遥感图像融合算法性能的同时，需要清楚各类遥感图像融合算法的不足。本章综述了五类遥感图像融合算法，它们存在各自的优势及理论体系。其中，基于成分替代的遥感图像融合算法有不同的技术局限[100]，如传统的 IHS 变换受限 RGB 图像融合且计算速度慢，改进后的快速 IHS 变换可快速处理数据且可同时处理图像的多个通道，然而，它和传统的 IHS 变换一样，其融合结果获得高质量空间结构信息的同时存在严重光谱失真。基于多分辨率分析的遥感图像融合方法通过提供更高的局部空间和光谱分辨率，实现更好的性能，然而，使用这些变换会增加计算复杂度，同时损失部分空间信息[101]。用户选择或不选择基于多分辨率分析的遥感图像融合方法取决于不同的应用。在基于稀疏表示的图像融合方法中，由于字典的训练可以基于源图像本身，所以被构建的字典的原子与源图像高相关。基于字典学习的遥感图像融合能获取高空间分辨率且很少光谱失真的 MS 图像，然而，这种方法需要一个精确的推理过程，这是一项非常具有挑战性的任务。基于人工神经网络的方法的优点是提供了一种非常自然的方法来获得所需的图像特征，通过训练图像的适当特征集，可以提高融合结果的质量[102]。但是，大量数据在深度神经网络中训练、学习需要一个很长的处理过程，且用于网络结构训练的样本需求量大，不容易构建。以基于注入模型的遥感图像融合算法为代表的混合遥感图像融合算法可根据融合问题的实际需要，组合不同的融合技术，发挥不同融合技术的优点，补偿单个融合技术的不足。本书对现有遥感图像融合算法的优势和不足进行了总结归纳，见表 1.1。

表 1.1　各类遥感图像融合算法的优势和不足

算　法	优　　势	不　　足
成分替代	PAN 图像有高空间分辨率的空间信息，用 PAN 图像替代 MS 中包含空间结构信息的成分，能使融合图像产生好的空间信息	在空间结构和光谱信息方面，PAN 图像与 MS 图像之间存在全局或局部不相似，用 PAN 图像直接替代 MS 中包含空间结构信息的成分，使融合图像产生严重光谱失真
多分辨率分析	多分辨率分析技术将各种变换作用于源图像，获取源图像不同尺度、多方向信息，能给融合图像提供更多、更全面的信息，减少光谱失真和空间失真	多分辨率分析在不同的尺度、方向应用变换和反变换的方式会增加计算复杂度，同时损失部分空间信息
稀疏表示	由于字典的训练可以基于源图像本身，所以被构建字典的原子与源图像高相关，基于字典学习的遥感图像融合能获取高空间分辨率且很少光谱失真的多光谱图像	需要一个精确的推理过程，寻找一个合适的字典是一项非常具有挑战性的任务
人工神经网络	提供一种非常自然的方法来获得所需的图像特征，通过训练图像的适当特征集，可以提高融合图像的质量	大量数据在深度神经网络中训练、学习需要一个很长的处理过程，且用于网络结构训练的样本需求量大、不容易构建
注入模型	可根据融合问题的实际需要，组合不同的融合技术，发挥不同融合技术的优点，补偿单个融合技术的不足，减少融合图像的光谱失真和空间失真	要求被注入细节与细节接受对象之间高相关，且容易因细节的过度注入引起光谱失真

1.4　遥感图像特性分析

地球观测卫星通过成像传感器以遥感图像的形式测量或记录地球表面物体反射或发射的能量（$E(x,y,\lambda,t)$）[5]。每个测度都与一个坐标系相关联，假设 $f(x,y)$ 代表一幅遥感图像，通常，f 依赖于空间坐标 (x,y)、波长 λ 和成像时间 t。遥感数据不仅可以在给定的波长范围内获得，而且可像多光谱和高光谱图像一样在多个通道内获得。为了用数字形式记录这些数据，基于采样理论，空间坐标 (x,y) 被采样成一个个离散的值，同时 λ 也被离散化，f 则基于量化理论被量化到一串离散的值，因此一个依赖自变量的能量代表 $f(x,y)$ 为

$$f(x,y,\lambda,t)=\iiiint\limits_{\Delta y\Delta x\Delta\lambda\Delta t}E_{\lambda}(x,y,\lambda,t)\,\mathrm{d}y\mathrm{d}x\mathrm{d}\lambda\mathrm{d}t \tag{1.1}$$

不同的成像传感器 E 不同，所以遥感图像的特性在很大程度上取决于遥感平台所携带的遥感传感器及其成像过程。遥感传感器发展到今天，种类繁多。本节将重点介绍 WorldView-2[103]、IKONOS[104]、QuickBird[105]三种遥感传感器所成图像的特性。

1.4.1 WorldView-2 卫星图像特性

2009 年 10 月 6 日，WorldView-2 卫星发射升空，运行在 770 km 高的太阳同步轨道上，能够提供 0.5 m 分辨率的 PAN 图像和 1.8 m 分辨率的 MS 图像。该卫星是全球第一批使用了控制力矩陀螺的商业卫星，其旋转速度可从 60 s 减少至 9 s，覆盖面积达 300 km，能在单次操作中完成多频谱影像的扫描，能在 1 天内两次访问同一地点，可以为用户提供同一地点、同一天内的高清晰商业卫星集群影像，其 MS 遥感器不仅具有四个业内标准谱段(红、绿、蓝、近红外)，还包括四个额外(海岸、黄、红边和近红外)多样性谱段。WorldView-2 遥感图像波长范围见表 1.2。

表 1.2　WordView-2、IKONOS、QuickBird 遥感图像波长范围　　单位：nm

通　　道	WorldView -2	IKONOS	QuickBird
全色图像	450～800	526～929	450～900
海岸	400～450	—	—
蓝	450～510	445～516	450～520
绿	510～580	506～595	520～600
黄	585～625	—	—
红	630～690	632～698	630～690
红边	705～745	—	—
近红外 1	770～895	757～853	760～900
近红外 2	860～1,040	—	—

1.4.2 IKONOS 卫星图像特性

1999 年 9 月 24 日，世界上第一颗 IKONOS 卫星发射成功，运行在 681 km 高度的轨道上，轨道倾角为 98.1°，周期为 98 min，采用 LM-900 平台，三轴稳定姿态控制，重访周期为 1～3 天。该卫星有效载荷为“光学敏感器系统”，由光学分系统、焦平面组件、信号处理单元和电源单元组成，拥有高分辨率、同轨立体影像特性，以及大量合格存档数据等技术优势，可采集 1 m 分辨率的 PAN 图像和 4 m 分辨率的

MS 图像,提供红、绿、蓝、近红外四个谱段。IKONOS 图像波长范围见表 1.2。

1.4.3 QuickBird 卫星图像特性

2001 年 10 月 18 日,QuickBird 卫星发射升空,运行在 482 km 高度的轨道上,到 2013 年初,下降到 450 km,卫星具有前后、左右摆动功能,摆角 30°。与 IKONOS 相比,QuickBird 卫星具有更高的分辨率和更大容量的星上存储,可拍摄 0.61 m 地面像元分辨率的 PAN 图像和 2.4 m 地面像元分辨率的 MS 图像,单景影像数据幅宽达到 16.5 km,提供红、绿、蓝、近红外四个谱段。QuickBird 图像波长范围见表 1.2。

1.5 遥感图像融合质量评价

遥感图像融合效果评价主要聚集于两方面的评价。一是主观评价,即评价者考虑融合图像的清晰程度及其与原始 MS 图像之间的色彩相似程度从视觉上凭自己的主观臆断融合图像的融合效果。主观评价方式简单直接,但可能因不同观察者的主观行为不同,导致对同一融合方法融合得到的同一融合图像做出不同的主观评价结果。二是客观评价,因主观评价方式的不足,非常有必要有一种对图像效果量化的客观评价方法辅助主观评价对遥感图像融合效果做出全面、系统的质量评价。现有遥感图像融合效果客观评价很多,其中被广泛用于遥感图像融合效果评价的指标主要有两类:有参考图遥感图像融合质量评价及无参考图遥感图像融合质量评价。

1.5.1 有参考图遥感图像融合质量评价

常用有参考图遥感图像融合质量评价指标如下。

1. 相关系数(correlation coefficient,CC)[71]

CC 是基于参考图像和融合图像计算得到的空间相关系数,其作用是评价融合图像的空间扭曲度。CC 的值属于区间[0,1],其值越大反映融合图像和参考图像越相似。若 CC 的值趋近 1,则说明融合结果图像质量趋近参考图像。数学上,定义相关系数的公式为

$$\mathrm{CC}=\frac{1}{M\times N}\times\frac{\sum_{i=1}^{M}\sum_{j=1}^{N}\{[R(i,j)-\overline{R}][F(i,j)-\overline{F}]\}}{\sqrt{\left\{\sum_{i=1}^{M}\sum_{j=1}^{N}[R(i,j)-\overline{R}]^{2}\right\}\left\{\sum_{i=1}^{M}\sum_{j=1}^{N}[F(i,j)-\overline{F}]^{2}\right\}}} \tag{1.2}$$

式中，$R(i,j)$表示参考图像中坐标(i,j)位置的像素值；$F(i,j)$表示融合图像中坐标(i,j)位置的像素值；$M\times N$为图像的大小；$\overline{R}$表示标准图像的像素平均值；$\overline{F}$表示融合图像的像素平均值。

2. 通用图像质量指数(universal image quality Indices，UIQI)[106]

UIQI 联合相关度损耗、亮度失真和对比度失真三个因子测度融合图像的空间细节质量来评价融合图像的全色锐化效果，其最优值为 1。UIQI 的值越接近 1 反映融合图像和标准图像之间结构失真的程度越小。数学上，UIQI 的定义为

$$\mathrm{UIQI}=\frac{\sigma_{\mathrm{RF}}}{\sigma_{\mathrm{R}}\sigma_{\mathrm{F}}}\cdot\frac{2\overline{R}\overline{F}}{\overline{R}^2+\overline{F}^2}\cdot\frac{2\sigma_{\mathrm{R}}\sigma_{\mathrm{F}}}{\sigma_{\mathrm{R}}^2+\sigma_{\mathrm{F}}^2}\tag{1.3}$$

式中，R表示参考图像；F表示融合图像；σ_{R}表示参考图像的标准差；σ_{F}表示融合图像的标准差；σ_{RF}表示标准图像和融合图像之间的协方差；$\overline{R}$表示标准图像的像素平均值；$\overline{F}$表示融合图像的像素平均值。

3. 均方根误差(root mean square error，RMSE)[107]

遥感图像融合后的图像与参考图像之间的差异一般用 RMSE 进行评估。RMSE 的理想值为 0。数学上，RMSE 基于融合图像和参考图像中每个像素点的变化计算为

$$\mathrm{RMSE}=\sqrt{\frac{\sum_{i=1}^{M}\sum_{j=1}^{N}[R(i,j)-F(i,j)]^2}{M\times N}}\tag{1.4}$$

4. 相对平均光谱误差(relative average spectral error，RASE)[108]

RASE 反映融合图像在光谱方面的性能。RASE 的理想值为 0。融合过程中融合图像损失的光谱信息越少，则 RASE 的值越小，融合图像的光谱质量越好，计算公式定义为

$$\mathrm{RASE}=\frac{100}{\overline{R}}\sqrt{\frac{1}{K}\sum_{k=1}^{K}\mathrm{RMSE}_k^2}\tag{1.5}$$

式中，K表示多光谱图像的通道数。

5. 光谱角映射(spectral angle mapper，SAM)[109]

在遥感图像融合领域，度量两幅图像之间的光谱信息接近程度一般用 SAM。SAM 的理想值为 0。融合过程中融合图像与参考图像之间的光谱信息越接近，SAM 的值越小，说明光谱失真越小，见式(1.6)。

$$\mathrm{SAM}=\arccos\left(\frac{(\boldsymbol{u}_{\mathrm{R}},\boldsymbol{u}_{\mathrm{F}})}{\|\boldsymbol{u}_{\mathrm{R}}\|_2\|\boldsymbol{u}_{\mathrm{F}}\|_2}\right)\tag{1.6}$$

式中，$\boldsymbol{u}_{\mathrm{R}}$ 表示融合图像的谱向量；$\boldsymbol{u}_{\mathrm{F}}$ 表示标准图像的谱向量。

6. 全局相对光谱损失(erreur relative global adimensionnelle de synthèse，ERGAS)[110]

ERGAS 被用于评估融合图像的空间和光谱质量，其值越小表示多光谱图像中各通道光谱信息的总体性能越好，即融合效果越好，它的最优值为 0，数学上可定义为

$$\mathrm{ERGAS}=100\,\frac{h}{l}\sqrt{\frac{1}{K}\sum_{k=1}^{K}\left(\frac{\mathrm{RMSE}}{\overline{F_k}}\right)^2} \tag{1.7}$$

式中，h 是全色图像空间分辨率值；l 是多光谱图像空间分辨率值；$\overline{F_k}$ 表示各通道的总体像素平均值。

7. 峰值信噪比(peak signal-to-noise ratio，PSNR)[111]

PSNR 通常用来测度图像恢复的程度，其值越高表明图像恢复得越好，数学上可表示为

$$\mathrm{PSNR}=20\ \lg\left[\frac{\max(F)}{(\mathrm{RMSE})^2}\right] \tag{1.8}$$

式中，F 表示融合图像；RMSE 是均方根误差；max(·)是求最大值函数。

1.5.2 无参考图遥感图像融合质量评价

在遥感图像融合领域，通用的无参考图遥感图像融合质量评价是 QNR[112]。该指标基于 UIQI 测度融合图像和对比图像间的局部相关性、亮度和对比度。QNR 把多光谱图像通道间的相似关系看作通道的光谱质量，并假设多光谱图像被融合后这种关系是不变的。令 $Q(\cdot)$是计算 UIQI 的函数，则 QNR 可定义为

$$\mathrm{QNR}=(1-D_{\mathrm{s}})(1-D_{\lambda}) \tag{1.9}$$

式中，D_{s} 和 D_{λ} 分别是用于融合图像和 MS 图像、PAN 图像的对比，度量融合图像是否空间失真和光谱失真的指标。数学上，D_{s} 和 D_{λ} 可定义为

$$D_{\mathrm{s}}=\sqrt{\frac{1}{K}\sum_{k=1}^{K}\left|Q(\mathrm{MS}_k,\mathrm{LPAN})-Q(F_k,\mathrm{PAN})\right|^2} \tag{1.10}$$

$$D_{\lambda}=\sqrt{\frac{1}{K(K-1)}\sum_{k_1=1}^{K}\sum_{k_2=1}^{K}\left|Q(\mathrm{MS}_{k_1},\mathrm{MS}_{k_2})-Q(F_{k_1},F_{k_2})\right|^2} \tag{1.11}$$

从式(1.10)和式(1.11)可以看出，D_{s} 和 D_{λ} 值越小，则 QNR 值越大，图像融合效果越好。D_{s} 与 D_{λ} 的最优值为 0，结合式(1.9)可发现 QNR 的最优值为 1。

小　结

本章阐述了遥感图像融合的作用及研究背景，分析了开展多源遥感图像融合方法及其应用研究的意义。在此基础上，本章介绍遥感图像融合基本原理，回顾了国土资源信息管理中遥感图像融合算法的发展进程，综述遥感图像融合方法研究现状，剖析现有遥感图像融合领域存在的问题，提出开展多源遥感图像融合方法及其应用研究拟解决的关键技术问题，并围绕本书研究主题，总结归纳了遥感图像特性，陈述了遥感图像质量评价体系。本章内容可以帮助读者了解遥感图像融合概念及本书开展多源遥感图像融合方法及其应用研究的意义，也为后续章节研究提供理论依据。

第 2 章 注入模型

2.1 注入模型概述

在国土资源信息管理中，需要通过遥感图像融合技术获取高空间、光谱分辨率的遥感图像，对国土资源进行全面、准确的调查和监测。为满足国土资源信息管理的需要，要求遥感图像融合算法融合 MS 图像和 PAN 图像所获得的融合图像没有空间失真和光谱失真。随着遥感图像融合技术的发展，许多先进的融合算法相继被提出，其中基于注入模型的遥感图像融合算法是一种基于混合技术的遥感图像融合算法，其优点是保持原多光谱图像光谱信息，通过增加全色图像空间细节信息提高原多光谱图像空间分辨率，减少融合图像的光谱失真和空间失真。在遥感图像融合领域，基于注入模型的遥感图像融合算法备受关注。本书将围绕解决现有基于注入模型的遥感图像融合算法存在的问题，针对注入模型中的高频细节、细节接受对象和注入效益三个参数进行算法性能改进，提出一些新的注入模型的遥感图像融合算法，其目的是通过研究基于注入模型的遥感图像融合算法关键技术，改进遥感图像融合算法性能，满足国土资源信息管理需求。本章主要介绍注入模型的理论体系，为本书的后续研究工作提供理论支持。

注入模型是 MS 图像和 PAN 图像细节的线性联合，其基于注入结构概念[96]改进图像空间分辨率，利用成分替代或多分辨率分析技术从 PAN 图像中提取高频细节注入 MS 图像中。注入模型有着完整的理论体系，其执行由三个阶段构成：①注入细节提取；②确定细节接受对象；③高频细节注入。很多遥感图像融合技术可应用到注入模型算法中完成遥感图像的有效融合，基于注入模型遥感图像融合可以在产生高质量空间信息时有效保护源多光谱图像的光谱信息，为融合 PAN 图像和 MS 图像得到 HRMS 图像提供了可能。众多研究者的实验结果表明，基于注入模型的遥感图像融合算法通常能得到比较好的融合结果。但是，标准的基于注入模型的遥感图像融合算法也存在很多需要进一步改进的问题，最突出的一点是所提取高频细节与源多光谱图像低相关导致融合图像产生光谱失真。

本章对注入模型算法相关理论进行回顾和归纳，为后续内容展开进行铺垫。

2.2 注入模型融合方案

注入模型通常以成分替代和多分辨率分析技术为基础，目的是从全色图像中提取有用的空间信息注入低空间分辨率多光谱图像中。该模型假设低空间分辨率多光谱图像的空间分辨率等于或近似一个降质的全色图像的空间分辨率，则多光谱图像丢失的空间信息可用全色图像与降质的全色图像的差异信息来补偿。在实际融合过程中通常用滤波的方式获得一个降质的全色图像，在处理多光谱图像空间信息时通常用多光谱图像的亮度成分替代多光谱图像。基于不同技术的注入模型遥感图像融合算法获得不同效果的融合结果，然而，基于不同技术的注入模型遥感图像融合算法具有一个统一的图像融合框架，如图 2.1 所示。

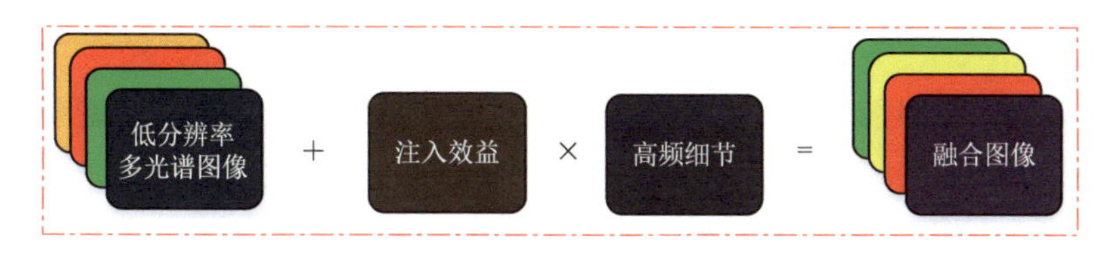

图 2.1 注入模型遥感图像融合框架

图 2.1 中低分辨率多光谱图像即多光谱图像 MS，高频细节从输入的一幅全色图像即 PAN 图像中提取，注入效益是一个调制系数，用于控制高频细节注入 MS 图像中的量，经 MS 图像与注入效益及高频细节的线性联合可得到融合图像(fused multispectral image，FMS image)。对于更多输入图像，本书所涉及的融合算法均可作相应扩展。标准的注入模型遥感图像融合具体步骤如下：

(1)利用某种技术对输入的全色图像进行处理，得到全色图像的高频细节，即式(2.1)。

$$\mathrm{HRI}=\mathrm{Detract}(\mathrm{PAN}) \tag{2.1}$$

式中，HRI 代表高频细节；Detract(·)代表高频细节提取操作；PAN 代表全色图像。

(2)对从全色图像中提取到的高频细节按某种规则 g_k(即注入效益)进行调制,得到一组与多光谱图像通道相对应的调制后的高频细节,即式(2.2)。

$$\mathrm{HRI}_k = g_k \mathrm{Detract}(\mathrm{PAN}), \quad k=1,2,\cdots,N \tag{2.2}$$

式中,g_k 为注入效益;k 代表多光谱图像的通道数;N 是正整数。

(3)将调制后的高频细节注入多光谱图像的对应通道,得到融合图像,即式(2.3)。

$$\mathrm{FMS}_k = \mathrm{MS}_k + g_k \mathrm{HRI}_k \tag{2.3}$$

式中,FMS_k 代表融合图像的第 k 个通道。

基于注入模型遥感图像融合方案是个开放的体系,随着新的高频细节、注入效益和多光谱图像改进技术的提出,该方案在不断丰富和扩展。目前,该算法的研究主要集中在上述三方面,各种新的方法组合不断涌现。

2.3 图像预处理

2.3.1 重采样

正如 1.1 节所述,地球观测卫星同时提供 MS 图像和 PAN 图像,遥感图像融合是探索高空间分辨率低光谱 PAN 图像全色锐化 MS 图像的过程。因此,根据遥感图像融合算法需要遥感图像在融合前做相应的重采样工作。重采样一般分上采样和下采样。

1. 上采样

上采样[113]操作通过插入一定倍数的零值增加了采样点的个数,新的采样率的大小大于原采样率的大小。设输入信号为 $\mathbf{A} \in \mathbb{R}^{n \times m}$,$n$ 和 m 是自然数,对该信号进行 M 倍上采样后的输出信号见式(2.4)。

$$\mathbf{A}' = [\mathbf{A}]_{\uparrow M} = M\mathbf{A}, \quad M>1 \tag{2.4}$$

2. 下采样

下采样[90]按一定的倍数抛弃采样点,降低了采样频率,新的采样率的大小小于原采样率的大小。设输入信号为 $\mathbf{A} \in \mathbb{R}^{n \times m}$,对该信号进行 M 倍下采样后的输出信号见式(2.5)。

$$\mathbf{A}'' = [\mathbf{A}]_{\downarrow M} = M\mathbf{A}, \quad M<1 \tag{2.5}$$

3. 双三次插值法

双三次插值[114](bicubic interpolation)是在图像重采样时增加图像像素数量/密度的一种方法。假设图像 **A** 被上采样并双三次插值到原图像 M 倍大小，则插值后的图像像素(x,y)在源图像 **A** 中有对应的像素(x,y)，源图像 **A** 距离像素(x,y)最近的 16 个像素点作为计算插值后图像像素(x,y)值的参数，这 16 个像素点可用 $t(i,j)(i,j=0,1,2,3)$来表示。利用 Bicubic 基函数可求出 16 个像素点的权重，插值后图像像素(x,y)的值就等于 16 个像素点的加权叠加。其 Bicubic 函数见式(2.6)。

$$W(d)=\begin{cases}(p+2)|d|^3-(p+3)|d|^2+1, & |d|<1\\ p|d|^3-5p|d|^2+8p|d|-4p, & 1\leqslant |d|\leqslant 2\\ 0, & \text{其他}\end{cases} \tag{2.6}$$

式中，$p=-0.5$；d 表示像素点 $t(i,j)$到 **A** 中像素点(x,y)的距离。

三次插值核函数 $S(\cdot)$见式(2.7)。

$$S(d)=\begin{cases}1-2|d|^2+|d|^3, & |d|<1\\ 4-8|d|+5|d|^2-|d|^3, & 1\leqslant |d|\leqslant 2\\ 0, & \text{其他}\end{cases} \tag{2.7}$$

令插值后图像为 $\boldsymbol{B}$，其像素(x,y)的值见式(2.8)。

$$\boldsymbol{B}(x,y)=\sum_{i=0}^{3}\sum_{i=0}^{3}t_{ij}W(i)W(j) \tag{2.8}$$

2.3.2 直方图匹配

直方图是数字图像的统计特性，对于一个灰度图像，直方图用于描述图像中像素的灰度分布，反映一幅图像中不同灰度像素的统计量。图像的视觉效果和它的直方图之间有一个相对的关系，图像的直方图的变化会对图像产生相应的影响。在遥感图像融合中，PAN 图像和 MS 图像亮度成分之间的直方图匹配被广泛用于全色图像和多光谱图融合之前，目的是使全色图像和多光谱图像有相同的均值和方差，从而减少融合图像中的光谱失真。遥感图像融合中常用直方图匹配方式[93]见式(2.9)。

$$P=(\text{PAN}-\text{mean}(\text{PAN}))\text{std}(I)/\text{std}(\text{PAN})+\text{mean}(I) \tag{2.9}$$

式中，PAN 是全色图像；P 是直方图匹配后的全色图像；I 是 MS 量度分量；mean$(\cdot)$是求均值函数；std$(\cdot)$是求标准差函数。

2.4 成分替代技术

2.4.1 亮度-色度-饱和度(IHS)变换

基于成分替代技术的注入模型中,最常用到的一种变换是 IHS 变换。IHS 变换是成分替代全色锐化方法的基础,其中 I 代表多光谱图像中光照总量,称为多光谱图像的亮度分量,该分量通常与全色图像的外在表现一致;H 代表多光谱图像的色度分量;S 代表多光谱图像的饱和度分量;通常 H 和 S 两分量联合表示多光谱图像的光谱信息。很多全色锐化算法利用 I 分量的特性,用全色图像替代 I 分量做图像融合,但是,该方法用于图像融合存在很大的局限性,只有与 R、G 和 B 三原色严格对应的三通道多光谱图像才能使用此方法。该变换用于空间全色锐化的主要步骤如下:

(1)将待融合的光谱图像和全色图像进行预处理,使光谱图像和相应的全色图像大小一致,便于在图像融合处理过程中进行叠加。

(2)对多光谱图像的 R、G 和 B 三通道做 IHS 变换[115],得到 I、β_1 和 β_2 分量,该变换由一个线性变换和一组非线性变换构成。其处理过程如下:

①线性变换。

$$\begin{pmatrix} I \\ \beta_1 \\ \beta_2 \end{pmatrix} = \begin{pmatrix} \frac{1}{3} & \frac{1}{3} & \frac{1}{3} \\ -\frac{\sqrt{2}}{6} & -\frac{\sqrt{2}}{6} & \frac{2\sqrt{2}}{6} \\ \frac{1}{\sqrt{2}} & -\frac{1}{\sqrt{2}} & 0 \end{pmatrix} \begin{pmatrix} R \\ G \\ B \end{pmatrix} \tag{2.10}$$

②非线性变换。

$$H = \arctan(\beta_1 / \beta_2) \tag{2.11}$$

$$S = \sqrt{\beta_1^2 + \beta_2^2} \tag{2.12}$$

(3)用 I 分量和全色图像做直方图匹配,利用多光谱图像修正全色图像。为了方便分析,直方图匹配后的全色图像用 P 表示。

(4)用全色图像替代多光谱图像的亮度分量,然后反变换得到全色锐化的结果图像,见式(2.13)。

$$\begin{pmatrix} R' \\ G' \\ B' \end{pmatrix} = \begin{pmatrix} 1 & -\frac{1}{\sqrt{2}} & -\frac{1}{\sqrt{2}} \\ 1 & -\frac{1}{\sqrt{2}} & -\frac{1}{\sqrt{2}} \\ 1 & \sqrt{2} & 0 \end{pmatrix} \begin{pmatrix} P \\ \beta_1 \\ \beta_2 \end{pmatrix} \tag{2.13}$$

或者

$$\begin{pmatrix} R' \\ G' \\ B' \end{pmatrix} = \begin{pmatrix} 1 & -\frac{1}{\sqrt{2}} & -\frac{1}{\sqrt{2}} \\ 1 & -\frac{1}{\sqrt{2}} & -\frac{1}{\sqrt{2}} \\ 1 & \sqrt{2} & 0 \end{pmatrix} \begin{pmatrix} I+P \\ \beta_1 \\ \beta_2 \end{pmatrix} = \begin{pmatrix} R+\mathrm{HRI} \\ R+\mathrm{HRI} \\ R+\mathrm{HRI} \end{pmatrix} \tag{2.14}$$

式中，R、G 和 B 分别表示 R、G 和 B 三通道；R'、G' 和 B' 分别表示全色锐化后图像的 R、G 和 B 三通道；HRI $=P-I$，是高频细节。式(2.13)中 R'、G' 和 B' 通过式(2.12)和式(2.13)多次乘法和除法运算得到。式(2.14)中 R'、G' 和 B' 是式(2.12)和式(2.13)被执行一步得到。式(2.14)的计算工程简单，复杂度低，许多研究者采用式(2.14)完成 IHS 空间的全色锐化。

2.4.2 主成分分析(PCA)

主成分分析[116]是一种多元统计分析方法，主要用于降维处理和统计简化，最早可以追溯到 KarlParson 于 1901 年开创的非随机变量转换分析，1933 年 Hotelling 将其推广到随机变量。主成分分析基本原理如下。

假定有 n 个样本、m 个变量，则可以建立一个原始数据矩阵 $\boldsymbol{X}$，即式(2.15)。

$$\boldsymbol{X} = \begin{pmatrix} x_{11} & x_{12} & \cdots & x_{1m} \\ x_{21} & x_{22} & \cdots & x_{2m} \\ \vdots & \vdots & & \vdots \\ x_{n1} & x_{n2} & \cdots & x_{nm} \end{pmatrix}_{n\times m} = (\boldsymbol{x}_1, \boldsymbol{x}_2, \cdots, \boldsymbol{x}_m) \tag{2.15}$$

其中，

$$\boldsymbol{x}_j = \begin{pmatrix} x_{1j} \\ x_{2j} \\ \vdots \\ x_{nj} \end{pmatrix}, j=1,2,\cdots,m \tag{2.16}$$

主成分分析就是将 m 个观测变量综合成 m 个新的综合变量，即

$$\begin{cases} z_1 = a_{11}x_1 + a_{12}x_2 + \cdots a_{1m}x_m \\ z_2 = a_{21}x_1 + a_{22}x_2 + \cdots a_{2m}x_m \\ \cdots\cdots \\ z_m = a_{m1}x_1 + a_{m2}x_2 + \cdots a_{mm}x_m \end{cases} \tag{2.17}$$

其中，a_{ij} 为主成分系数，$a_{k1} + a_{k2} + \cdots + a_{km1} = 1, k = 1, 2, \cdots, m$。

将式(2.17)线性表出，见式(2.18)。

$$\boldsymbol{Z} \equiv \boldsymbol{A}^{\mathrm{T}}\boldsymbol{X} \tag{2.18}$$

式中，$\boldsymbol{A} = (\boldsymbol{a}_1, \boldsymbol{a}_2, \cdots, \boldsymbol{a}_m)^{\mathrm{T}}$；$\boldsymbol{X} = (\boldsymbol{x}_1, \boldsymbol{x}_2, \cdots, \boldsymbol{x}_m)^{\mathrm{T}}$；$\boldsymbol{Z} = (\boldsymbol{z}_1, \boldsymbol{z}_2, \cdots, \boldsymbol{z}_m)^{\mathrm{T}}$。

所谓求主成分，就是寻找 $\boldsymbol{X}$ 适当的线性函数，进行如下变换。

(1)求变量间的协方差矩阵，得 x_i 和 $x_j (i = 1, 2, \cdots, m; j = 1, 2, \cdots, m)$ 之间的协方差矩阵见式(2.19)。

$$\boldsymbol{V} = \begin{pmatrix} v_{11} & v_{12} & \cdots & v_{1m} \\ v_{21} & v_{22} & \cdots & v_{2m} \\ \vdots & \vdots & & \vdots \\ v_{m1} & v_{m2} & \cdots & v_{mm} \end{pmatrix}_{m \times m} \tag{2.19}$$

考虑求 $\boldsymbol{V}$ 的特征值和标准正交特征向量，则

$$\det(\lambda \boldsymbol{I} - \boldsymbol{V}) = \begin{vmatrix} \lambda - v_{11} & -v_{12} & -v_{13} \\ -v_{21} & \lambda - v_{22} & -v_{23} \\ -v_{31} & -v_{32} & \lambda - v_{33} \end{vmatrix} \tag{2.20}$$

解方程可得 $\lambda_1, \lambda_2, \lambda_3$，建立方程见式(2.21)。

$$(\lambda \boldsymbol{I} - \boldsymbol{V})\boldsymbol{E} = \boldsymbol{0} \tag{2.21}$$

将 $\lambda_1, \lambda_2, \lambda_3$ 分别代入式(2.21)，得基础解系为

$$\boldsymbol{e}_1 = \begin{pmatrix} a_1/A \\ a_2/A \\ a_3/A \end{pmatrix}, \quad \boldsymbol{e}_2 = \begin{pmatrix} b_1/B \\ b_2/B \\ b_3/B \end{pmatrix}, \quad \boldsymbol{e}_3 = \begin{pmatrix} c_1/C \\ c_2/C \\ c_3/C \end{pmatrix}$$

式中，$A = \| \boldsymbol{a} \| = \sqrt{a_1^2 + a_2^2 + a_3^2}$，$B = \| \boldsymbol{b} \| = \sqrt{b_1^2 + b_2^2 + b_3^2}$，$C = \| \boldsymbol{c} \| = \sqrt{c_1^2 + c_2^2 + c_3^2}$，于是得到正交矩阵 $\boldsymbol{P} = (\boldsymbol{e}_1, \boldsymbol{e}_2, \boldsymbol{e}_3)$，则主成分 $\boldsymbol{Z} \equiv \boldsymbol{P}^{\mathrm{T}}\boldsymbol{X}$。

(2)计算方差贡献率，将 $\lambda_1, \lambda_2, \lambda_3$ 按大小顺序排列，方差贡献率 λ 计算见式(2.22)。

$$\lambda(K) = \sum_{j=1}^{K} \left(\lambda_j / \sum_{j=1}^{m} \lambda_j \right) \tag{2.22}$$

(3)计算主成分得分 $\boldsymbol{Z}^{\mathrm{T}} \equiv \boldsymbol{X}^{\mathrm{T}}\boldsymbol{P}$，方差最大者为第一主成分，第二大者为第二主成分，依此类推。

2.5 基于成分替代的注入模型

基于成分替代的注入模型[117]遥感图像融合算法基于一个线性变换假设和一个简单的成分替代技术，其模型要解决的关键问题是提取PAN图像的空间细节并注入MS图像中。该算法通过计算PAN图像和MS图像的亮度成分之间的差异来提取所需的高频细节，然后将其注入MS图像中。数学上，标准的基于成分替代方式的注入模型可用式(2.23)表示。

$$\mathrm{FMS}_k=\mathrm{MS}_k+(P-I),\quad k=1,2,3,\cdots,n \tag{2.23}$$

式中，I可根据广义IHS变换中求亮度分量的方式计算。假设输入MS图像的通道数为n，则

$$I=\sum_{k=1}^{n}\frac{1}{n}\mathrm{MS}_k \tag{2.24}$$

以上简单的加权平均方式计算MS图像的亮度分量，融合处理后的融合图像会因PAN图像与MS亮度成分间的低相关性产生光谱失真。针对这个问题，很多研究者[118,119]提出考虑PAN图像和MS图像特性提取MS图像的亮度分量，于是，根据融合算法的改进需要，MS图像的亮度分量也可用式(2.25)计算。

$$I=\sum_{k=1}^{n}\theta_k\mathrm{MS}_k \tag{2.25}$$

式中，θ_k是第k个联合系数。

MS图像的亮度分量改进后，采用基于标准注入模型融合算法融合遥感图像能获得更好的融合结果，但同时也会因高频细节的过度注入导致融合结果的光谱失真。针对这个问题，很多研究者对标准注入模型融合算法做了进一步的改进，这些改进工作都是基于设计一个注入效益对提取到的高频细节进行调制，使其适量地注入MS图像的各个通道。改进后的注入模型算法见式(2.26)。

$$\mathrm{FMS}_k=\mathrm{MS}_k+g_k(P-I),\quad k=1,2,3,\cdots,n \tag{2.26}$$

2.6 多分辨率分析技术

2.6.1 小波变换

小波变换[120]将信号分解成一系列小波函数的叠加，这些函数都是由基本小

波经过平移和尺度伸缩而生成的，通过尺度伸缩可得信号的频率特征。小波变换通常分为连续小波变换和离散小波变换。

1. 连续小波变换

令函数 $\varphi(x)\in L^2(\mathbb{R})$，$L^2(\mathbb{R})$指可积函数构成的函数空间，满足式(2.27)。

$$\int_{-\infty}^{+\infty}\varphi(x)\mathrm{d}x=0 \tag{2.27}$$

式中，$\varphi(x)$是能量有限信号。如果 $\varphi(x)$的傅里叶变换为 $\Psi(x)$，且 $\Psi(0)=0$，则 $\varphi(x)$经伸缩和平移后生成基函数$\{\varphi_{s,\Upsilon}(x)\}$见式(2.28)。

$$\varphi_{s,\Upsilon}(x)=|s|^{-\frac{1}{2}}\varphi\left(\frac{x-\Upsilon}{s}\right),\quad s\in\mathbb{R}^+,\Upsilon\in\mathbb{R} \tag{2.28}$$

式中，$\varphi(x)$是母小波；s 是尺度因子；Υ 是平移因子；$\varphi_{s,\Upsilon}(x)$是 $\varphi(x)$时间平移和尺度伸缩，称为连续小波。

基于以上理论，设函数 $f(x)\in L^2(\mathbb{R})$，$\varphi(x)$是基本小波，则连续小波变换见式(2.29)。

$$W_\varphi(s,\Upsilon)=(f(x),\varphi_{s,\Upsilon}(x))=\int_{-\infty}^{+\infty}f(x)\varphi_{s,\Upsilon}^*(x)\mathrm{d}x \tag{2.29}$$

式中，$\varphi_{s,\Upsilon}^*(x)$是 $\varphi_{s,\Upsilon}(x)$的共轭函数；当 $\varphi_{s,\Upsilon}(x)$为实函数时，$\varphi_{s,\Upsilon}(x)=\varphi_{s,\Upsilon}^*(x)$，$(f(x),\varphi_{s,\Upsilon}(x))$是小波函数的内积。

当 $\varphi(x)$满足允许条件见式(2.30)。

$$C_\varphi\int_{-\infty}^{+\infty}\frac{|\varphi(x)|^2}{x}\mathrm{d}x<\infty \tag{2.30}$$

其逆变换如式(2.31)所示。

$$f(x)=\frac{1}{C_\varphi}\int_0^{+\infty}\frac{1}{s^2}\mathrm{d}s\int_{-\infty}^{+\infty}W_\varphi(s,\Upsilon)\varphi_{s,\Upsilon}(x)\mathrm{d}\Upsilon \tag{2.31}$$

若用卷积来定义连续小波变换，则连续小波变换表达式写成卷积形式见式(2.32)。

$$W_\varphi(s,\Upsilon)=f(\Upsilon)*h_\varphi(\Upsilon)=|s|^{-\frac{1}{2}}\int_{-\infty}^{+\infty}f(x)\varphi*\left(\frac{x-\Upsilon}{s}\right)\mathrm{d}x \tag{2.32}$$

式中，$h_\varphi(\Upsilon)=|s|^{-\frac{1}{2}}\varphi*\left(-\frac{x}{s}\right)$，根据傅里叶变换的尺度性，利用卷积定理，连续小波变换的等效频域的定义见式(2.33)。

$$W_\varphi(s,\Upsilon)=\frac{\sqrt{s}}{2\pi}\int_{-\infty}^{+\infty}F(w)\Psi*(sw)\mathrm{e}^{\mathrm{j}w\Upsilon}\,\mathrm{d}w \tag{2.33}$$

2. 离散小波变换

连续小波变换的计算量庞大，在图像处理领域，需要将连续小波变换离散化。若 $s=s_0^j, j\in\mathbb{Z}, \mathbb{Z}=\{0,1,2,\cdots,n\}$，则尺度 j 下沿 Υ 轴以 $s_0^j\Upsilon_0$ 为间隔均匀采样可保证不丢失信息。这样，相应的离散小波函数见式(2.34)。其中相应的平移因子 $\Upsilon=ks_0^j\Upsilon_0$。

$$\varphi_{s_0^j,k\Upsilon_0}(x)=s_0^{-\frac{j}{2}}\varphi(s_0^{-j}x-k\Upsilon_0),\quad k,j\in\mathbb{Z};s_0>1,\Upsilon_0>0 \tag{2.34}$$

连续小波变换离散化过程在计算机中用二进制离散处理，即二进制小波变换。为了解决计算量的问题，二进制小波变换仅基于离散的尺度因子和平移因子计算小波系数。二进小波通过对基本小波的二进伸缩和整数平移来构造基函数。若 $s=2^j$，则 $\Upsilon=2^jk$，此时二进小波函数 $\varphi_{j,k}(x)$ 见式(2.35)。

$$\varphi_{j,k}(x)=2^{-\frac{j}{2}}\varphi(2^{-j}x-k),\quad j\in\mathbb{Z},k\in\mathbb{Z} \tag{2.35}$$

式中，j 决定尺度的伸缩；k 确定时间的平移。基于以上理论，二进制小波变换见式(2.36)。

$$W_\varphi(j,k)=2^{-\frac{j}{2}}\int_{-\infty}^{+\infty}f(x)\varphi*(2^{-j}x-k)\mathrm{d}x \tag{2.36}$$

令 $f(x)$ 是小波变换能重建的原信号，若 $\varphi_{j,k}(x)=2^{-\frac{j}{2}}\varphi(2^{-j}x-k), j\in\mathbb{Z}$，$k\in\mathbb{Z}$，则具有以下性质。

$$\Gamma_1\|f\|^2\leqslant\sum_j\sum_k|(f,\varphi_{j,k})|^2\leqslant\Gamma_2\|f\|^2 \tag{2.37}$$

$\{\varphi_{j,k}(x)\}_{k,j\in\mathbb{Z}}$ 构成一个框架，其中，Γ_1 和 Γ_2 为框架上下界。若 $\Gamma_1=\Gamma_2$，则称框架为紧框架，并且对偶函数 $\{\widetilde{\varphi}_{j,k}(x)=2^{-\frac{j}{2}}\widetilde{\varphi}(2^{-j}x-k), j\in\mathbb{Z}, k\in\mathbb{Z}\}$ 也构成一个框架，见式(2.38)。

$$\frac{1}{\Gamma_1}\|f\|^2\leqslant\sum_j\sum_k|(f,\widetilde{\varphi}_{j,k})|^2\leqslant\frac{1}{\Gamma_2}\|f\|^2 \tag{2.38}$$

对于紧框架，见式(2.39)。

$$\sum_j\sum_k|(f,\varphi_{j,k})|^2=A\|f\|^2 \tag{2.39}$$

对于以上情形，可由式(2.40)重建原函数。

$$f(x)=\frac{1}{\Gamma_1}\sum_j\sum_k W_\varphi(j,k)\varphi_{j,k}(x) \tag{2.40}$$

若 $\Gamma_1=\Gamma_2=1$，且 $\|\varphi_{j,k}(x)\|=1$，则 $\{\varphi_{j,k}(x)\}_{k,j\in\mathbb{Z}}$ 是一组标准正交基，离散小波逆变换见式(2.41)。

$$f(x)=\sum_{j}\sum_{k}W_{\varphi}(j,k)\varphi_{j,k}(x) \tag{2.41}$$

若$\{\varphi_{j,k}(x)\}_{k,j\in\mathbb{Z}}$不构成紧框架，则寻找对偶框架$\{\tilde{\varphi}_{j,k}(x)\}_{k,j\in\mathbb{Z}}$是重建的关键，重建公式，见式(2.42)。

$$f(x)=\sum_{j}\sum_{k}W_{\varphi}(j,k)\tilde{\varphi}_{j,k}(x) \tag{2.42}$$

2.6.2 滤波技术

基于多分辨率分析技术的高频细节注入模型经常利用滤波技术[121]获取遥感图像的高频细节。滤波器的核心是根据需要设计滤波器的传递函数，即滤波函数。滤波可分为频域滤波和空域滤波[122]，其中频域滤波见式(2.43)。

$$\mathrm{GB}(u,v)=H(u,v)F(u,v) \tag{2.43}$$

式中，$H(u,v)$为滤波函数；$F(u,v)$为输入信号的傅里叶变换；$\mathrm{GB}(u,v)$为滤波结果，对其进行傅里叶逆变换，则得空域滤波结果$g(x,y)$。频域滤波由三个基本步骤构成：

(1)输入图像$f(x,y)$，并通过输入图像与$(-1)^{x+y}$相乘，使其低频部分移到频谱的中央，再计算其二维离散傅里叶变换$F(u,v)$。

(2)根据实际需要设计滤波函数$H(u,v)$，用$H(u,v)$与$F(u,v)$相乘获得频域滤波$\mathrm{GB}(u,v)$结果。

(3)对$\mathrm{GB}(u,v)$作傅里叶逆变换获得空域滤波结果$g(x,y)$，截取$g(x,y)$实部，将截取结果乘以$(-1)^{x+y}$抵消第一部的移位。

综上所述，不同的滤波函数对应不同的滤波器。通常频域滤波器分为两类：低通滤波器和高通滤波器。图像中的灰度平坦区域对应频域中的低频成分，图像中的细节内容对应频域中的高频成分。低通滤波器是指允许频域中频谱的低频成分通过，并限制高频成分通过。常用的低通滤波器有理想低通滤波器、巴特沃斯低通滤波器和指数低通滤波器等。高通滤波器是指允许频域中频谱的高频成分通过，并限制低频成分通过，常用的高通滤波器有理想高通滤波器、巴特沃斯高通滤波器和指数高通滤波器等。

2.6.3 稀疏表示理论

稀疏表示[122-124]不同于傅里叶变换、小波变换等传统的多分辨率分析技术，它使用基于数学描述的固定字典。通过直接在数据上学习，获得过完备字典，稀疏

表示具有更进一步的稀疏性。更特别的是，自然现象的复杂结构能从特定信号内容中精确、自适应地被提取，所以原始信号能通过稀疏编码技术从降质的信号和学习到的字典中被稀疏地重建或表示。过去 20 年中，随着字典训练方法和稀疏编码技术的发展，稀疏表示在图像去噪、图像超分及其他图像处理中表现出先进的性能，在这个系统中，未知量多于方程数，有无穷多个解。考虑一个矩阵 $\boldsymbol{A}\in\mathbb{R}^{n\times m}$ 是满秩矩阵，$n<m$，定义方程组 $\boldsymbol{Ax}=\boldsymbol{b}$，用于描述欠定系统。假定 x 是一幅图像向量化后的信号，矩阵 $\boldsymbol{A}$ 代表退化操作，将该退化操作作用于 $\boldsymbol{x}$，得到 $\boldsymbol{x}$ 的低质量的图像信号 $\boldsymbol{b}$。现在给定一个任务，要求从观测 $\boldsymbol{b}$ 中重构出原始图像，这个问题存在无穷多个解，稀疏表示理论的目标就是从无穷多个解中选择一个满意解。对于问题 $f(\boldsymbol{x})$，解决的办法是引入一个对 $\boldsymbol{x}$ 的候选解，合理性评价函数 $f(\boldsymbol{x})$，并期望其值越小越好。最常见的 $f(\boldsymbol{x})$ 是欧几里得范数的平方 $\|\boldsymbol{x}\|_2^2$，它是严格凸的，对该函数进行优化的常规做法见式(2.44)。

$$\min_{\boldsymbol{x}} \|\boldsymbol{x}\|_2^2, \quad \text{s. t. } \boldsymbol{b}=\boldsymbol{Ax} \tag{2.44}$$

这种问题有唯一解 $\hat{\boldsymbol{x}}$，称为最小范数解。ℓ_2 能给出闭合形式的唯一解，被广泛用于各个工程领域。然而，用其解决的各种问题中，ℓ_2 给出的解并不是最佳解。为了找问题的最佳解，转向求解不严格凸的 $\|\boldsymbol{x}\|_1$ 问题，见式(2.45)。

$$\min_{\boldsymbol{x}} \|\boldsymbol{x}\|_1, \quad \text{s. t. } \boldsymbol{b}=\boldsymbol{Ax} \tag{2.45}$$

该问题存在无穷多解，但这些解聚集在有界的凸集中，且至少有一个最多只包含 n 个非零值，即 ℓ_1 具有导出稀疏解的倾向。为了提升解的稀疏性，探索令结果产生稀疏的方法，对于式(2.46)所示问题。

$$\min_{\boldsymbol{x}} \|\boldsymbol{x}\|_p^p, \quad \text{s. t. } \boldsymbol{b}=\boldsymbol{Ax} \tag{2.46}$$

在所有产生稀疏的范数中，一个极端情况即 $p\to 0$，对应的 ℓ_0 范数问题见式(2.47)。

$$\min_{\boldsymbol{x}} \|\boldsymbol{x}\|_0, \quad \text{s. t. } \boldsymbol{b}=\boldsymbol{Ax} \tag{2.47}$$

以上，ℓ_0 范数问题是非确定多项式(non-deterministic ploynomial)难问题，即 NP 难问题。解决稀疏问题的算法有很多，如获取稀疏系数的正交匹配追踪(OMP)算法[125]、选择算子的最小绝对收缩(LASSO)算法[126]，再如字典训练算法：基于概率学习的算法、基于参数学习的算法和基于簇或向量量化的方法[127]。

2.7　基于多分辨率分析技术的注入模型

基于多分辨率分析技术的注入模型[93]算法利用多分辨率分析技术提取所需

的注入细节，如用基于小波或小波包的变换算法分解 MS 图像和 PAN 图像，生成 MS 图像和 PAN 图像的高低频成分，高频成分被视为提取到的细节，或者用高通滤波作用源图像获取细节，用低通滤波作用源图像获取输入图像的低通子图，评估输入与输出图像间的差异来提取所需的高频细节。通过多分辨率分析技术提取到的 PAN 图像细节被注入低空间分辨率多光谱图像中获取融合图像。常用的基于分辨率分析技术的注入模型算法见式(2.48)。

$$\mathrm{FMS}_k=\mathrm{MS}_k+g_k(P-P_L) \tag{2.48}$$

式中，P_L 是 P 的低通子图；P_L 可通过如下公式计算得到。

$$P_L=P\otimes h_{LP} \tag{2.49}$$

其中，$\otimes$代表卷积操作；h_{LP} 代表低通滤波器。常用的低通滤波器很多。例如，高斯函数有一个低通特性，数学上，高斯函数能模拟人类视觉，用于从源图像中提取空间细节，其数学模型见式(2.50)。

$$G(i,j;\sigma)=\frac{1}{2\pi\sigma^2}\exp\left(-\frac{i^2+j^2}{2\sigma^2}\right) \tag{2.50}$$

式中，(i,j)代表像素点在卷积模板中的坐标；σ 是高斯函数的尺度参数。

小　结

基于注入模型的遥感图像融合算法是本书提出的各种融合算法的基础，本章对注入模型的遥感图像融合算法进行了回顾和归纳。首先介绍了注入模型的遥感图像融合算法的一般性方案，高频细节注入是该方案的核心环节，成分替代技术和多分辨率分析技术是获取高频细节或改进低分辨率多光谱图像的关键技术；然后论述了注入模型相关理论，包括基于成分替代技术的注入模型算法和基于多分辨率分析技术的注入模型算法。本书后续各章节均基于本节所介绍的注入模型相关理论开展研究工作，本书中遥感图像融合用到的遥感图像都是精确配准后的图像。本书中对比方法的选择原则是：①对比方法要具有代表性，既要与近 20 年内的一些经典的遥感图像融合方法进行对比，也要与最新遥感图像融合方法进行对比；②尽量与同类型方法对比，如所提算法属变换域算法，那么该算法要与变换域中的代表性算法进行对比。

第 3 章 基于精炼细节注入的遥感图像融合算法及其应用

3.1 基于精炼细节注入的遥感图像融合算法及其应用研究现状分析

高分辨率遥感图像对于国土资源政府管理部门有效地管理国土资源具有重要意义，如何获取高分辨率遥感图像，保障国土资源被科学合理地开发、利用是国土资源信息管理急需解决的问题。遥感图像融合是获取高空间、光谱分辨率的遥感图像的最有效的解决方法。如 2.2 节所述，遥感图像融合实质上是 MS 图像的全色锐化过程，它要求增强 MS 图像空间信息的同时，保护 MS 图像的光谱信息。高频信息注入模型遵循遥感图像融合的这个基本要求，引进 PAN 图像的高频信息补偿 MS 图像中丢失的高频信息，因此，在一个成功的基于注入模型的遥感图像融合算法中，高频信息的质量扮演着非常重要的角色。大多数遥感图像融合算法采用某种合适的方式获取 PAN 图像的高频信息注入 MS 图像中。例如，一种基于 IHS 变换的光谱保护遥感图像融合算法[128]使用双边滤波从多个尺度上提取 PAN 图像的高频信息恢复 MS 图像的边缘信息。然而，由于 PAN 图像和 MS 图像空间结构方面的差异，这种来自 PAN 图像的高频信息通常与 MS 图像不足够相关，导致融合图像产生光谱失真。因此，使用某种方式简单地从 PAN 图像提取高频信息注入 MS 图像中，不能融合得到高性能融合结果。如何提高被注入的高频信息与 MS 图像的相关性成为遥感图像融合算法发展的一个重要的驱动力。

为增进注入信息与 MS 图像的相关性，Choi 等[129]提出一种部分替代遥感图像融合算法。该算法基于 PAN 图像和 MS 图像计算一种新的亮度成分替代 PAN 图像，间接从 PAN 图像和 MS 图像中提取高频信息。文献中的实验表明基于部分替代从 PAN 图像和 MS 图像中提取高频信息，可以很大程度上提高所提取的高频信息与 MS 图像的相关性，改善图像融合结果。但是，部分替代算法在提高图像融合性能的同时也带来了另外的问题，如细节注入时，给融合图像带入部分灰度信息，导致融合图像因信息冗余而产生光谱失真。针对该问题，本章围绕注入模型中高频细节参数的改进开展研究，提出基于精炼细节注入的遥感图像融合算法。该算法基于多尺度分解技术提取 PAN 图像和 MS 图像高频信息，利用稀疏理论融合 PAN 图像和 MS 图像高频信息，产生一种与 MS 图像高相关，但具有较多冗余信息的初始融合结果。在此基础上，通过考虑 PAN 图像和 MS 图像间的相关性及差异，提出了一种精炼细节的优化策略，用于得到精炼的高频信息。基于这种策略的遥感图像融合算法，可有效地去除冗余信息，提高注入信息与 MS 图像的相关性，执行融合后产生高质量的融合图像。

3.2 细节精炼关键技术

3.2.1 à trous 小波变换

对于基于多分辨率分析的注入模型，*à* trous 小波变换[114]经常被用于提取 PAN 图像的空间细节。该变换是标准离散小波变换（discrete wavelet transform，DWT）的变种，其用多孔滤波器（*à* trous）对图像进行上采样，代替 DWT 中的下采样操作，故称为 *à* trous 小波变换。*à* trous 小波变换将输入图像分解成低频信息部分（近似图像）和高频细节部分（细节纹理子图），每层的近似图像具有较粗的空间分辨率，但图像大小不变。*à* trous 小波变换分解过程如下：假定输入图像 $\boldsymbol{A}$，通过 *à* trous 小波变换分解，可以获得近似图像序列 $\boldsymbol{A}_1,\boldsymbol{A}_2,\cdots,\boldsymbol{A}_l$ $(l=1,2,\cdots,n)$。数学上，近似图像表示为

$$\boldsymbol{A}_l=\boldsymbol{Q}_l\otimes\boldsymbol{A}_{l-1} \tag{3.1}$$

式中，l 是分解层数；$\otimes$是卷积操作；$\boldsymbol{Q}_l$ 是第 l 层的低频掩模；掩模 $\boldsymbol{Q}_{l+1}$ 通过掩模 $\boldsymbol{Q}_l$ 尺寸加倍，并在原始值中间插入 0 值得到。令 $\boldsymbol{Q}_1$ 是一个 5×5 掩模，则

$$\boldsymbol{Q}_1=\frac{1}{256}\begin{pmatrix}1&4&6&4&1\\4&16&24&16&4\\6&24&36&24&6\\4&16&24&16&4\\1&4&6&4&1\end{pmatrix} \tag{3.2}$$

则第二层的掩模 $\boldsymbol{Q}_2$ 就是一个 9×9 掩模，即

$$\boldsymbol{Q}_2=\frac{1}{256}\begin{pmatrix}1&0&4&0&6&0&4&0&1\\0&0&0&0&0&0&0&0&0\\4&0&16&0&24&0&16&0&4\\0&0&0&0&0&0&0&0&0\\6&0&24&0&36&0&24&0&6\\0&0&0&0&0&0&0&0&0\\4&0&16&0&24&0&16&0&4\\0&0&0&0&0&0&0&0&0\\1&0&4&0&6&0&4&0&1\end{pmatrix} \tag{3.3}$$

图像 $\boldsymbol{A}$ 的细节纹理子图即高频细节为

$$\mathrm{HRI}=\sum_{l=1}^{n}(\boldsymbol{A}_{l-1}-\boldsymbol{A}_l) \tag{3.4}$$

3.2.2 引导滤波

在基于多分辨率分析的注入模型遥感图像融合一族中，滤波技术是最常用的一种用于提取 PAN 图像高频细节的方式。引导滤波[130]是滤波技术之一，该滤波器问世以来在图像处理领域一直非常受研究者的青睐。与其他滤波器，如高斯滤波、双边滤波等相比，其优点是引导滤波有两个输入图像，一个是被滤波的图像，一个是引导图像。引导图像的作用是引导被滤波的图像跟随引导图像的边缘变化趋势保护边缘信息。因此，引导滤波也是边缘保护滤波之一。它基于一个局部线性模型，滤波的输出图像是一个关于引导图像的线性变换。这个线性变换基于一个中心点像素 k 的局部窗 W_k 对引导图像进行操作，见式(3.5)。

$$\mathrm{OP}_i=a_k\mathrm{GD}_i+b_k,\quad \forall\, \mathrm{i}\in W_k \tag{3.5}$$

式中，OP 是输出图像；GD 是引导图像；OP_i 和 GD_i 是输出图像和引导图像中第 i 个像素点的值；W_k 是大小为$(2r+1)\times(2r+1)$的方形窗；a_k 和 b_k 是窗中的常量，在公式中担任线性系数的角色，其值可以用输出图像和被滤波图像像素点差异的平方评估。

$$v(a_k,b_k)=\sum_{i\in W_k}\left[(a_k\mathrm{GD}_i+b_k-\mathrm{IP}_i)^2+\eta a_k^2\right] \tag{3.6}$$

式中，IP 是被滤波图像；η 是用户给定的一个正则参数；$v(a_k,b_k)$指 a_k 和 b_k 的值。求解 $v(a_k,b_k)$可通过如下线性回归运算得到。

$$a_k=\frac{\dfrac{1}{|W|}\displaystyle\sum_{t\in W_k}\mathrm{GD}_i\mathrm{IP}_i-\mu_k\,\overline{\mathrm{IP}_k}}{\sigma_k^2+\eta} \tag{3.7}$$

$$b_k = \overline{\mathrm{IP}_k} - a_k\mu_k \tag{3.8}$$

式中，σ_k^2 和 μ_k 是引导图像在 W_k 中的方差和均值；$|W|$ 是 W_k 中像素的个数；$\overline{\mathrm{IP}_k}$是被滤波的图像在 W_k 中均值。根据式(3.5)，OP_i 随着 k 值的变化对应不同的方形窗 W_k，当 OP_i 在不同窗中被计算时，OP_i 的值是变化的，为了处理这个问题，通过式(3.7)和式(3.8)计算得到的 a_k 和 b_k 的值应该首先被平均，因此，引导滤波最后的输出图像应该用如下公式评估。

$$\mathrm{OP}_i = \overline{a_i}\mathrm{GD}_i + \overline{b_i} \tag{3.9}$$

式中，$\overline{a_i} = \frac{1}{|W|}\sum_{i \in W_k} a_k$；$\overline{b_i} = \frac{1}{|W|}\sum_{i \in W_k} b_k$。本书的后续内容中，用 $\mathrm{GF}_{r,\eta}(\mathrm{IP},\mathrm{GD})$代表引导滤波操作，IP 和 GD 分别是被滤波的图像和引导图像，r 是引导滤波的尺寸，η 是引导滤波的模糊度。

3.2.3 稀疏表示

在图像融合领域中，一幅图像能被处理成部分重叠的按顺序排列的图像块，一个小的图像块比一个完整的图像更容易被建模[131-136]。令信号 $\boldsymbol{x} \in \mathbb{R}^n$ 是一个来自大小为$\sqrt{n}\times\sqrt{n}$的图像块的有序列向量，信号 $\boldsymbol{x}$ 能用字典中的原子稀疏表示，也就是说，$\boldsymbol{x}$ 能被表示为 $\boldsymbol{x}=\boldsymbol{D\alpha}$。其中，矩阵 $\boldsymbol{D} \in \mathbb{R}^{n\times m}$是一个字典，字典中的每一个列向量 $\boldsymbol{d}_i \in \mathbb{R}^n (i=1,2,\cdots,m)$是一个原子。$\boldsymbol{\alpha} \in \mathbb{R}^m$ 是稀疏向量，该稀疏向量仅有少数个非零原子，稀疏表示的任务就是获得这个稀疏向量 $\boldsymbol{\alpha}$，见式(3.10)。

$$\min_{\boldsymbol{\alpha}} \|\boldsymbol{\alpha}\|_0, \quad \text{s.t.}\ \|\boldsymbol{D\alpha} - \boldsymbol{x}\|_2^2 \leqslant \varepsilon \tag{3.10}$$

式中，$\|\boldsymbol{\alpha}\|_0$表示稀疏向量 $\boldsymbol{\alpha}$ 中非零原子的数量，绝大多数稀疏系数接近或等于零；ε 是一个特别的阈值，用于度量稀疏性。式(3.10)是一个 NP 难问题，为解决这个 NP 难问题，研究者提出了很多有效的方法，其中，最有效的解决算法是一系列的贪婪算法[122-125]，其核心思想如下。

令矩阵 $\boldsymbol{D}$ 的稀疏度 $\mathrm{sparse}(\boldsymbol{D})>2$，上述 NP 难问题为 P_0 问题，其值 $\mathrm{val}(P_0)=1$，此时 $\boldsymbol{b}$ 就是一个标量与矩阵 $\boldsymbol{D}$ 的某个列相乘的结果，并且已知这个解是唯一的。通过对 $\boldsymbol{D}$ 的每一列做验算来确定这个列，总共需要检验 m 次。假设误差为 λ，则第 j 次检验可以通过最小化$\lambda(j) = \|\boldsymbol{\alpha}_j \boldsymbol{z}_j - \boldsymbol{b}\|_2$来实现，得到 $\boldsymbol{z}_j^* = \boldsymbol{\alpha}_j^{\mathrm{T}}\boldsymbol{b}/\|\boldsymbol{\alpha}_j\|_2^2$。代入误差表示中，误差见式(3.11)。

$$\lambda(j) = \min_{z_j}\|\boldsymbol{\alpha}_j \boldsymbol{z}_j - \boldsymbol{b}\|_2^2 = \left\| \frac{\boldsymbol{\alpha}_j^{\mathrm{T}}\boldsymbol{b}}{\|\boldsymbol{\alpha}_j\|_2^2}\boldsymbol{\alpha}_j - \boldsymbol{b} \right\|_2^2 = \|\boldsymbol{b}\|_2^2 - \frac{(\boldsymbol{\alpha}_j^{\mathrm{T}}\boldsymbol{b})^2}{\|\boldsymbol{\alpha}_j\|_2^2} \tag{3.11}$$

此时，只要误差为 0，就可找到合适的解。最经典的贪婪算法是 OMP 算法[125]，本章用 OMP 求解式(3.10)。OMP 算法的误差值见式(3.12)。

$$\lambda(j)=\min_{z_j}\|\boldsymbol{\alpha}_j z_j-\boldsymbol{r}^{k-1}\|_2^2=\left\|\frac{\boldsymbol{\alpha}_j^{\mathrm{T}}\boldsymbol{r}^{k-1}}{\|\boldsymbol{\alpha}_j\|_2^2}\boldsymbol{\alpha}_j-\boldsymbol{r}^{k-1}\right\|_2^2=\|\boldsymbol{r}^{k-1}\|_2^2-\frac{(\boldsymbol{\alpha}_j^{\mathrm{T}}\boldsymbol{r}^{k-1})^2}{\|\boldsymbol{\alpha}_j\|_2^2} \tag{3.12}$$

其算法流程如下。

(1)任务。近似求解(P_0)问题 $\min_x\|\boldsymbol{x}\|_0$，　s. t. $\boldsymbol{A}\boldsymbol{x}=\boldsymbol{b}$。

(2)参数。给定矩阵 $\boldsymbol{A}$，向量 $\boldsymbol{b}$ 和误差阈值 λ_0。

(3)初始化。初始设置 $k=0$，并设置如下：

①初始解为 $\boldsymbol{x}^0=0$；

②初始残差为 $\boldsymbol{r}^0=\boldsymbol{b}-\boldsymbol{A}\boldsymbol{x}^0=\boldsymbol{b}$；

③初始解在支撑集为 $S^0=\mathrm{support}\{\boldsymbol{x}^0\}=\varnothing$。

(4)主要迭代。每次 k 加 1，并执行下列步骤：

①扫描，即对所有 j，利用优化的参数，选择 $z_j^*=\boldsymbol{\alpha}_j^{\mathrm{T}}\boldsymbol{r}^{k-1}/\|\boldsymbol{\alpha}_j\|_2^2$ 计算误差 $\lambda(j)=\min_{z_j}\|\boldsymbol{\alpha}_j z_j^*-\boldsymbol{r}^{k-1}\|_2^2$；

②更新支撑集，即确定 $\lambda(j)$ 取最小值的点 j_0。

(5)输出。在 k 次迭代后获得的优化解 $\boldsymbol{x}^k$。

3.2.4 字典学习

字典 $\boldsymbol{D}$ 是定义稀疏域信号并推广应用它的基本要素。选择 $\boldsymbol{D}$ 的方法很多，如非抽样小波、导向小波、轮廓波和曲波等预构的字典，小波包、条带波等可调整的字典，以及通过某种变换得到的字典。这些字典计算速度很快，但局限于某一类的信号和图像。最近一些基于学习观点的字典训练算法被提出，最常用的是 Aharon 等[122-127]提出的 K-SVD 算法。

假定来自一幅自然图像的 M 个大小为 $\sqrt{n}\times\sqrt{n}$ 的图像块，在 $\mathbb{R}^n$ 空间被有序地组织成列向量 $\boldsymbol{y}_i\in\mathbb{R}^n$。这些列向量构成字典学习的训练样本集 $\{\boldsymbol{y}_i\}_{i=1}^M$，假设模型偏差 τ，字典学习的核心问题是估计 $\boldsymbol{D}$，解决以下优化问题。

$$\min_{\boldsymbol{D},\ \{\boldsymbol{\alpha}_i\}_{i=1}^M}\sum_{i=1}^M\|\boldsymbol{\alpha}_i\|_0,\quad \text{s. t. }\|\boldsymbol{y}_i-\boldsymbol{D}\boldsymbol{\alpha}_i\|_0\leqslant\tau,\quad i=1,2,\cdots,M \tag{3.13}$$

该问题将每个信号 $\boldsymbol{y}_i$ 描述为未知字典 $\boldsymbol{D}$ 之上的最稀疏表示 $\boldsymbol{\alpha}_i$，从式(3.13)来看，要找到可行的候选模型，则需找到一个解使得每个表示的非零项有 k_0 个或者更少，颠倒式(3.13)中的惩罚项与约束项，将稀疏性作为约束，得到信号的最优拟合,见式(3.14)。

$$\min_{\boldsymbol{D},\{\boldsymbol{\alpha}_i\}_{i=1}^{M}} \sum_{i=1}^{M} \| \boldsymbol{y}_i - \boldsymbol{D}\boldsymbol{\alpha}_i \|_0, \quad \text{s.t.} \| \boldsymbol{\alpha}_i \|_0 \leqslant k_0, \quad 1 \leqslant i \leqslant M \tag{3.14}$$

Aharon 等已证明式(3.13)和式(3.14)问题是有意义的。求解式(3.13)和式(3.14)问题没有通用的实际算法,从矩阵的分解角度,K-SVD 算法是按列更新字典中的原子的字典学习算法。将式(3.13)的问题看作嵌套的最小化问题,迭代更新字典。其稀疏编码迭代阶段,字典被固定,K-SVD 算法每次迭代通过奇异值分解更新一个原子,稀疏系数矩阵见式(3.15)。

$$\min_{\boldsymbol{A}} \|\boldsymbol{Z}-\boldsymbol{D}\boldsymbol{A}\|_2^2, \quad \text{s.t.} \ \forall i \ \|\boldsymbol{\alpha}_i\|_0 \leqslant \tau \tag{3.15}$$

式中,$\boldsymbol{Z}$ 是辅助矩阵变量;$\boldsymbol{A}$ 是 M 个 $\boldsymbol{\alpha}_i$ 构成的稀疏矩阵。在字典更新阶段,稀疏系数矩阵被固定,则字典更新表达式为

$$\min_{\boldsymbol{D}} \|\boldsymbol{Z}-\boldsymbol{D}\boldsymbol{A}\|_2^2 \tag{3.16}$$

3.3　基于精炼细节注入的遥感图像融合算法框架

如 2.1 节所述,注入模型是基于注入结构概念改进图像空间分辨率,该模型利用成分替代、多分辨率分析等技术从 PAN 图像中提取高频细节注入 MS 图像中。事实上,PAN 与 MS 图像的每个通道的波长不可能重叠,导致 PAN 图像与 MS 图像全局或局部不相似或低相关。这样,仅从 PAN 图像中提取到的高频细节与原始多光谱图像低相关,在空间细节注入过程中不可避免地产生融合图像的光谱失真。反之,如果 MS 图像和相应的 PAN 图像高相关,则理想的高分辨率多光谱图像的高频细节与 MS 图像和相应的 PAN 图像的高频细节紧密相关。基于这个理论,2.5 节中的式(2.26)和 2.7 节中的式(2.48)可转换成如下公式:

$$\begin{aligned} \text{FMS}_k &= \text{High}(\text{HRMS}_k) + \text{Low}(\text{HRMS}_k) \\ &\approx \text{High}(\text{HRMS}_k) + \text{MS}_k \\ &\approx g_k \text{High}(\text{PAN}, \text{MS}_k) + \text{MS}_k \end{aligned} \tag{3.17}$$

式中,HRMS_k 是高分辨率 MS 图像的第 k 个通道;$\text{High}(\text{HRMS}_k)$ 和 $\text{Low}(\text{HRMS}_k)$ 分别代表理想的高分辨率多光谱图像的第 k 个通道的高频信息和低频信息;$\text{High}(\text{PAN}, \text{MS}_k)$ 是从 PAN 图像和上采样后低分辨率多光谱图像中提取的高频信息,即高频细节。

由式(3.17)可知，理论上融合的高分辨率多光谱图像的空间细节近似等于从PAN 图像和低分辨率多光谱图像中提取的细节。为了确保融合结果的质量与高分辨率多光谱图像的质量接近，注入低分辨率多光谱图像中的高频细节必须和接受这些细节的 MS 图像高相关或者有相似的空间特性。因此，为了减少光谱失真，本章提出基于精炼细节注入的遥感图像融合算法。该算法首先采用上采样插值方式得到和 PAN 图像大小相同的低分辨率多光谱图像，用加权平均方式[113]计算 MS 图像亮度分量，将 PAN 图像与 MS 图像亮度分量进行直方图匹配得到直方图匹配后的PAN 图像。其次，用 à trous 小波变换多尺度分解低分辨率 MS 图像的亮度分量，提取 MS 图像的高频细节，将引导滤波器作用于 PAN 图像，计算每层滤波输入图像和相应输出图像的差异来提取 PAN 图像高频细节。然后，稀疏融合从 PAN 图像和MS 图像中提取的细节，得到初始融合细节，基于初始融合细节和 PAN 图像细节间相关性及差异构建一个自适应权重因子，将这个权重因子作用于初始融合细节和PAN 图像细节获取精炼的联合细节。最后，该算法引进一个注入效益，采用式(3.17)的方式将精炼的联合细节注入低分辨率多光谱图像中得到融合的图像。基于精炼细节注入的遥感图像融合算法框架如图 3.1 所示。

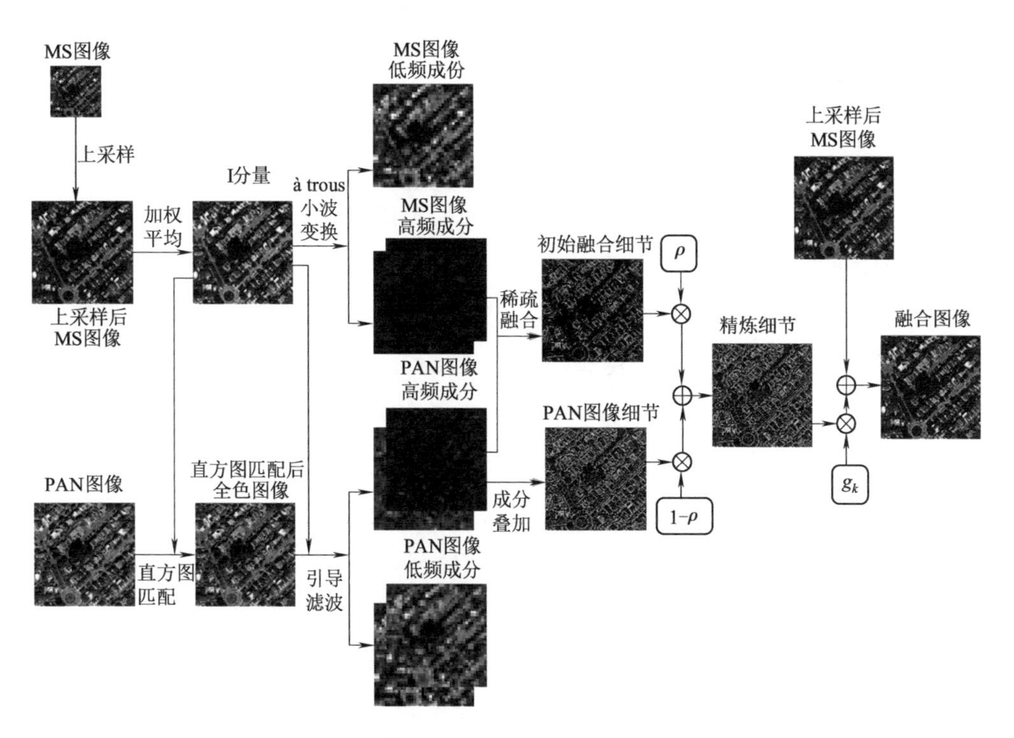

图 3.1　基于精炼细节注入的遥感图像融合算法框架

3.4 基于精炼细节注入的遥感图像融合算法

基于3.3节的分析，基于精炼细节注入的遥感图像融合算法由四部分构成：第一部分是通过多尺度分解从PAN图像和MS图像中提取高频细节；第二部分是利用稀疏表示将提取到的细节进行稀疏融合得到初始联合细节；第三部分设计一个自适应权重因子精炼初始联合细节和PAN图像细节，从而获得精炼的联合细节；第四部分引进一个自适应注入效益将精炼的联合细节自适应注入MS图像中，得到最终融合图像。

3.4.1 基于à trous小波变换及引导滤波的高频细节提取

本章在这一部分提出一种基于à trous小波变换及多尺度引导滤波的多尺度分解策略，用于从PAN图像和MS图像中获取想要的高频细节信息。一方面，因为à trous小波变换是一种非正交、移不变、无损的、冗余的DWT算法，该算法能有效地保护图像的空间信息。通过à trous小波变换，输入图像被分解成低频信息部分和高频信息部分。根据3.2.1节关于à trous小波变换的描述，本章算法中，PAN图像低频信息用如下公式计算。

$$I_l(i,j)=I_{l-1}(i,j)\otimes h_{l-1},\quad l=1,2,\cdots,n \tag{3.18}$$

式中，I_{l-1}和I_l分别是第l层的原始图像和原始图像的近似系数；当$l=1$时，I_{l-1}是MS图像的亮度成分；h_{l-1}是第l层的低通滤波；(i,j)是像素点的坐标；$\otimes$是卷积操作。连续不同层的多光谱图像的亮度成分的低频系数差异和就是多光谱图像的高频信息。这个处理过程用式(3.19)表示。

$$\mathrm{ID}_l(i,j)=I_{l-1}(i,j)-I_l(i,j) \tag{3.19}$$

式中，$\mathrm{ID}_l(i,j)$是第l层亮度成分I的坐标为(i,j)的像素的高频细节。

引导滤波能获得引导图像的变化趋势，同时能保护输入图像的主要高频信息。因此，本章采用多尺度引导滤波来分解PAN图像。在这个技术中，将MS图像的亮度成分与PAN图像进行直方图匹配得到直方图匹配后的PAN图像P，直方图匹配后的PAN图像作为引导滤波的输入图，MS图像的亮度成分I作为引导滤波的引导图，输出图是直方图匹配后的PAN图像的低通版。根据3.2.2节关于引导滤波的描述，计算两个连续尺度上的PAN图像的低通子图间的差异可

获得 PAN 图像的高频细节，这个处理过程为

$$P_l = \mathrm{GF}(P_{l-1}, I) \tag{3.20}$$

$$\mathrm{PD}_l = P_{l-1} - P_l \tag{3.21}$$

式中，GF(·)表示引导滤波操作；P_{l-1} 和 P_l 是第 l 层引导滤波的输入和输出图像；当 $l=1$ 时，P_{l-1} 是直方图匹配后的 PAN 图；PD_l 是第 l 层 PAN 图像的高频细节。

3.4.2 稀疏融合获取初始联合细节

在传统的细节注入模型中，提取的细节仅仅来自 PAN 图像，导致融合图像和原始 MS 图像不足够相似。为了克服这个问题，本章提出一种细节融合方法，该方法用于从 PAN 图像和 MS 图像中提取理想的细节。这种方法的目的是保护那些由于 PAN 图像和 MS 图像全局或局部不相似或低相关而丢失的细节。这些细节的保留将增加注入细节与源 MS 图像的相关性。为了从原始图像中获得与源 MS 图像更相关的细节，本章考虑基于字典学习的稀疏重构能使重构的信息自适应原图像特点，提出采用 KSVD 算法从提取的细节子图本身学习，构建一个完备字典，结合稀疏表示稀疏融合 PAN 图像和 MS 图像的细节。在提出的方式中，为了减少时间消耗的同时有效地获得高频细节字典，本章根据最大值准则将 PAN 图像和 MS 图像各层细节子图整合成一个子图。然后，通过滑动窗技术将整合后的细节子图分解成 8×8 的块，块与块之间有 7×7 的重叠，这些分解得到的块作为字典学习的训练集。这样，所构建的字典的原子将与 PAN 图像和 MS 图像更相关，从而得到更好的融合结果。根据 3.2.4 节中字典学习理论，本章算法中的字典学习的过程见式(3.22)。

$$\{\boldsymbol{D}_H, \boldsymbol{A}_{ZD}\} = \underset{\boldsymbol{D}_H, \boldsymbol{A}_{ZD}}{\operatorname{argmin}} \| \boldsymbol{ZD} - \boldsymbol{D}_H \boldsymbol{A}_{ZD} \|_F^2, \quad \text{s.t. } \forall i \ \|\boldsymbol{\alpha}_i^{ZD}\|_0 \leqslant \tau \tag{3.22}$$

式中，$\boldsymbol{D}_H$ 是想要的字典；$\boldsymbol{ZD}$ 是训练集 $\{\boldsymbol{zd}_i\}_{i=1}^{\mathrm{Num}}$ 的集合；$\boldsymbol{A}_{ZD}$ 是整合后的细节的稀疏系数；$\boldsymbol{\alpha}_i^{ZD}$ 是第 i 个稀疏向量。

接下来，基于学习到的字典 $\boldsymbol{D}_H$，从 PAN 图像和 MS 图像中提取的高频信息被稀疏地表示。稀疏表示过程中，本章没有直接使用细节子图本身，而是使用每个子图的小的重叠的图块，每个大小为$\sqrt{n}\times\sqrt{n}$的图像块被字典重新编码成 n 维的列向量。假设 ID_{li} 和 PD_{li} 中的图像块用$\{\boldsymbol{d}_{li}^{\mathrm{ID}}\}_{i=1}^{N}$和$\{\boldsymbol{d}_{li}^{\mathrm{PD}}\}_{i=1}^{N}$（$N$ 是一幅图像中图像块的数量）表示，那么根据 3.2.3 节所述理论，这些图像块的稀疏系数可通过 OMP 算法解决如下优化问题而获得。

$$\hat{\boldsymbol{\alpha}}_{li}^{\mathrm{ID}}=\underset{\boldsymbol{\alpha}_{li}^{\mathrm{ID}}}{\operatorname{argmin}}\|\boldsymbol{\alpha}_{li}^{\mathrm{ID}}\|_0,\quad \text{s. t. } \|\boldsymbol{d}_{li}^{\mathrm{ID}}-\boldsymbol{D}_H\boldsymbol{\alpha}_{li}^{\mathrm{ID}}\|_2^2\leqslant\varepsilon,\quad i=1,2,3,\cdots,N \tag{3.23}$$

$$\hat{\boldsymbol{\alpha}}_{li}^{\mathrm{PD}}=\underset{\boldsymbol{\alpha}_{li}^{\mathrm{PD}}}{\operatorname{argmin}}\|\boldsymbol{\alpha}_{li}^{\mathrm{PD}}\|_0,\quad \text{s. t. } \|\boldsymbol{d}_{li}^{\mathrm{PD}}-\boldsymbol{D}_H\boldsymbol{\alpha}_{li}^{\mathrm{PD}}\|_2^2\leqslant\varepsilon,\quad i=1,2,3,\cdots,N \tag{3.24}$$

式中,$\hat{\boldsymbol{\alpha}}_{li}^{\mathrm{ID}}$是 MS 图像的亮度成分在第 l 层的稀疏系数;$\hat{\boldsymbol{\alpha}}_{li}^{\mathrm{PD}}$是 PAN 图像在第 l 层的稀疏系数。

随后,根据以下融合准则融合以上所获得的稀疏系数见式(3.25)。

$$\boldsymbol{\alpha}_{li}^{\mathrm{FD}}(i,j)=\hat{\boldsymbol{\alpha}}_{li}^{\mathrm{ID}}(i,j),\quad \text{s. t. abs}(\hat{\boldsymbol{\alpha}}_{li}^{\mathrm{ID}}(i,j))>\text{abs}(\hat{\boldsymbol{\alpha}}_{li}^{\mathrm{PD}}(i,j)) \tag{3.25}$$

$$\boldsymbol{\alpha}_{li}^{\mathrm{FD}}(i,j)=\hat{\boldsymbol{\alpha}}_{li}^{\mathrm{PD}}(i,j),\quad \text{s. t. abs}(\hat{\boldsymbol{\alpha}}_{li}^{\mathrm{ID}}(i,j))\leqslant\text{abs}(\hat{\boldsymbol{\alpha}}_{li}^{\mathrm{PD}}(i,j)) \tag{3.26}$$

式中,(i,j)是相应向量的原子坐标;$\boldsymbol{\alpha}_{li}^{\mathrm{FD}}$是融合系数。

随着以上步骤的完成,基于学习到的字典 $\boldsymbol{D}_H$,初始联合细节被重构,即

$$\boldsymbol{d}_{li}^{\mathrm{FD}}=\boldsymbol{D}_H\boldsymbol{\alpha}_{li}^{\mathrm{FD}} \tag{3.27}$$

$$\mathrm{FD}=\sum_{l=1}^{n}\left(\sum_i\boldsymbol{R}_i^{\mathrm{T}}\boldsymbol{R}_i\right)^{-1}\left(\sum_i\boldsymbol{R}_i^{\mathrm{T}}\boldsymbol{D}_H\boldsymbol{\alpha}_{li}^{\mathrm{FD}}\right) \tag{3.28}$$

式中,$\boldsymbol{d}_{li}^{\mathrm{FD}}$代表重构的高频细节图块,即重构第 l 层中所有高频细节块(包括重叠的细节块)后,平均这些重构的细节块而得到的细节块;$\boldsymbol{R}_i$ 是第 i 个图像块对应的矩阵;FD 是初始联合细节。

3.4.3 基于自适应权重因子精炼算法获取精炼联合细节

以上两步得到了初始联合细节和 PAN 图像细节,初始联合细节由 PAN 图像细节及 PAN 图像细节的补偿信息构成,这些补偿信息主要由存在 MS 图像中而在 PAN 图像中缺失的差异信息构成。由此可见,初始联合细节获取过程中,一些有用的 PAN 图像的细节被差异细节部分替代了,因此,初始联合细节不是理想的注入细节。如果初始联合细节被当作结果细节注入 MS 图像中,则过多的补偿信息和不足够的 PAN 图像的细节将导致融合图像空间失真。但是,由于 PAN 图像的波长不可能和每一个 MS 图像的通道重叠,导致 PAN 图像和 MS 图像存在全局或局部不相似,若仅仅注入 PAN 图像的细节到 MS 图像中,会导致融合图像与原始图像不足够相似。为了增加注入细节与 MS 图像的相关性,本章算法需要考虑如何从初始联合细节和 PAN 图像的细节中获取最合适的细节。最好的解决办法是利用初始联合细节和 PAN 图像的细节间强的近似关系设计一个权重因子权衡这两类细节。考虑到相关系数能度量两幅图像的相似度,均方根误差能评估两幅图像间的差异,本章提出用如下公式定义这个权重因子:

$$\rho = \mathrm{CR}(\mathrm{FD}, \sum_{l=1}^{n} \mathrm{PD}_l)\mathrm{RS}(\mathrm{FD}, \sum_{l=1}^{n} \mathrm{PD}_l) \tag{3.29}$$

式中，CR(•)是一个用于获得初始联合细节和 PAN 图像细节子图间相关系数的函数，其作用是调制高频信息的相关度，最小化融合图像与原始 MS 图像全局不相似；RS(•)是一个用于获得初始联合细节和 PAN 图像细节子图均方根误差的函数，其作用是减少融合图像与原始 MS 图像局部差异。CR(•)和 RS(•)可以通过如下公式得到：

$$\mathrm{CR} = \frac{\mathrm{COV}(\mathrm{FD}, \mathrm{PD})}{\sigma(\mathrm{FD})\sigma(\mathrm{PD})} \tag{3.30}$$

$$\mathrm{RS} = \sqrt{\frac{1}{m_1 n_1} \sum_{i=1}^{m_1} \sum_{j=1}^{n_1} (\mathrm{FD}(i,j) - \mathrm{PD}(i,j))^2} \tag{3.31}$$

$$\mathrm{PD} = \sum_{l=1}^{n} \mathrm{PD}_l \tag{3.32}$$

式中，COV(•)是方差函数；σ(•)是标准差函数；PD 是 PAN 图像的细节；$m_1 \times n_1$ 是图像大小。

通过评估初始联合细节和 PAN 图像的细节间的相关性及差异，精炼的联合细节能被获得，见式(3.33)。

$$\mathrm{RD} = \rho\mathrm{FD} + (1-\rho)\mathrm{PD} \tag{3.33}$$

式中，RD 是精炼的联合细节。

从式(3.29)和式(3.33)可以看出，如果初始联合细节和 PAN 图像的细节间的相关性值为 1，则均方根误差和 ρ 的值为零，这时精炼的联合细节就是 PAN 图像的细节。如果初始联合细节和 PAN 图像的细节间的相关性值小于 1，则均方根误差和 ρ 的值不为零，这时精炼的联合细节被差异细节部分替代，部分替代的量由相关系数和均方根误差的值决定。在精炼的联合细节重构过程中，PAN 图像的细节的作用是维持融合图像的空间细节，而初始联合细节倾向于保护融合图像特殊区域光谱信息。结果，精炼的联合细节有效地保留了有用的 PAN 图像细节和差异细节，导致其与 MS 图像更相关或相似，比单个 PAN 图像细节更好。

3.4.4 基于边缘信息保护的细节注入

通过上述细节精练算法得到了精练的联合细节，该细节与 MS 图像高相关，其性能超过初始融合细节及 PAN 图像细节，若将该细节无差别地注入源 MS 图像中，融合图像会因过度注入产生光谱失真。为了解决这个问题，有效恢复 MS 图像边缘信息，本章引进一个基于边缘保护的注入效益[93]，用于自适应注入精炼的联合细节到上采样的 MS 图像中获取最终融合图像。根据文献[108]所述，这个基于边缘保护的注入效益通过解决如下优化问题得到：

$$\min_{\beta_1,\cdots,\beta_n} \| w_p - \sum_{i=1}^{n} \beta_i w_{M_i} \|^2, \quad \text{s. t.} \beta_1 \geqslant 0,\cdots,\beta_n \geqslant 0 \tag{3.34}$$

式中，n 是 MS 图像通道数；β_i 是 MS 图像中第 i 个通道的注入效益；w_p 和 w_{M_i} 是 PAN 图像和 MS 图像中第 i 个通道的边缘检测矩阵。边缘检测矩阵见式(3. 35)。

$$w_A = \exp\left(-\frac{\lambda}{|\nabla P|^4 + \varepsilon}\right) \tag{3.35}$$

式中，∇P 是图像 $\boldsymbol{A}$ 的梯度；λ 和 ε 是调制参数。

基于式(3. 34)和式(3. 35)，基于边缘保护的注入效益为

$$g_k = \frac{\text{MS}_k}{\frac{1}{n}\sum_{k=1}^{n}\text{MS}_k}[\beta_k w_P + (1-\beta_k) w_{\text{MS}_k}] \tag{3.36}$$

在上述注入效益的帮助下，结合前面的工作，融合图像可表示为

$$\text{FMS}_k = \text{MS}_k + g_k \text{RD} \tag{3.37}$$

3.4.5 精炼细节性能测试

为了验证细精炼细节的性能，本小节描述一个实验，该实验目的是将精炼的联合细节与初始融合细节、PAN 图像细节作对比，测试精炼细节的性能。实验中，三类细节被分别假定为结果细节，将它们分别注入低分辨率多光谱图像中，然后对融合结果进行分析讨论。使用 10 组来自不同数据库的图像，如图 3. 2 所示。考虑到大量数据，本章选了 3 组融合结果进行主观评价(见图 3. 3)和客观评价[见图 3. 4(a)～(c)]，同时展示了这 10 组实验的融合结果的平均量化性能[见图 3. 4(d)]。从图 3. 3 来看，注入初始融合细节的融合图像有一些模糊，注入 PAN 图像细节和注入精炼的联合细节的融合图像清晰，明显超过了注入初始融合细节的融合图像的质量，但在视觉上比较差别不大。然而，从图 3. 4 来看，注入精炼的联合细节的融合图像的量化指标值在这 3 组实验的所有融合结果中最好。同时，其在 10 组实验的平均融合结果中也是最好的。实验证明，经本章算法提取到的精炼联合细节在基于注入模型遥感图像融合中表现出优异的性能。

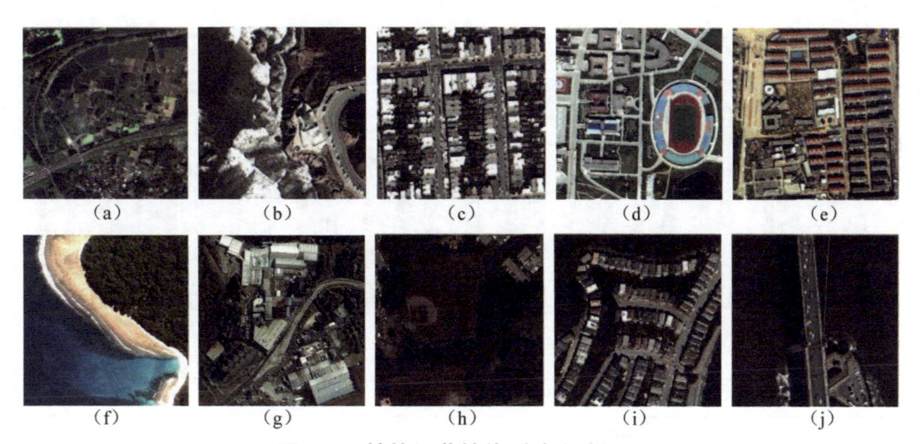

(a)　(b)　(c)　(d)　(e)

(f)　(g)　(h)　(i)　(j)

图 3.2　精炼细节性能测试实验源图

注：(a)～(j)是被用于精炼细节性能测试的 MS 图像。

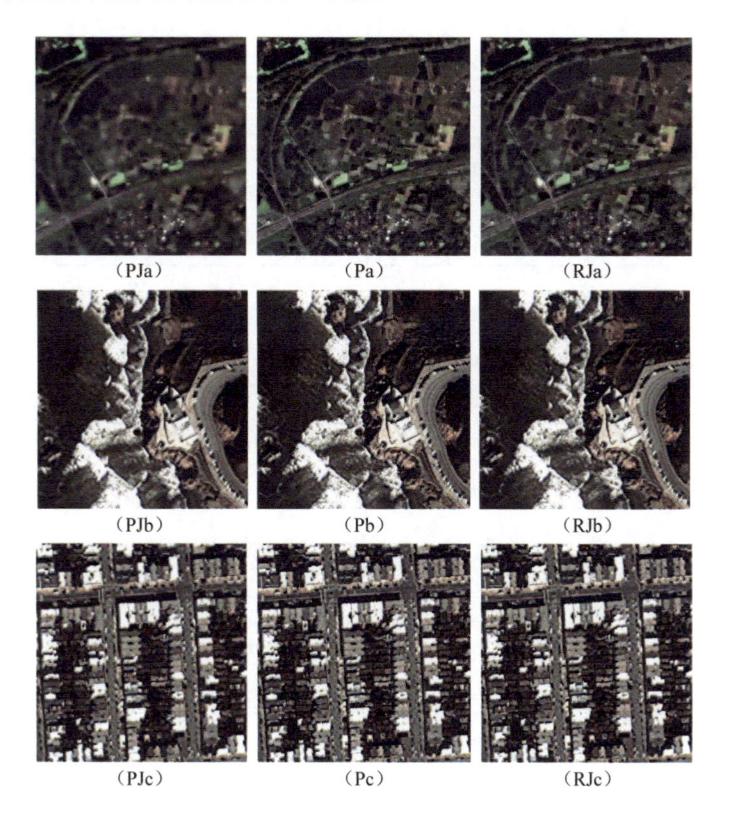

(PJa)　(Pa)　(RJa)

(PJb)　(Pb)　(RJb)

(PJc)　(Pc)　(RJc)

图 3.3　图 3.2 中对应源图的融合图像主观评价结果

注：(PJa)、(PJb)和(PJc)是往 MS 图像中注入初始融合细节的融合结果；(Pa)、(Pb)和(Pc)是往 MS 图像中注入 PAN 图像细节的融合结果；(RJa)、(RJb)和(RJc)是往 MS 图像中注入精炼细节的融合结果。

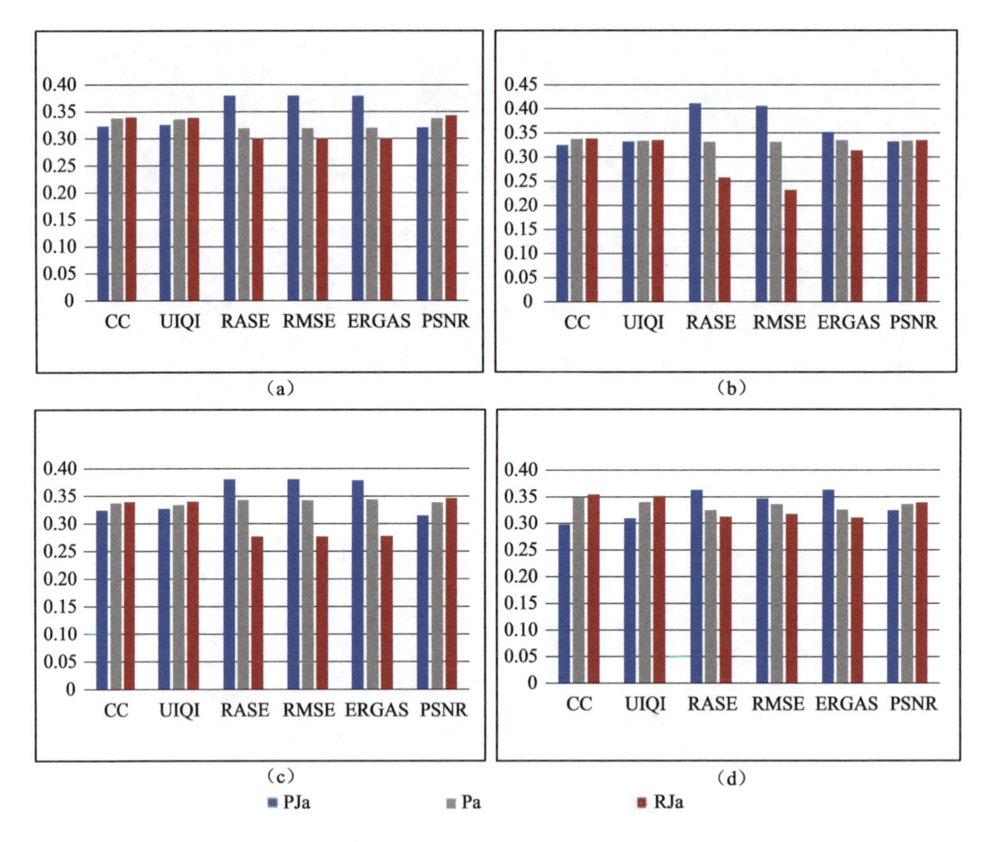

图 3.4　图 3.2 中源图及相应的 PAN 图像融合后的融合图像客观评价结果

注:(a)是图 3.3 中 PJa、Pa、RJa 融合图像量化评价结果;(b)是图 3.3 中 PJb、Pb、RJb 融合图像量化评价结果;(c)是图 3.3 中 PJc、Pc、RJc 融合图像量化评价结果;(d)是图 3.2 中 10 组图对应融合图像平均量化评价结果。

3.5　实验结果及其应用分析

本节对基于精炼细节注入的遥感图像融合算法的性能进行测试,同时对本章算法融合得到的融合图像在国土资源信息管理中的相关应用进行分析。为评价基于精炼细节注入的遥感图像融合算法的性能,本章使用 WorldView-2、QuickBird 和 IKONOS 三大遥感数据库。所做实验包括仿真图像实验和真实图像实验两类,做仿真图像实验时需要一幅参考图用于评价实验结果,但是在实际应用中,参考图像无法得到,于是本书利用 Wald's[137] 工具将 PAN 图像和 MS 图像的空间频率降采样 4 倍得到降质的 PAN 图像和 MS 图像,原始的 MS 图像作为参考图像。实验时,每一幅 MS 图像被上采样及插值到相应的 PAN 图像同等大小，每一次融合处理，通过配准及直方图匹配对 PAN 图像和 MS 图像进行预处理。用于仿真图像实验的数据来自 WorldView-2 和 QuickBird 数据库，其 MS 图像大小是 64×64，相应的 PAN 图像大小是 256×256。用于真实图像实验的数据来自 WorldView-2 和 IKONOS 数据库，其 MS 图像大小是 128×128，相应的 PAN 图像大小是 512×512。

为了评价有参图像和无参考图像融合结果的性能，本章使用七种先进的方法用于和本章方法进行对比，分别是 ATWT[56]、DWT[53]、AWLP[138]、IAIHS[98]、BFLP[128]、MM[139] 和 IMG[93]。1.5 节中介绍的主观和客观两方面质量评价被用于性能评价，即主观评价和客观评价。其中有参图像客观评价指标包括 CC、UIQI、RMSE、RASE、ERGAS、PSNR 和 SAM，无参考图像客观评价指标是 QNR，QNR 由 D_λ 和 D_s 构成。实验主要针对三通道 R、G、B 多光谱图像及其相应的 PAN 图像。

3.5.1 仿真图像实验结果及其应用分析

在仿真图像实验中，本章用了三组来自 WorldView-2 和 QuickBird 卫星的数据。其中第一组来自 QuickBird 数据库，所用到的数据源图及七种对比方法和本章所提出的方法作用于该组的源图像所得到的融合图像如图 3.5 所示，另外两组来自 WorldView-2 数据库，其中第二组所用到的数据源图及七种对比方法和本章所提出的方法作用于该组的源图像所得到的融合图像如图 3.6 所示，第三组所用到的数据源图及七种方法作用于该组的源图像所得到的融合图像如图 3.7 所示。为了更好地评价本章仿真图像实验的视觉效果，本章算法在参考图像及各方法所得的融合图像中相同位置圈了一小框内容，用红色边框标注，并将圈出来的小框中内容放大，用一大框标注放大的内容，该方法可更好地对比各方法的融合图像在视觉效果方面的细微差异。同时，本章算法在对各方法所得的融合图像进行客观评价时，对每组图、每个指标上最优的值加粗显示。下面对实验结果及这些实验结果在国土资源信息管理中的应用进行描述。

1. QuickBird 数据融合结果及应用分析

对于第一组来自 QuickBird 数据库的实验，降采样后的 MS 图像如图 3.5(a)所示，降采样后的 MS 图像被上采样到 PAN 图像大小后的 MS 图像如图 3.5(b)所示，PAN 图像如图 3.5(c)所示，原始 MS 图像作为参考图如图 3.5(d)所示，相应方法获得的融合图像的主观评价结果如图 3.5(e)～(l)所示，客观评价结果见表 3.1。所用图的内容包括海水、陆地和森林，这种类型的遥感图像主要用于国土资源信息管理中裸地管理和林业及海洋状态的监测及管理。从图 3.5 来看，图 3.5(a)空间分辨率低、地物识别率低和分类精度低，不适合直接用于国土资源信息管理。图 3.5(b)中地物模糊，不利于准确描述国土资源信息。图 3.5(c)中对象边缘、纹理清晰，但没有色彩信息，无法定性、客观地描述国土资源性质、状态。图 3.5(e)～(l)是本章所用对比方法及本章算法整合图 3.5(b)和图 3.5(c)的互补信息所获得的融合图像，从各种融合算法作用于该组源图像所获得的融合图像来看，IAIHS 方法获得的融合结果有较好的空间信息，但该方法的融合图像在海水、陆地和森林区域有明显的光谱失真。如果将 IAIHS 方法的融合结果用于国土资源信息管理中，会导致国土资源信息管理部门对裸地、林业及海洋的客观状态的严重误判。

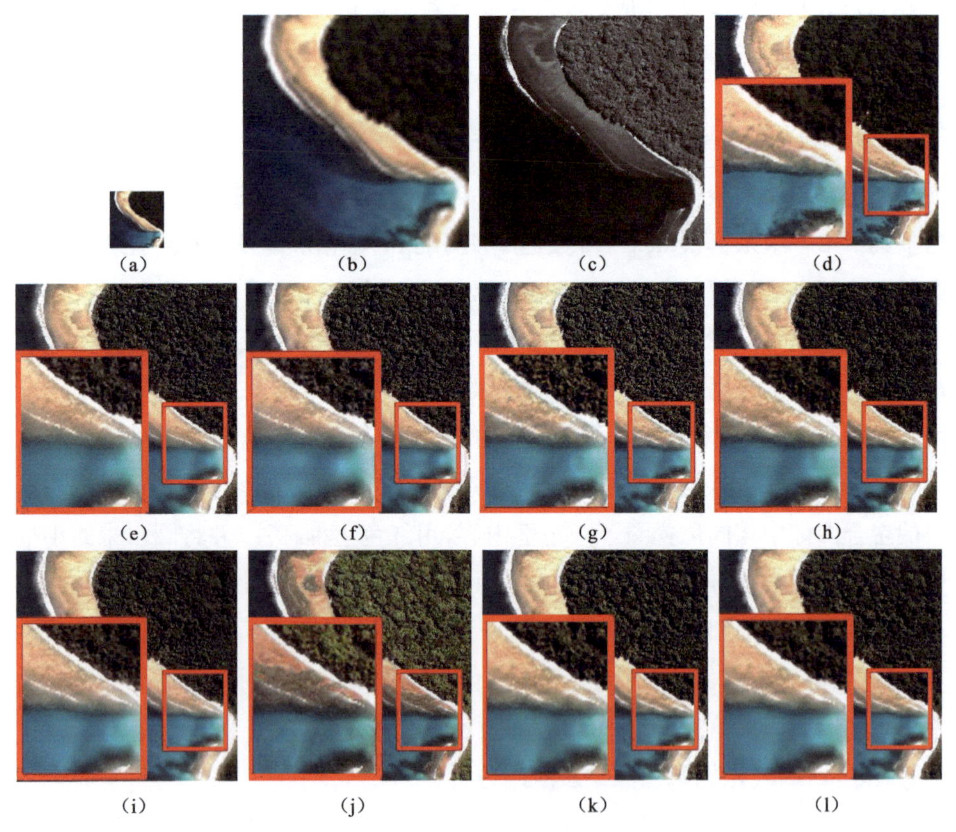

图 3.5　QuickBird 图像融合结果

注：(a)是降采样后的 MS 图像；(b)是降采样后的 MS 图像被上采样到 PAN 图像大小的 MS 图像；(c)是PAN 图像；(d)是参考图像；(e)～(l)分别是 ATWT、DWT、AWLP、BFLP、MM、IAIHS、IMG 方法和本章方法所获得的融合图像。

表 3.1　图 3.5 中融合图像定量评价结果

算　法	CC	UIQI	RASE	RMSE	SAM	ERGAS	PSNR
ATWT	0.959 6	0.964 9	20.709 9	18.842 7	4.693 2	5.272 6	22.628 0
DWT	0.959 0	0.964 5	20.860 9	18.980 1	4.747 6	5.310 2	22.564 8
AWLP	0.952 8	0.964 5	23.659 3	21.526 2	4.485 6	6.185 2	21.874 4
BFLP	0.971 8	0.971 7	20.490 5	18.643 1	3.904 8	5.794 8	21.363 6
MM	0.973 7	0.976 0	16.742 5	15.233 0	4.028 2	4.256 3	24.475 1
IAIHS	0.881 2	0.893 1	36.365 0	33.086 3	3.807 9	9.126 3	17.737 8
IMG	0.968 9	0.974 0	18.661 7	16.979 2	3.317 1	4.819 9	23.532 5
本章方法	**0.976 8**	**0.979 3**	**15.981 8**	**14.540 9**	**3.175 2**	**4.104 4**	**24.895 8**

ATWT 和 DWT 方法获得的融合结果在海水、陆地方面接近参考图像，但在森林方面有明显的光谱失真。如果将 ATWT 和 DWT 方法的融合结果用于国土资源信息管理中，会导致国土资源信息管理部门对林业客观状态的严重误判，其后果是严重影响国土资源信息管理部门对林业的管理、开发及合理利用。AWLP 方法从源图中获得了较多、较全面的空间信息，然而该方法所获得的融合结果在森林方面存在明显的光谱失真。如果将 AWLP 方法的融合结果用于国土资源信息管理中，其后果将和在国土资源信息管理中应用 ATWT 和 DWT 方法获得的融合结果的后果一样。BFLP 和 IMG 方法获得的融合结果空间质量很好，但在森林方面存在光谱失真。如果将 BFLP 和 IMG 方法的融合结果用于国土资源信息管理中，容易导致国土资源信息管理部门对林业客观状态的误判，影响国土资源信息管理部门对林业的管理。MM 方法获得的融合结果在海水、陆地、森林区域保留了较好的光谱信息，但在森林方面存在细节丢失。如果将 MM 方法的融合结果用于国土资源信息管理中，可能会因图像细节纹理的模糊导致国土资源信息管理部门无法准确识别林业中树木、草体等地物，影响国土资源信息管理部门对林业的管理。与本章所用到的对比方法所获得的融合图像相比，视觉上主观评价，本章所提出的方法获得的融合图像有更高的空间分辨率，保留了更多的光谱信息，最接近参考图像。

另外，表 3.1 对各方法获得的融合图像进行了客观评价，从表 3.1 中各方法获得的融合图像客观评价结果来看，本章所提出的方法获得的融合图像在 CC、UIQI、RMSE、RASE、ERGAS、PSNR、SAM 七个评价指标上，获得最好的值。该组仿真图像实验结果表明，无论是主观评价还是客观评价，本章所提出的方法获得的融合结果最好，融合后的 MS 图像具有丰富色彩信息和空间信息，关于森林、陆地和海域的各类信息都可方便、直接、准确地提取到，非常适合应用于国土资源信息管理中裸地、林业管理和海洋研制等方面，有助于国土资源信息管理部门对裸地、林业和海洋的管理、开发及合理利用。

2. WorldView-2 数据融合结果及应用分析

对于第二组来自 WorldView-2 数据库的实验，降采样后的 MS 图像如图 3.6(a)所示，降采样后的 MS 图像被上采样到 PAN 图像大小后的 MS 图像如图 3.6(b)所示，PAN 图像如图 3.6(c)所示，原始 MS 图像作为参考图如图 3.6(d)所示，相应方法获得的融合图像的主观评价结果如图 3.6(e)～(l)所示，客观评价结果见表 3.2。

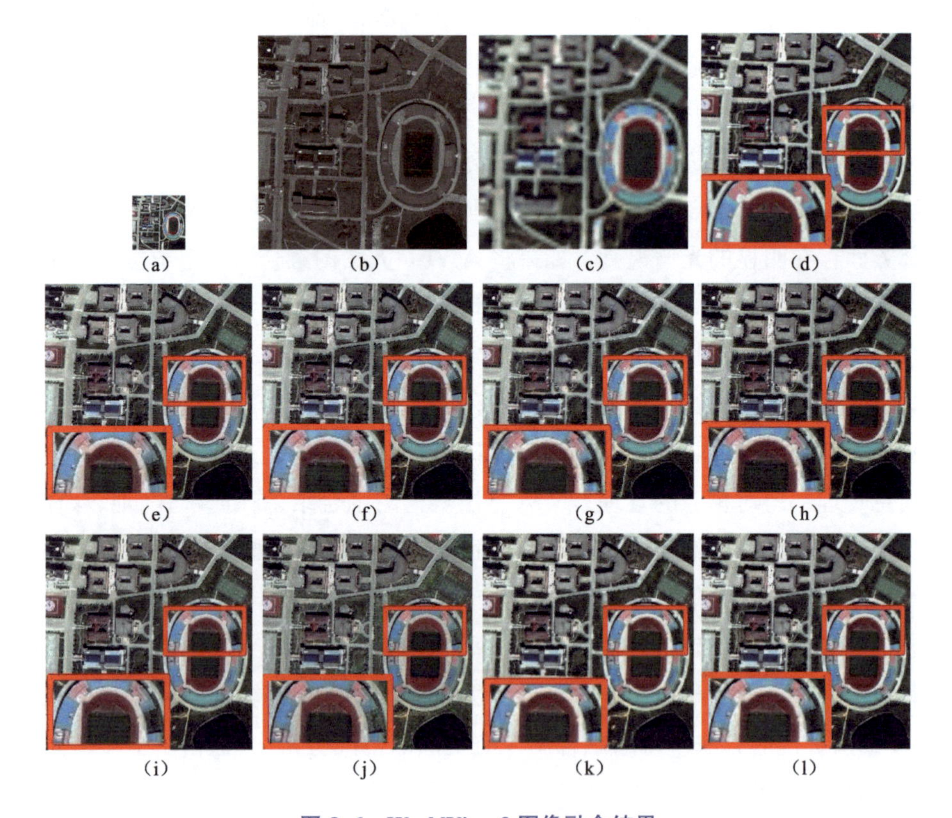

图 3.6　WorldView-2 图像融合结果

注：(a)是降采样后的 MS 图像；(b)是降采样后的 MS 图像被上采样到 PAN 图像大小的 MS 图像；(c)是 PAN 图像；(d)是参考图像；(e)～(l)分别是 ATWT、DWT、AWLP、BFLP、MM、IAIHS、IMG 方法和本章方法所获得的融合图像。

表 3.2　图 3.6 中融合图像定量评价结果

算　法	CC	UIQI	RASE	RMSE	SAM	ERGAS	PSNR
ATWT	0.943 9	0.952 4	18.364 0	21.292 0	3.248 4	4.598 1	21.563 0
DWT	0.944 3	0.953 0	18.302 0	21.220 1	3.308 5	4.582 9	21.595 0
AWLP	0.913 8	0.940 8	22.931 0	26.587 5	**2.541 7**	5.752 5	19.639 0
BFLP	0.956 4	0.962 8	18.028 0	20.902 0	3.170 6	4.824 6	21.944 0
MM	0.951 2	0.958 7	17.143 0	19.876 0	2.736 1	4.291 9	22.163 0
IAIHS	0.910 2	0.910 0	23.404 0	27.136 0	2.796 7	5.845 8	19.471 0
IMG	0.957 7	0.962 9	16.901 0	19.596 0	2.624 7	4.232 3	22.287 0
本章方法	**0.960 2**	**0.965 7**	**16.128 0**	**18.700 0**	2.580 2	**4.039 1**	**22.692 0**

图 3.6 中图像的主要内容是某城市的体育馆及体育馆周边环境及建筑，这种类型的遥感图像适用于国土资源信息管理中目标检测、城市/测绘管理。从图 3.6 来看，图 3.6(a)、图 3.6(b)和图 3.6(c)分别因其空间分辨率低、地物模糊和光谱分辨率低，导致地物识别率不高、分类精度不高，不适合直接用于国土资源信息管理。图 3.6(e)～(l)是本章所用对比方法及本章算法整合图 3.6(b)和图 3.6(c)的互补信息所获得的融合图像，从各种融合算法作用于该组源图像所获得的融合图像来看，IAIHS 方法获得的融合图像有明显的光谱失真。如果将 IAIHS 方法的融合结果用于国土资源信息管理中目标检测、城市/测绘管理，会导致城市/测绘管理数据误差，目标性质、状态监测不准确，其后果是严重影响城市/测绘管理，影响目标检测精度。ATWT 和 DWT 方法获得的融合图像在体育馆方面有明显的光谱失真。如果将 ATWT 和 DWT 方法的融合结果用于国土资源信息管理中目标检测、城市/测绘管理，会影响城市/测绘管理部门对诸如体育馆使用情况的误判，其后果是严重影响诸如体育馆等对象的管理及监督。AWLP 和 BFLP 方法获得的融合图像在植被方面有不均匀的光谱信息。MM 方法获得的融合图像在红色区域不能有效地保护光谱信息。如果将 AWLP、BFLP 和 MM 方法的融合结果用于国土资源信息管理中目标检测、城市/测绘管理，会影响目标检测、城市/测绘管理精度。与本章所用到的对比方法所获得的融合图像相比，视觉上主观评价，本章所提出的方法和 IMG 方法获得的融合图像有最好的视觉效果，很难主观区分这两种方法的融合结果差异。然而，从表 3.2 中各方法获得的融合图像客观评价结果来看，本章所提出方法的融合结果在 CC、UIQI、RASE、RMSE、

ERGAS 和 PSNR 六个评价指标中获得最好的值，在 SAM 评价指标中取得第二好的值。该组仿真图像实验结果表明，无论是主观评价还是客观评价，本章所提出的方法获得的融合结果最好，融合图像的空间、光谱分辨率很高，非常适合目标检测、城市/测绘管理，有助于城市/测绘管理部门对城市的分布、建筑和植被等进行合理监测及管理。

对于第三组来自 WorldView-2 数据库的实验，降采样后的 MS 图像如图 3.7(a) 所示，降采样后的 MS 图像被上采样到 PAN 图像大小后的 MS 图像如图 3.7(b) 所示，PAN 图像如图 3.7(c) 所示，原始 MS 图像作为参考图如图 3.7(d) 所示，相应方法获得的融合图像的主观评价结果如图 3.7(e)～(l) 所示，客观评价结果见表 3.3。

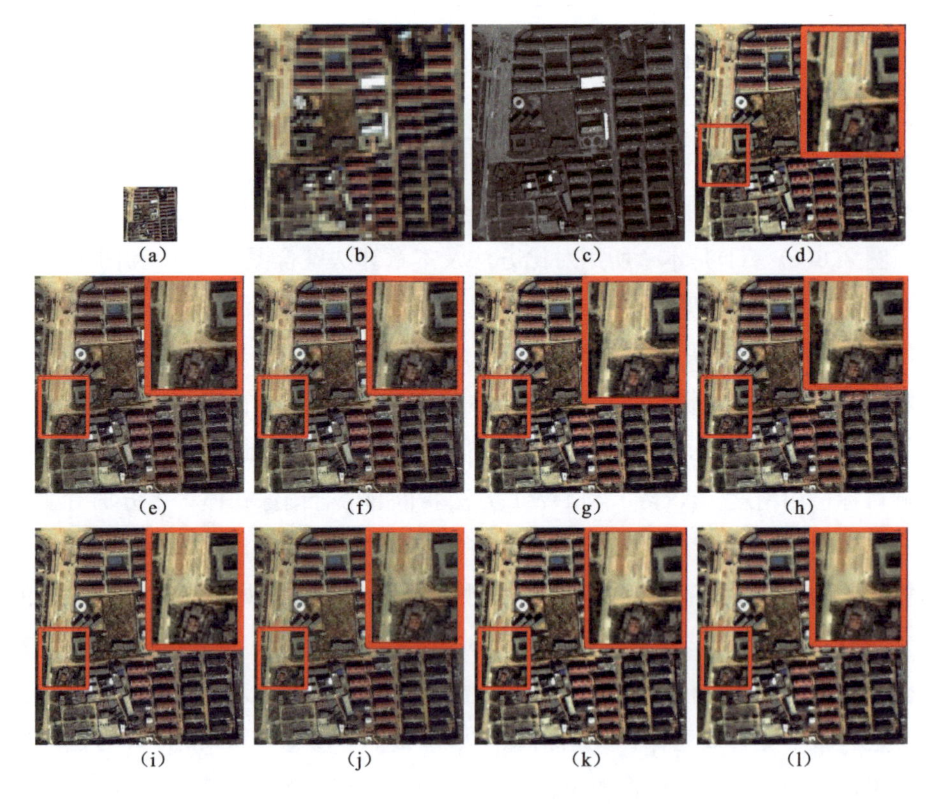

图 3.7 WorldView-2 图像融合结果

注：(a)是降采样后的 MS 图像；(b)是降采样后的 MS 图像被上采样到 PAN 图像大小的 MS 图像；(c)是 PAN 图像；(d)是参考图像；(e)～(l)分别是 ATWT、DWT、AWLP、BFLP、MM、IAIHS、IMG 方法和本章方法所获得的融合图像。

表 3.3　图 3.7 中融合图像定量评价结果

算　法	CC	UIQI	RASE	RMSE	SAM	ERGAS	PSNR
ATWT	0.926 8	0.937 0	19.580 3	20.446 0	5.447 5	4.896 8	21.918 0
DWT	0.925 3	0.937 4	19.681 0	20.551 0	5.462 1	4.929 8	21.873 8
AWLP	0.947 0	0.956 5	17.346 0	18.113 0	**3.140 8**	4.270 6	23.212 0
BFLP	0.947 0	0.956 5	17.023 0	17.776 0	3.286 0	4.357 5	22.809 9
MM	0.941 0	0.953 0	17.671 0	18.453 0	3.313 7	4.385 7	22.809 3
IAIHS	0.933 3	0.926 9	19.605 0	20.473 0	3.355 3	4.878 3	21.907 0
IMG	0.945 5	0.953 8	17.618 0	18.397 0	3.347 5	4.437 7	22.833 0
本章方法	**0.950 5**	**0.959 2**	**16.321 0**	**17.043 0**	3.290 9	**4.079 4**	**23.499 0**

图 3.7 中的图像是某处工业用地图，其主要内容包括道路、裸地、厂房和其他基础设施，这种类型的遥感图像适用于国土资源信息管理中的工业用地管理。从图 3.7 来看，图 3.7(a)、图 3.7(b)和图 3.7(c)分别因其空间分辨率低、地物模糊和光谱分辨率低，导致地物识别率不高及地物客观状态描述精度不高，不适合直接用于工业用地中道路、裸地、厂房和其他基础设施管理。图 3.7(e)～(l)是本章所用对比方法及本章算法整合图 3.7(b)和图 3.7(c)的互补信息所获得的融合图像，从各种融合算法作用于该组源图像所获得的融合图像来看，IAIHS 方法的融合结果能有效地保护空间细节，但有明显的光谱失真。如果将 IAIHS 方法的融合结果用于工业用地管理，会导致工业用地中道路、裸地、厂房和其他基础设施管理不合理，其后果是严重影响工业用地合理开发、利用。ATWT 和 DWT 方法的融合结果存在不同程度的光谱失真，例如在红色和橙色区域。如果将 ATWT 和 DWT 方法的融合结果用于工业用地管理，会导致工业用地中道路、裸地、厂房和其他基础设施利用现状的错误判断。由于该图像数据中颜色信息对比不明显，对比度相对较低，仅从视觉上很难区分本章所提出的方法和其他对比方法的融合图像的差异，但是从表 3.3 中各方法获得的融合图像客观评价结果来看，所提出方法获得的融合图像在 CC、UIQI、RASE、RMSE、ERGAS 和 PSNR 六个评价指标中取得最好的值，在 SAM 评价指标中取得第三好的值。该组仿真图像实验结果表明，无论是主观评价还是客观评价，本章所提出的方法获得的融合结果最好，很适合用于工业用地管理和道路识别等国土资源管理方面。

以上三组仿真图像实验结果的主观和客观评价对比，证实了本章所提出的算法从 MS 和 PAN 图像中提取到的精炼细节与源多光谱图像高相关，可有效克服现有基于注入模型的遥感图像融合算法中存在的高频细节与细节接受对象间低相关的问题。实验结果表明，本章所提出的算法在仿真图像上表现优越的性能，可用于林业管理、海洋研制、城市/测绘管理、目标检测、工业用地管理和道路识别等国土资源管理领域。

3.5.2 真实图像实验结果及其应用分析

在真实图像实验中，本章用了两组来自 WorldView-2 和 IKONOS 卫星的数据，其中第一组(在本章实验中被称为第四组)来自 IKONOS 数据库，所用到的数据源图及七种方法作用于该组的源图像所得到的融合图像如图 3.8 所示；另外一组(在本章实验中被称为第五组)来自 WorldView-2 数据库，其中所用到的数据源图及七种方法作用于该组的源图像所得到的融合图像如图 3.9 所示。为了更好地评价本章真实图像实验的视觉效果，本章算法在各方法所得的融合图像中相同位置圈了一小框内容，用红色边框标注，并将圈出来的小框中内容放大，用一大框标注放大的内容，该方法可更好地对比各方法的融合图像在视觉效果方面的细微差异。同时，本章算法在对各方法所得的融合图像进行客观评价时，对每组图、每个指标上最优的值加粗显示。下面对实验结果及这些实验结果在国土资源信息管理中的应用进行描述。

1. IKONOS 数据融合结果及应用分析

对于第四组实验，所用图像是某城市局部分布图，其主要内容包括各类城市建筑、植被分布和城区道路，这种类型的遥感图像适用于国土资源信息管理中的目标检测、道路识别和城市/测绘管理。原始 MS 图像如图 3.8(a)所示，MS 图像被上采样到 PAN 图像大小后的 MS 图像如图 3.8(b)所示，PAN 图像如图 3.8(c)所示，相应方法获得的融合图像的主观评价结果如图 3.8(d)～(k)所示，客观评价结果见表 3.4。从图 3.8 来看，图 3.8(a)、图 3.8(b)和图 3.8(c)分别因其空间分辨率低、地物模糊和光谱分辨率低，导致地物识别率不高及地物客观状态描述精度不高，不适合直接用于目标检测、道路识别和城市/测绘管理。

图 3.8(d)～(k)是本章所用对比方法及本章算法整合图 3.8(b)和图 3.8(c)的互补信息所获得的融合图像，从各种融合算法作用于该组源图像所获得的融合图像来看，IAIHS 方法获得的融合结果在植被方面存在严重的光谱失真。如果将 IAIHS 方法的融合结果用于目标检测、道路识别和城市/测绘管理中，会导致目标检测、道路识别误差率高，各类城市建筑、植被分布、城区道路的客观状态的

严重误判，其后果是严重影响国土资源信息管理部门对管理对象的识别精度及城市/测绘管理效率。ATWT 和 DWT 方法获得的融合结果空间分辨率不高，且在植被和红色区域有明显的光谱失真。如果将 ATWT 和 DWT 方法的融合结果用于国土资源信息管理中，会影响国土资源信息管理部门对植被和红色区域的国土资源管理效率。MM 方法的融合结果在红色区域存在不足够的光谱信息，在红色、黄色、橙色区域有明显的光谱失真。如果将 MM 方法的融合结果用于国土资源信息管理中，会影响国土资源信息管理部门对红色、黄色、橙色区域的国土资源管理效率。通过对比，仅从视觉上很难区分本章所提出的方法和 AWLP、BFLP、IMG 方法获得的融合图像的差异。但是，从表 3.4 中各方法获得的融合图像客观评价结果来看，所提出的方法获得的融合图像在 QNR 指标中取得最大的值，在 D_λ 和 D_s 评价指标中取得最小的值，融合图像非常适合目标检测、道路识别和城市/测绘管理。

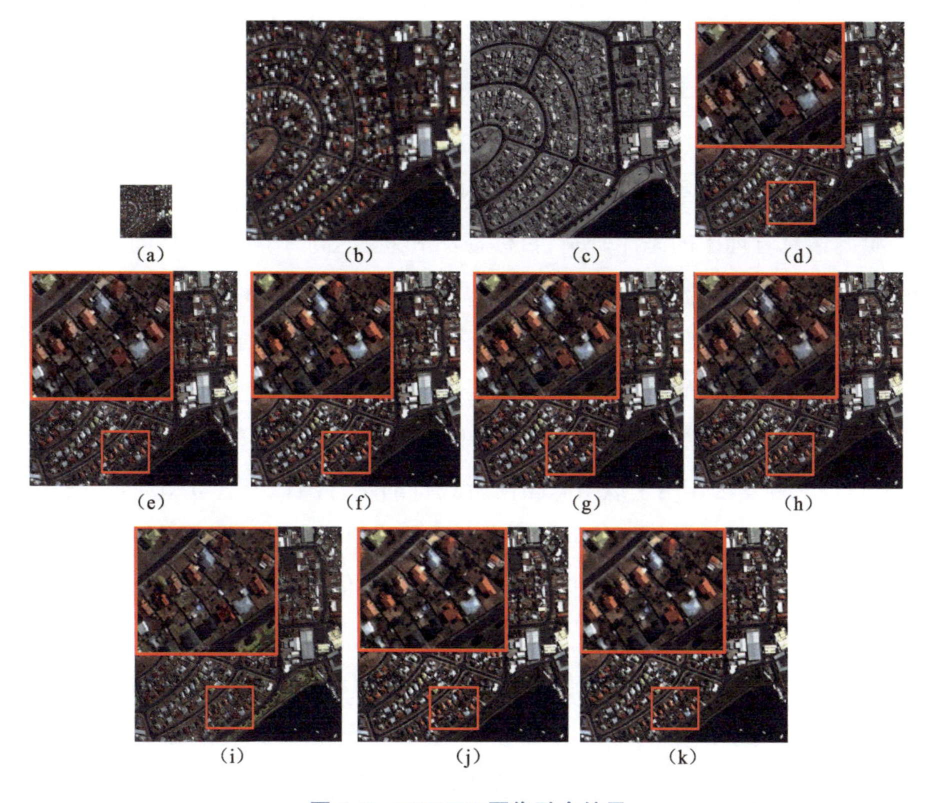

图 3.8　IKONOS 图像融合结果

注：(a)是原始 MS 图像；(b)是 MS 图像被上采样到 PAN 图像大小的 MS 图像；(c)是 PAN 图像；(d)～(k)分别是 ATWT、DWT、AWLP、BFLP、MM、IAIHS、IMG 方法和本章方法所获得的融合图像。

表 3.4　图 3.8 和图 3.9 中融合图像定量评价结果

算　法	图　3.8			图　3.9		
	D_λ	D_s	QNR	D_λ	D_s	QNR
ATWT	0.017 1	0.083 1	0.901 2	0.004 4	0.021 7	0.973 9
DWT	0.01 4	0.076 2	0.910 9	0.003 6	0.020 7	0.975 8
AWLP	0.003 7	0.061 9	0.934 7	0.003 7	0.061 9	0.934 7
BFLP	0.003 8	0.062 9	0.933 6	0.001 4	0.018 1	0.980 5
MM	0.014 9	0.079 3	0.907 0	0.002 6	0.020 3	0.977 1
IAIHS	0.008 0	0.102 6	0.890 2	0.008 5	0.048 1	0.943 8
IMG	0.003 6	0.060 8	0.935 8	**0.001 2**	0.017 5	0.981 3
本章方法	**0.003 4**	**0.060 5**	**0.936 3**	**0.001 2**	**0.016 9**	**0.981 9**

2. WorldView-2 数据融合结果及应用分析

对于第五组实验，原始 MS 图像如图 3.9(a)所示，MS 图像被上采样到 PAN 图像大小后的 MS 图像如图 3.9(b)所示，PAN 图像如图 3.9(c)所示，相应方法获得的融合图像的主观评价结果如图 3.9(d)～(k)所示，客观评价结果见表 3.4。图的内容是晚上的海景，包括海水、沙滩和海岸风景，这种类型的遥感图像适用于国土资源信息管理中的海洋研制、目标检测和监督等应用领域。从图 3.9 来看，图 3.9(a)、图 3.9(b)和图 3.9(c)分别因其空间分辨率低、地物模糊和光谱分辨率低，导致地物识别率不高及地物客观状态描述精度不高，不适合直接用于国土资源信息管理中的海洋研制、目标检测和监督等应用领域。图 3.9(d)～(k)是本章所用对比方法及本章算法整合图 3.9(b)和图 3.9(c)的互补信息所获得的融合图像，从各种融合算法作用于该组源图像所获得的融合图像来看，IAIHS 方法获得的融合图像在海岸风景的红色区域存在严重的光谱失真。如果将 IAIHS 方法的融合结果用于国土资源信息管理，会导致国土资源信息描述误差，海水、沙滩和海岸风景的客观状态的严重误判。

AWLP 方法获得的融合图像不能很好地保留空间细节。如果将 AWLP 方法的融合结果用于国土资源信息管理中，会影响国土资源空间数据描述精度。ATWT、DWT、BFLP 和 MM 方法获得的融合图像在海水、沙滩存在不同程度的光谱失真，特别在海岸风景的红色区域。如果将 ATWT、DWT、BFLP 和 MM 方法的融合结果用于海洋研制、目标检测和监督等国土资源信息管理方面，会导致诸如海水、沙滩和海岸风景等对象的性质、客观状态的严重误判。IMG 方法获得的融合图像在海岸风景区域有一些光谱失真。如果将 IMG 方法的融合结果用于国土资源信息管理中,会影响对如海岸风景等对象的正确描述。通过对比,发现所提出的方法的融合图像无论在空间信息还是在光谱信息方面都超过了其他所有的对比方法。而且从表 3.4 中各方法获得的融合图像客观评价结果来看,所提出的方法获得的融合图像在 QNR 指标中取得最大的值,在 D_λ 评价指标中取得最小的值,在 D_s 评价指标上,所提出的方法和 IMG 方法取得最小的值。该组真实图像实验结果表明,无论是主观评价还是客观评价,本章所提出的方法获得的融合结果最好,融合后的图像在国土资源管理中海洋研制、目标检测和监督等方面有很高的应用价值。

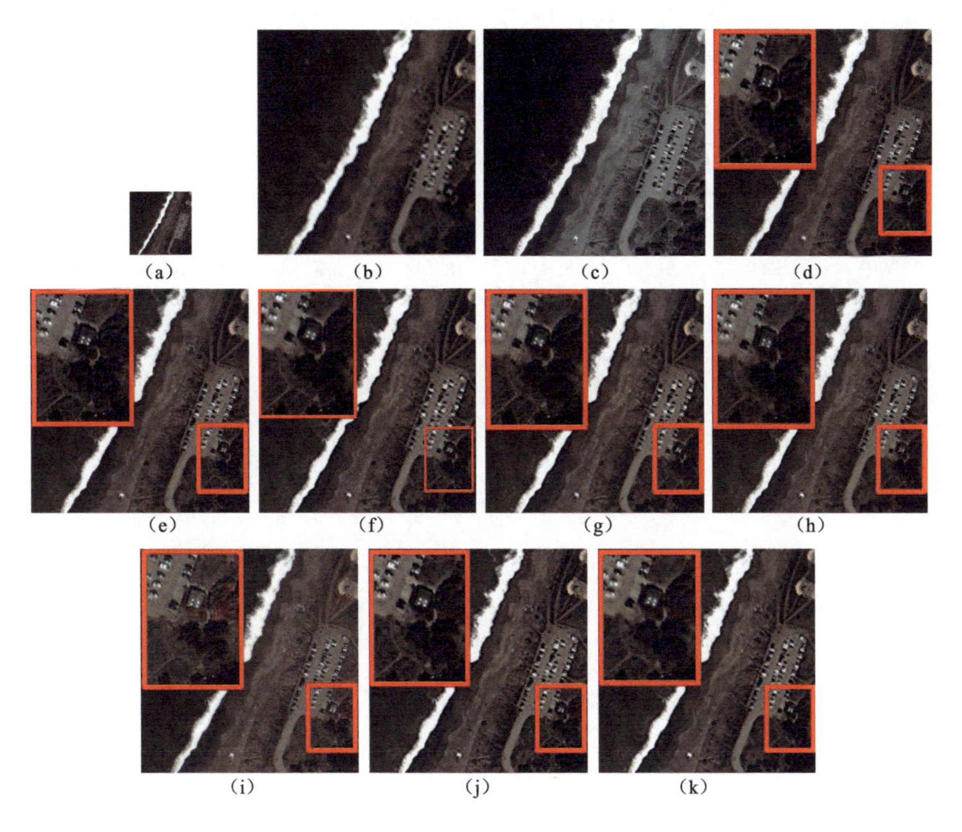

图 3.9　WorldView-2 图像融合结果

注:(a)是原始 MS 图像;(b)是 MS 图像被上采样到 PAN 图像大小的 MS 图像;(c)是 PAN 图像;(d)~(k)分别是 ATWT、DWT、AWLP、BFLP、MM、IAIHS、IMG 方法和本章方法所获得的融合图像。

以上两组真实图像实验结果的主观和客观评价对比，证实了本章所提出的算法在真实图像上表现优越的性能，可用于城市/测绘管理、目标检测、工业用地管理、道路识别和海洋研制等国土资源管理领域。

3.5.3 算法综合性能评价

本章算法通过对比 PAN 图像细节、初始融合细节和精炼细节性能，验证了精炼细节在基于注入模型的遥感图像融合方案中性能最好，注入精炼细节到源 MS 图像中可获得优的融合结果。同时本章算法在单对仿真遥感图像和真实图像上进行了大量实验测试，测试结果表明，本章算法在仿真遥感图像和真实图像上表现出优异的性能。为了测试本章算法的综合融合性能，本章算法在来自 WorldView-2、QuickBird 和 IKONOS 数据库的 180 对仿真图像数据上进行实验，计算本章所提出的算法与七种对比方法在 180 对 MS 和 PAN 图像上融合结果的平均性能。实验结果见表 3.5。

表 3.5 算法基于 180 对 MS 和 PAN 图像的融合图像平均定量评价结果

算　法	CC	UIQI	RASE	RMSE	SAM	ERGAS	PSNR
ATWT	0.890 0	0.910 9	18.873 7	13.514 0	2.715 0	4.733 3	25.982 2
DWT	0.888 6	0.909 7	19.022 9	13.625 4	2.766 5	4.770 6	25.848 7
AWLP	0.917 9	0.928 9	17.063 0	12.317 8	**2.300 1**	4.264 8	26.709 5
BFLP	0.912 7	0.857 9	32.055 4	22.326 3	3.593 3	8.479 8	21.713 0
MM	0.905 1	0.919 2	18.197 5	13.173 8	2.507 9	4.577 5	26.181 1
IAIHS	0.893 9	0.918 6	17.053 9	12.295 4	2.396 5	4.288 2	26.929 3
IMG	0.907 0	0.907 8	19.868 6	14.324 6	2.404 7	4.955 7	25.462 5
本章方法	**0.925 0**	**0.930 0**	**16.670 7**	**12.062 0**	2.317 9	**4.160 8**	26.869 9

从表 3.5 中各方法在 180 对 MS 和 PAN 图像上获得的融合图像的客观评价结果来看，本章所提出的方法获得的融合图像在 CC、UIQI、RMSE、RASE 和 ERGAS 五个评价指标上，获得最好的值，在 SAM 和 PSNR 这两个评价指标上获得第二好的值。该组算法综合性能评价实验结果表明，本章所提出的方法在很多遥感图像上可获得很好的融合结果。

以上实验结果表明，所提出的算法通过注入精炼细节到源 MS 图像中，可以有效增强 MS 图像空间分辨率，同时减少融合图像的光谱失真，与一系列现有方法对比，该算法的综合融合性能超过了其他所有的对比方法。

综合以上实验分析，与一系列现有方法对比，无论在仿真图像实验、真实图像实验中还是在综合性能测试实验中，本章所提出的基于精炼细节注入的遥感图像融合算法的融合性能超过了其他所有的对比方法，并且对很多卫星数据都有效。本章算法所获取的融合图像，可满足国土资源信息管理中对遥感图像分辨率的需求，在国土资源信息管理中有很高的应用价值。

3.5.4 应用示例：算法在城区地物分类管理中的应用

本节介绍本章算法在城区地物分类管理中的应用，以此为例介绍本章算法在国土资源信息管理中的应用价值。本节通过对比本章算法和其他算法融合得到的图像在城区地物分类管理中的应用来说明这个问题。实验工具是通用遥感图像处理分析软件 ENVI，实验用图是图 3.6(d)～(l)对应的无框图，单幅图的总像素点为 65 536，实验中将其看作图中地物总面积(单位：m^2)。将图 3.6(d)～(l)对应的无框图分别载入 ENVI 软件中，利用 ENVI 软件的分类功能对这些载入的遥感图像中的地物信息进行分类，可得到这些载入图像的分类结果图和相关分类统计信息。实验方法是：将载入图像中的地物信息分成六类，参考图像对应的分类结果作为标签，越接近这个标签的分类结果越好，在国土资源信息管理中的应用价值越高。评价方式分主观评价和客观评价两类，主观评价结果如图 3.10 所示，客观评价结果见表 3.6。分类结果图中一个颜色代表一类，不同的颜色代表不同的类。对照图 3.10(a)和图 3.10(b)来看，该遥感图像成像内容是某城市局部地物分布图，图像中地物被分成了六类，绿色类为该城市局部植被分布，粉色类是城市道路分布，黄色类是该城市局部管道分布，红色类是空地，深蓝色类是该城市局部红色建筑分布，淡蓝色类是该城市局部蓝色建筑分布。与分类后的参考图相比，很明显来自 DWT、AWLP、IMG 和 IAIHS 方法的融合图像的分类误差很高，例如体育馆处绿色所对应类的误判率很高。同理，来自 ATWT、BFLP 和 MM 方法的融合图像分类误差也很高，如在离体育馆不远处红色旗帜处深蓝色所对应类误判率很高。

对于 IMG 和本章方法得到的融合图像，主观上分类结果都接近参考图像的分类结果，区分度不大，但从表 3.6 中客观分类结果来看，以参考图中植被类为例，与其他对比方法相比，本章方法所获得的融合图像分类准确度最高，分类结果最接近参考图分类结果。

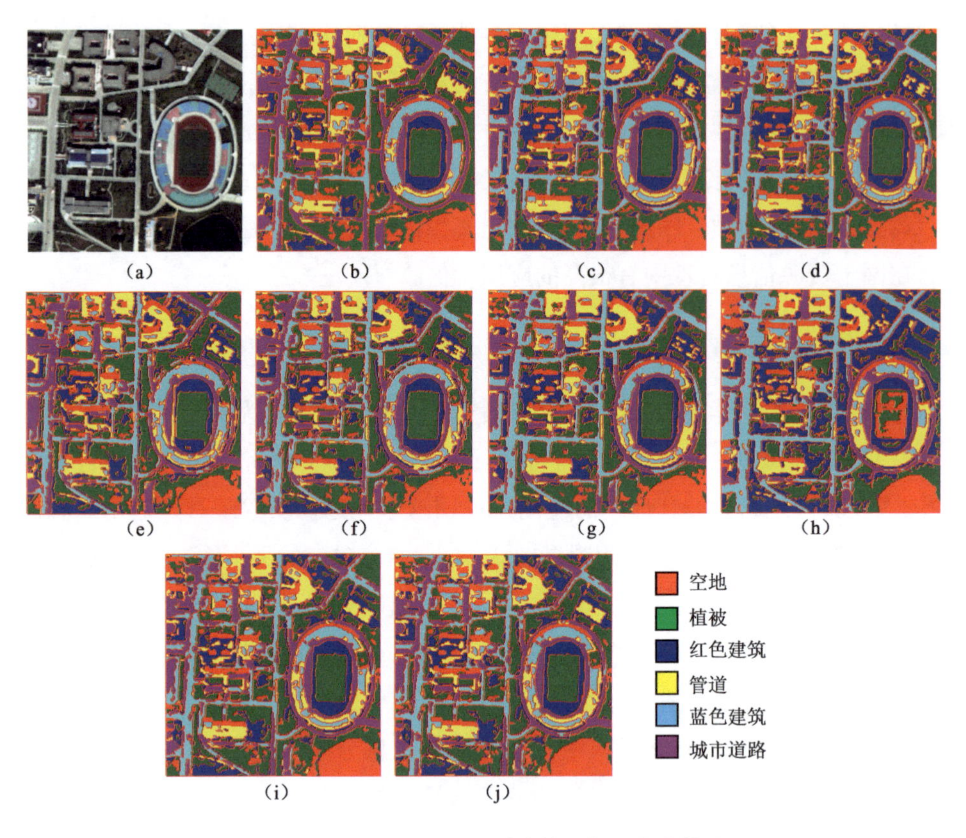

图 3.10　图 3.6(d)～(1)对应的无框图分类结果

注:(a)是分类前参考图像;(b)是分类后参考图像;(c)～(j)分别是 ATWT、DWT、AWLP、BFLP、MM、IAIHS、IMG 方法和本章方法所获得的融合图像的分类结果。

表 3.6　不同方法融合得到的融合图像的分类结果的量化对比

方 法 图	分类统计信息(植被类)	
	占地面积/m^2	占地比/%
参考图	20 952	31.97
ATWT	16 718	25.51
DWT	17 494	26.69
AWLP	18 771	28.64
BFLP	18 381	28.05
MM	17 564	26.80
IAIHS	10 929	16.68
IMG	18 949	28.91
本章方法	19 006	29.00

以上分类实验结果表明，将 DWT、AWLP、IAIHS、ATWT、BFLP 和 MM 方法获得的融合图像用于地物分类管理时，地物分类误差率高，会造成对地表对象的严重误判，不能给国土资源管理部门提供精准的信息，影响国土资源管理部门地物管理效率。与其他对比方法相比，本章方法所获得的融合图像用于地物分类管理时，可有效消除分类误差，可以给国土资源管理部门提供精准的信息，帮助国土资源管理部门有效管理地物。

同时，为了说明本章算法得到的融合图像在国土资源管理中的信息提取性能，本章实验用 ENVI 软件从本章算法得到的融合图像中获取地物的统计信息，这些信息显示在表 3.7 中。从表 3.7 来看，用本章方法得到的融合图像用于地物分类管理，统计得到：该地区总占地面积 65 536 m^2，其中植被占地 19 006 m^2，占地百分比 29.00%；管道分布占地 7 005 m^2，占地百分比 10.69%；城市道路占地 10 349 m^2，占地百分比 15.79%；红色建筑占地 11 358 m^2，占地百分比 17.33%；蓝色建筑占地 11 517 m^2，占地百分比 17.57%；空地占地 6 301 m^2，占地百分比 9.62%。对比表 3.7 中参考图地物分布统计信息，发现本章方法的融合图像分类统计数据与参考图分类统计数据非常接近，这组数据再次说明了本章方法在国土资源管理中的应用价值。

表 3.7　城市局部地物分布统计信息

参考图地物分布统计信息			本章方法融合图地物分布统计信息		
地物类型	占地面积/m^2	占地比/%	地物类型	占地面积/m^2	占地比/%
植被	20 952	31.97	植被	19 006	29.00
管道分布	7 258	11.08	管道分布	7 005	10.69
城市道路	11 891	18.14	城市道路	10 349	15.79
红色建筑	8 225	12.55	红色建筑	11 358	17.33
蓝色建筑	9 876	15.07	蓝色建筑	11 517	17.57
空地	7 334	11.19	空地	6 301	9.62

因此，将本章算法应用于国土资源信息管理，可对地物进行准确分类，同时可从分类结果中获取不同类型地物的相关统计信息，如不同类型地物占地面积、不同类型地物占地面积百分比和不同类型地物在城区的准确分布等。

综上所述，本章提出的遥感图像融合方法获得的遥感图像能给国土资源管理提供全面、精准的信息，可解决现有遥感图像融合算法应用于国土资源信息管理中分类准确度不高的问题，可帮助国土资源管理部门准确获取地物信息，合理规划、利用土地资源。

小　结

本章针对国土资源信息管理现状，以注入模型中的高频细节为研究对象，围绕现有基于注入模型的遥感图像融合算法中存在的高频细节与细节对象间低相关的问题，提出一种基于精炼细节注入的遥感图像融合算法。提出的算法围绕注入模型中高频细节参数改进工作开展研究，主要研究了高频细节提取方法和细节精炼方法。这些方法的实现用到了 *à* trous 小波变换、引导滤波、稀疏表示和字典学习等关键技术。首先，本章用 *à* trous 小波变换和多尺度引导滤波方法分别从 MS 图像和 PAN 图像中提取高频细节。然后，将这两种细节基于稀疏表示和字典学习进行稀疏融合，得到初始融合细节。考虑到初始融合细节包含过多的来自多光谱图像的冗余细节，同时损失一部分 PAN 图像的有用细节，为了提高注入细节的质量，本章分析注入模型中被注入的高频细节和细节接受对象间的关系，基于初始融合细节和 PAN 图像细节间相关性及差异设计了一个自适应权重因子，将该权重因子作用于初始融合细节和 PAN 图像细节产生精炼的联合细节。最后，为了避免融合结果因细节的过度注入产生光谱失真，在一个注入效益的帮助下，将精炼细节自适应地注入源 MS 图像中得到融合图像，并进行了算法性能测试实验分析与算法在国土资信息管理中的应用分析。

本章算法基于遥感领域常用的三大数据库，即 WorldView-2、QuickBird 和 IKONOS 数据库，针对三通道 R、G、B 多光谱图及其相应的 PAN 图像开展遥感图像融合研究，处理了五类实验：精炼细节性能测试实验、仿真图像实验及其应用分析、真实图像实验及其应用分析、基于精炼细节注入的遥感图像融合算法性能综合评价和算法应用示例实验。实验中用有参考图遥感图像融合质量评价指标评价仿真图像实验结果，用无参考图遥感图像融合质量评价指标评价真实图像实验结果，七种对比方法用于评价本章所提出的算法的性能。本章算法通过与这七种遥感图像融合算法对比，无论在仿真图像实验中还是在真实图像实验中，该算法的融合性能都超过了其他所有的对比方法，优于很多现有的基于 PAN 图像高频细节注入的遥感图像融合算法，并且对很多卫星数据都有效。实验结果表明，本章提出的融合算法通过注入精炼细节到源 MS 图像，可以有效增强 MS 图像空间分辨率，同时减少融合图像的光谱失真。与现有其他针对注入模型中高频细节注入参数进行改进的遥感图像融合算法相比，本章所提出的算法通过有效克服注入模型中高频细节与细节接受对象间低相关的问题及有效克服细节注入带入部分灰度信息导致融合图像因信息冗余而产生光谱失真的问题，可有效消除信息获取误差，能给国土资源管理部门提供全面、精准的信息，可满足国土资源信息管理需要，适用于城市/测绘管理、海洋研制和林业土地动态监测，尤其是地物分类识别等国土资源信息管理领域。

第 4 章

基于补偿细节注入的遥感图像融合算法及其应用

4.1 基于补偿细节注入的遥感图像融合算法及其应用研究现状分析

地球观测卫星拍摄到的遥感影像数据包含丰富的国土资源信息，遥感影像数据在土地利用规划、地球资源普查、海洋研制、农业/林业管理和城市/测绘管理等方面起着重要的作用。但是，通常这些数据作为原始遥感图像数据不能直接用于国土资源信息管理，需要首先利用遥感图像融合从多源遥感图像中获取具有全面、准确的地理信息的高空间、光谱分辨率遥感图像，然后用于国土资源信息管理中目标检测、图像分割和地物分类等具体图像分析处理操作中，帮助准确分析国土资源分布情况，各类自然、地质灾害发生机理。所以，图像处理技术对遥感图像的解译和分析起关键作用，遥感图像融合是国土资源信息管理的重要环节。本章针对国土资源信息管理面临数据信息不够全面、准确的问题，分析第 3 章算法不足，再次针对注入模型中高频细节参数的改进问题，进一步改进遥感图像融合算法，减少融合图像的光谱和空间失真，提高遥感图像所含信息的全面、准确性，以满足国土资源信息管理需求。

第 3 章介绍的基于精炼细节注入的遥感图像融合算法利用成分替代和多分辨率分析技术，从 PAN 图像和 MS 图像中提取细节，然后考虑 PAN 图像和 MS 图像的相关性及差异设计一个权衡因子，在这个权衡因子的帮助下从提取到的细节中精炼得到精炼的联合细节。这种细节精炼算法可提取与 MS 图像高相关的注入细节，注入这样的细节到 MS 图像中产生了好的融合结果。但是该融合算法也存在一个缺点：不具有完全重构性。多种变换的应用可提取低冗余的高频信息，同时也会导致部分有用信息丢失，且权衡因子的作用只能近似地重构高频细节。尽管重构误差对图像融合结果的影响并不明显，但大多数应用中仍希望所采用的融合方法具有完全重构性。为了克服基于精炼细节注入的遥感图像融合算法的不足，本章针对国土资源信息管理现状，围绕解决现有基于注入模型的遥感图像融合算法中存在的高频细节与细节对象间低相关的问题，再次围绕注入模型中高频细节参数的改进工作开展研究，提出了一种基于补偿细节注入的遥感图像融合算法。补偿细节是指 MS 图像与 PAN 图像之间的差异细节，这类细节存在于低空间分辨率 MS 图像中却不存在于 PAN 图像中。与基于精炼细节注入的遥感图像融合算法相同，基于补偿细节注入的遥感图像融合算法也是一种从 PAN 和 MS 图像中提取联合细节的方法，但它提出在算法融合过程中增加补偿细节的注入，用补偿细节弥补 PAN 图像细节在融合算法中的不足。补偿细节与 PAN 图像细节的联合注入可提高融合方法重构图像的性能，且本章算法中采用鲁棒稀疏模型分解源图像获取图像高频细节，比基于精练细节注入的遥感图像融合算法中的细节提取方法更容易实现，优于多种多分辨率分析技术的组合方法，将鲁棒稀疏模型引入遥感图像融合方案中可以实现高质量的融合。

鲁棒稀疏模型分解图像基于一个通俗的道理，即一幅图像可以看成其低通子图和其相应的高频细节子图的叠加，如图 4.1 所示。

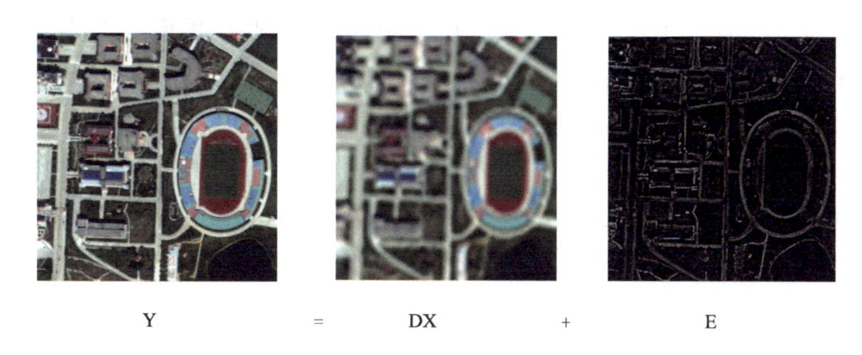

图 4.1　图像分解原理

注：Y 是 HRMS 图像；DX 是低通版子图；E 是高频细节子图。

鲁棒稀疏模型基于这个理论在处理图像时，通过字典学习重建源图像的低通子图，同时通过稀疏重建误差代替最小均方根误差从源图像中提取包含细节的子图。这个应用在图像融合方面取得了较好的效果，例如，zhang 等[140]利用鲁棒稀疏模型分解源图像得到细节子图，并利用这个细节子图判断输入的多聚焦图像中聚焦和不聚焦区域。此外，很多研究[141-144]证实稀疏重建具有超分的性能，且字典学习可从源图像本身学习，构建与源图像高相关的原子。因此，在提出的基于补偿细节注入的遥感图像融合算法中，引进鲁棒稀疏模型重建输入图像细节比

à trous小波变换及引导滤波等多分辨率分析技术提取源图像高频细节更为合理、精确。

4.2 补偿细节提取关键技术

4.2.1 基于补偿细节的注入模型

遥感图像融合的目标是使融合的结果(用 FMS 表示)尽可能接近或等于理想的融合图像(用 FMS^{ideal} 表示)[90],数学上可描述为

$$FMS_k = \underset{FMS_k}{\arg\min} \|FMS_k^{ideal} - FMS_k\|_p, \quad k=1,2,\cdots,B \tag{4.1}$$

$$FMS_k = LRMS_k + HRD, \quad k=1,2,\cdots,B \tag{4.2}$$

式中,$\|\cdot\|_p$是 l_p 范数;B 是 MS 图像的通道数;$LRMS_k$ 是低空间分辨率 MS 图像的第 k 个通道。HRD 是高频细节信息。将式(4.2)代入式(4.1),则式(4.1)可转换为

$$HRD = \underset{HRD}{\arg\min} \|(FMS_k^{ideal} - LRMS_k) - HRD\|_p, \quad k=1,2,\cdots,B \tag{4.3}$$

式(4.3)表明其 HRD 成分应该近似一幅理想的 HRMS 图像的空间信息,而实际上一幅理想的 HRMS 图像无法获得,HRD 可以从 PAN 图像中获取。如果 HRD 包含 PAN 图像的全部高频信息,且低空间分辨率 MS 图像与 PAN 图像高相关,则 HRD 应该与一幅理想的 HRMS 图像的空间信息相等。实际上,商业卫星获取的遥感图像存在一些内在属性。例如,低空间分辨率 MS 与 PAN 图像有不一致的光谱波长,图像中地物覆盖类型分布不均匀,目标模糊和对比度低。这些属性表明低空间分辨率 MS 与 PAN 图像是低相关的,两者间一定存在差异信息,这些差异信息导致低空间分辨率 MS 图像与 PAN 图像存在全局或局部不稳定、不相似,且这些差异信息存在于低空间分辨率 MS 图像中却不存在于 PAN 图像中。这些差异信息称为补偿细节,用 CD 表示,数学上,式(4.3)中的 HRD 见式(4.4)。

$$HRD = CD + PAN^{detail} \tag{4.4}$$

式中,PAN^{detail}是 PAN 图像的细节。

从式(4.4)可见,获取 PAN 图像细节增强 MS 图像空间分辨率的同时,重建补偿细节对于一个成功的注入模型而言是非常必要的。另外,为了减少融合图像的光谱失真,这两类细节应该自适应地被应用到注入模型中。因此,数学上,提出

的基于补偿细节注入的遥感图像融合算法模型可表示为

$$\mathrm{FMS}_k=\mathrm{LRMS}_k+g_k(\mathrm{CD}+\mathrm{PAN}^{\mathrm{detail}}),\quad k=1,2,\cdots,B \tag{4.5}$$

4.2.2 鲁棒稀疏模型

鲁棒稀疏模型可以使提取到的高频细节保留更多的源图像边缘信息，同时降低数据的冗余性。令$\boldsymbol{Y}=(\boldsymbol{y}_1,\boldsymbol{y}_2,\cdots,\boldsymbol{y}_N)$是一个大小为$d\times N$的观测数据矩阵（如一幅 PAN 图像或一幅 MS 图像），矩阵中的每一列$\boldsymbol{y}_i\in\mathbb{R}^d$是一个数据向量（如一幅图像块）。假设部分观测矩阵被误差或噪声$\boldsymbol{E}\in\mathbb{R}^{d\times N}$污染，给定一个含$M$个原型原子的字典$\boldsymbol{D}\in\mathbb{R}^{d\times M}$，则鲁棒稀疏模型可以定义为

$$\min_{\boldsymbol{X},\boldsymbol{E}}\|\boldsymbol{X}\|_0+\lambda\|\boldsymbol{E}\|_{2,0},\quad \text{s. t. } \boldsymbol{Y}=\boldsymbol{DX}+\boldsymbol{E} \tag{4.6}$$

式中，$\boldsymbol{X}\in\mathbb{R}^{M\times N}$是稀疏系数矩阵；$\|\boldsymbol{X}\|_0$是$\boldsymbol{X}$的$l_0$范数，意指$\boldsymbol{X}$中非零原子的个数；$\|\boldsymbol{E}\|_{2,0}$是误差矩阵$\boldsymbol{E}$的$l_{2,0}$范数，意指误差矩阵中非零列向量的个数，用于处理特定样本的异常值或污染度；参数$\lambda>0$，用于平衡式(4.6)中$\boldsymbol{X}$和$\boldsymbol{E}$两成分的效果。

正如文献[140]所述，式(4.6)中的鲁棒稀疏模型能被松弛用于创建下面的凸优化问题。

$$\min_{\boldsymbol{X},\boldsymbol{E}}\|\boldsymbol{X}\|_1+\lambda\|\boldsymbol{E}\|_{2,1},\quad \text{s. t. } \boldsymbol{Y}=\boldsymbol{DX}+\boldsymbol{E} \tag{4.7}$$

式中，$\|\boldsymbol{X}\|_1$是$\boldsymbol{X}$的l_1范数，且$\|\boldsymbol{X}\|_1=\sum_j\sum_i|\boldsymbol{X}(i,j)|$，$\|\boldsymbol{E}\|_{2,1}$是$\boldsymbol{E}$的$l_{2,1}$范数，且$\|\boldsymbol{E}\|_{2,1}=\sum_j\sqrt{\sum_i(\boldsymbol{E}(i,j))^2}$，$\boldsymbol{X}(i,j)$和$\boldsymbol{E}(i,j)$分别是矩阵$\boldsymbol{X}$和$\boldsymbol{E}$中的第$(i,j)$个元素。文献[138]中提到的鲁棒稀疏模型是式(4.7)中$\lambda=1$的情况。类似地，文献[138]中提到的鲁棒稀疏模型是式(4.7)中$\boldsymbol{D}=\boldsymbol{Y}$的情况。

解决式(4.7)这个优化问题的方法很多，本章所提出的算法中采用具有自适应惩罚的线性化交替方向法（linearized alternating direction method with adaptive penalty，LADMAP）[145]，这就要求最小化增广拉格朗日函数。

$$J=\|\boldsymbol{X}\|_1+\lambda\|\boldsymbol{E}\|_{2,1}+(L,\boldsymbol{Y}-\boldsymbol{DX}-\boldsymbol{E})+\frac{\mu}{2}\|\boldsymbol{Y}-\boldsymbol{DX}-\boldsymbol{E}\|_F^2 \tag{4.8}$$

式中，L是拉格朗日乘子，用来消除式(4.8)中的条件约束，这时式(4.8)不受约束；$\mu>0$是一个惩罚参数；$(\boldsymbol{A},\boldsymbol{B})$表示矩阵$\boldsymbol{A}$和$\boldsymbol{B}$的欧几里得内积。求解式(4.8)，可以通过固定式(4.8)内$\boldsymbol{X}$和$\boldsymbol{E}$中的一项，迭代循环计算如下公式的最小值，直至收敛。

$$\boldsymbol{E}^{j+1}(:,i)=\begin{cases}\dfrac{\|\boldsymbol{G}(:,i)\|_2-\lambda/\mu^j}{\|\boldsymbol{G}(:,i)\|_2}\boldsymbol{G}(:,i), & \|\boldsymbol{G}(:,i)\|_2\geqslant\lambda/\mu^j\\ 0, & \text{其他}\end{cases}\tag{4.9}$$

式中，j 是迭代的次数；$\boldsymbol{G}=\boldsymbol{Y}-\boldsymbol{D}\boldsymbol{X}^j+\dfrac{L^j}{\mu^j}$；$\boldsymbol{E}(:,i)$和 $\boldsymbol{G}(:,i)$分别是矩阵 $\boldsymbol{E}$ 和 $\boldsymbol{G}$ 的第 i 个列向量；$\boldsymbol{X}$ 通过以下公式计算得到。

$$\boldsymbol{X}^{j+1}=\boldsymbol{S}_{\frac{1}{\eta\mu_j}}\left[\boldsymbol{X}^j-\frac{1}{\eta}\boldsymbol{D}^{\mathrm{T}}\left(\boldsymbol{D}\boldsymbol{X}^j-\boldsymbol{Y}+\boldsymbol{E}^{j+1}-\frac{L^j}{\mu^j}\right)\right]\tag{4.10}$$

式中，η 是字典 $\boldsymbol{D}$ 的 l_2 范数；$\boldsymbol{D}^{\mathrm{T}}$ 是字典 $\boldsymbol{D}$ 的转置。$S_\tau(x)$是阈值函数，其计算公式见式(4.11)。

$$S_\tau(x)=\begin{cases}x-\tau, & x>\tau\\ x+\tau, & x<-\tau\\ 0, & \text{其他}\end{cases}\tag{4.11}$$

4.2.3 鲁棒稀疏模型性能

众所周知，图像块能被字典中的原子稀疏地表示，被稀疏表示的特征可用稀疏系数代表。由于自然图像中存在局部和非局部像素关系，图像的稀疏编码系数不是随机分布的，将被重建的信号是稀疏的，且能被表示为几个基本元素的线性组合。在本章的算法研究中，鲁棒稀疏模型通过自适应学习源图像获得与源图像高相关的字典原子。PAN 图像和 MS 图像能用这些获得的字典原子稀疏地表示，且稀疏系数不是随机分布的。稀疏系数的大小反映了其所包含信息的多少，文献[142]提出了一种可视化稀疏编码系数的方法。本小节将采用这个方法来可视化鲁棒稀疏模型所获取到的稀疏系数，并以此分析鲁棒稀疏模型特征提取性能，详细信息如图 4.2 所示。

为了展示鲁棒稀疏模型的性能，本节用鲁棒稀疏模型对图 4.2 中(a)～(d)图像分别进行特征分解，分解后得到图 4.2(e)～(h)。从图 4.2 来看，图 4.2(a)、图 4.2(c)分别是图 4.2(b)、图 4.2(d)的低通版，即与图 4.2(b)、图 4.2(d)相比，图 4.2(a)、图 4.2(c)有更低的空间分辨率。图 4.2(a)～图 4.2(d)经鲁棒稀疏模型特征分解后，得到稀疏性的包含细节的重构误差矩阵经可视化后的结果分别如图 4.2(e)～图 4.2(h)所示。显然，图 4.2(e)和图 4.2(f)是高相关的，图 4.2(g)和图 4.2(h)也是高相关的，且图 4.2(e)、图 4.2(g)比图 4.2(f)、图 4.2(h)所含信息更少。由此可见，具有更高空间分辨率的 PAN 图像，其相应的重建误差矩阵包含更丰富的高频信息，这充分证实了鲁棒稀疏模型能有效提取不同空间分辨率图像高频信息的性能。

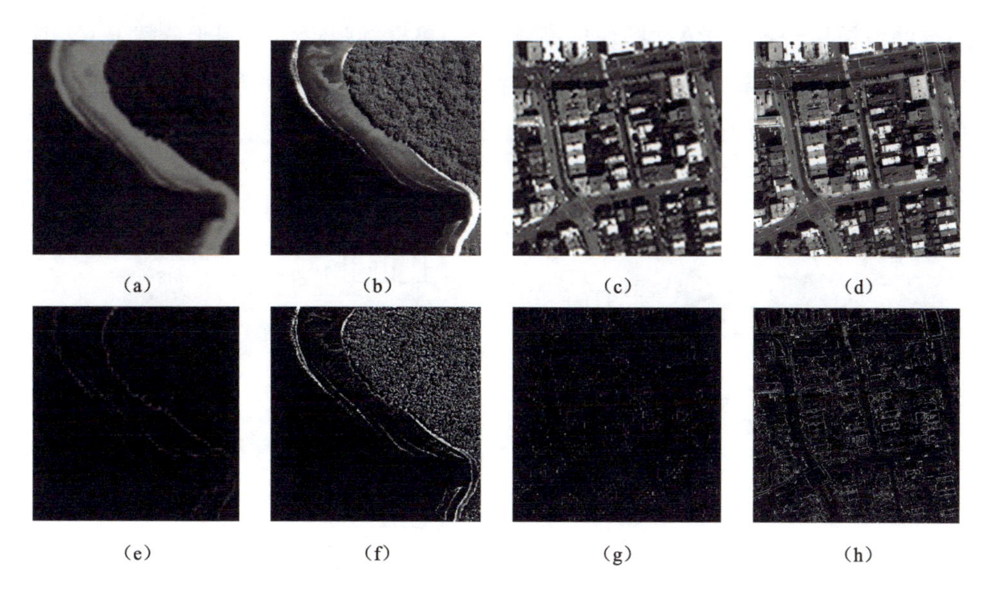

图 4.2　鲁棒稀疏模型性能分析结果

注：(a)～(d)是实验源图；(e)～(h)是鲁棒稀疏模型分别分解(a)～(d)得到的特征。

4.3　基于补偿细节注入的遥感图像融合算法框架

正如 3.2 节所述，为了确保融合结果的质量与高分辨率 MS 图像的质量接近，注入低分辨率 MS 图像中的高频细节必须和接受这些细节的 MS 图像高相关或者有相似的空间特性。实际上，由于 PAN 图像和 MS 图像之间存在全局或局部光谱空间不相似，遥感图像融合有一个潜在的光谱失真问题。为了克服这个问题，本书第 3 章提出基于精炼细节注入的遥感图像融合算法从 PAN 图像和 MS 图像中精炼细节，并将其注入上采样 MS 图像中，取得了比较好的融合效果，但是，因该方法获取最终注入细节需经历多次变换，多次变换导致部分有用细节丢失而产生了不完全重构的问题。本章从补偿学习这个新的视角提出基于补偿细节注入的遥感图像融合算法来解决这个问题。与传统方法相比，本章算法中两类细节，即 PAN 图像细节和补偿细节被用于补偿低空间分辨率 MS 图像与 HRMS 图像之间空间差异。在融合过程中，该算法在采用上采样技术预处理 MS

图像之后，用加权平均方式[131]计算 MS 图像亮度分量，并将其与 PAN 图像做直方图匹配，使 PAN 图像和 MS 图像亮度分量有相同的均值和方差。然后，多尺度引导滤波被用于提取 PAN 图像的高频细节，鲁棒稀疏模型被用于分解 PAN 图像和 MS 图像并计算两者间的差异细节作为补偿细节。最后，注入这两类细节到低空间分辨率 MS 图像中获得融合图像。其框架如图 4.3 所示。

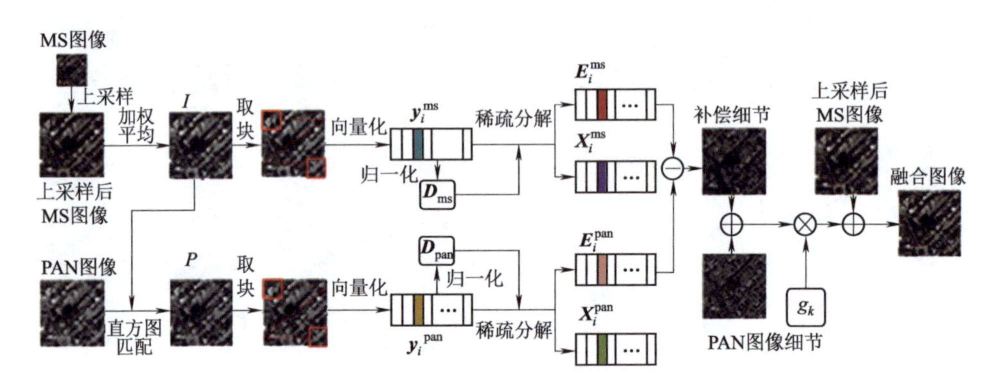

图 4.3　基于补偿细节注入的遥感图像融合算法框架

注：$\boldsymbol{D}_{pan}$ 和 $\boldsymbol{D}_{ms}$ 分别是 PAN 图像和 I 成分的归一化字典；$\boldsymbol{y}_i^{ms}$、$\boldsymbol{y}_i^{pan}$、$\boldsymbol{X}_i^{ms}$、$\boldsymbol{X}_i^{pan}$、$\boldsymbol{E}_i^{ms}$ 和 $\boldsymbol{E}_i^{pan}$ 是 PAN 图像和 I 成分别对应的第 i 个图像块向量、低频成分重建矩阵、重建误差矩阵。

4.4　基于补偿细节注入的遥感图像融合算法

根据 4.3 节的分析，基于补偿细节注入的遥感图像融合算法由三部分构成：第一部分是通过鲁棒稀疏模型重建 PAN 和 MS 图像高频细节并计算两者间的差异细节作为补偿细节；第二部分是利用多尺度引导滤波提取 PAN 图像的高频细节；第三部分通过一个自适应调制系数将补偿细节和 PAN 图像细节一起自适应注入 MS 图像中，得到最终融合图像。

4.4.1　鲁棒稀疏模型重建补偿细节

根据 4.2.1 节的分析，补偿细节反映 PAN 图像和 MS 图像间的差异细节，影响本算法成功的一个关键因素是补偿细节的质量。本章提出采用鲁棒稀疏模型重建补偿细节，一方面因为基于字典学习的稀疏重建可以使重建的信息自适应源图像，且重建的结果将与输入图像高相关；另一方面因为鲁棒稀疏模型是改进的稀疏模型，它能把源图像分解成模糊版子图和包含细节的子图。鲁棒稀疏模型在本章算法中的详细处理过程如下。

首先，通过滑动窗技术，以窗大小 8×8、重叠区大小 7×7 进行滑动取块，PAN 图像和 MS 图像的亮度分量分别被分解成 V 个图像块：$\{\boldsymbol{y}_i^{\text{pan}} \mid i=0,1,\cdots,V-1\}$ 和 $\{\boldsymbol{y}_i^{\text{ms}} \mid i=0,1,\cdots,V-1\}$。则基于这两个训练数据集，用文献[141]的方法，PAN 和 MS 图像的亮度分量的归一化字典 $\boldsymbol{D}_{\text{pan}}$ 和 $\boldsymbol{D}_{\text{ms}}$ 可通过以下公式计算得到。

$$\boldsymbol{D}_{\text{pan}}=\left(\frac{\boldsymbol{y}_0^{\text{pan}}}{\|\boldsymbol{y}_0^{\text{pan}}\|_2},\frac{\boldsymbol{y}_1^{\text{pan}}}{\|\boldsymbol{y}_1^{\text{pan}}\|_2},\cdots,\frac{\boldsymbol{y}_{V-1}^{\text{pan}}}{\|\boldsymbol{y}_{V-1}^{\text{pan}}\|_2}\right) \tag{4.12}$$

$$\boldsymbol{D}_{\text{ms}}=\left(\frac{\boldsymbol{y}_0^{\text{ms}}}{\|\boldsymbol{y}_0^{\text{ms}}\|_2},\frac{\boldsymbol{y}_1^{\text{ms}}}{\|\boldsymbol{y}_1^{\text{ms}}\|_2},\cdots,\frac{\boldsymbol{y}_{V-1}^{\text{ms}}}{\|\boldsymbol{y}_{V-1}^{\text{ms}}\|_2}\right) \tag{4.13}$$

接下来，PAN 和 MS 图像的稀疏矩阵 $\boldsymbol{X}_{\text{pan}}$、$\boldsymbol{X}_{\text{ms}}$ 及它们的重构误差矩阵 $\boldsymbol{E}_{\text{pan}}$ 和 $\boldsymbol{E}_{\text{ms}}$ 用 LADMAP 算法计算。方法是通过固定 $\boldsymbol{X}$ 和 $\boldsymbol{E}$ 中的一项计算另一项，对于本章提出的算法，目的是获取 $\boldsymbol{E}_{\text{pan}}$ 和 $\boldsymbol{E}_{\text{ms}}$，以上循环的迭代处理如算法 4.1 所示。

算法 4.1　利用 LADMAP 得到输入图像稀疏表示算法。

输入：PAN 图像 $\boldsymbol{Y}_{\text{pan}}$，MS 图像 $\boldsymbol{Y}_{\text{ms}}$，字典 $\boldsymbol{D}_{\text{pan}}$ 和 $\boldsymbol{D}_{\text{ms}}$，参数 λ。

输出：稀疏系数矩阵 $\boldsymbol{X}_{\text{pan}}$ 和 $\boldsymbol{X}_{\text{ms}}$，重构误差矩阵 $\boldsymbol{E}_{\text{pan}}$ 和 $\boldsymbol{E}_{\text{ms}}$。

初始化：$\rho=11$，$\varepsilon=0.05$，$\mu=10^{-6}$，$\mu_{\max}=10^{10}$。

利用 $\boldsymbol{D}_{\text{pan}}$ 和 $\boldsymbol{D}_{\text{ms}}$，通过后面的迭代步骤计算下列优化问题，以此得到数据矩阵 $\boldsymbol{Y}_{\text{pan}}$ 和 $\boldsymbol{Y}_{\text{ms}}$ 的鲁棒稀疏表示。

$$\min_{\boldsymbol{X}_{\text{pan}},\boldsymbol{E}_{\text{pan}}} \|\boldsymbol{X}_{\text{pan}}\|_1+\lambda\|\boldsymbol{E}_{\text{pan}}\|_{2,1} \quad \text{s.t.}\ \boldsymbol{Y}_{\text{pan}}=\boldsymbol{D}_{\text{pan}}\boldsymbol{X}_{\text{pan}}+\boldsymbol{E}_{\text{pan}},\ \operatorname{diag}(\boldsymbol{X}_{\text{pan}})=0 \tag{4.14}$$

$$\min_{\boldsymbol{X}_{\text{ms}},\boldsymbol{E}_{\text{ms}}} \|\boldsymbol{X}_{\text{ms}}\|_1+\lambda\|\boldsymbol{E}_{\text{ms}}\|_{2,1} \quad \text{s.t.}\ \boldsymbol{Y}_{\text{ms}}=\boldsymbol{D}_{\text{ms}}\boldsymbol{X}_{\text{ms}}+\boldsymbol{E}_{\text{ms}},\ \operatorname{diag}(\boldsymbol{X}_{\text{ms}})=0 \tag{4.15}$$

当结果未收敛时，执行如下步骤：

(1)固定 $\boldsymbol{X}_{\text{pan}}$ 和 $\boldsymbol{X}_{\text{ms}}$，利用式(4.9)更新 $\boldsymbol{E}_{\text{pan}}$ 和 $\boldsymbol{E}_{\text{ms}}$。

$$\boldsymbol{E}_{\text{pan}}{}^{j+1}(:,i)=\begin{cases}\dfrac{\|\boldsymbol{G}_{\text{pan}}(:,i)\|_2-\lambda/\mu^j}{\|\boldsymbol{G}_{\text{pan}}(:,i)\|_2}\boldsymbol{G}_{\text{pan}}(:,i), & \|\boldsymbol{G}_{\text{pan}}(:,i)\|_2\geqslant\lambda/\mu^j\\ 0, & \text{其他}\end{cases} \tag{4.16}$$

$$\boldsymbol{E}_{\text{ms}}{}^{j+1}(:,i)=\begin{cases}\dfrac{\|\boldsymbol{G}_{\text{ms}}(:,i)\|_2-\lambda/\mu^j}{\|\boldsymbol{G}_{\text{ms}}(:,i)\|_2}\boldsymbol{G}_{\text{ms}}(:,i), & \|\boldsymbol{G}_{\text{ms}}(:,i)\|_2\geqslant\lambda/\mu^j\\ 0, & \text{其他}\end{cases} \tag{4.17}$$

(2) 固定 $\boldsymbol{E}_{\text{pan}}$ 和 $\boldsymbol{E}_{\text{ms}}$，并利用式(4.10)更新 $\boldsymbol{X}_{\text{pan}}$ 和 $\boldsymbol{X}_{\text{ms}}$。

$$\boldsymbol{X}_{\text{pan}}{}^{j+1}=\boldsymbol{S}_{\frac{1}{\eta\mu_j}}\left[\boldsymbol{X}_{\text{pan}}^j-\frac{1}{\eta}\boldsymbol{D}_{\text{pan}}^T\left(\boldsymbol{D}_{\text{pan}}\boldsymbol{X}_{\text{pan}}^j-\boldsymbol{Y}_{\text{pan}}+\boldsymbol{E}_{\text{pan}}^{j+1}-\frac{L^j}{\mu^j}\right)\right] \tag{4.18}$$

$$\boldsymbol{X}_{\text{ms}}^{j+1}=\boldsymbol{S}_{\frac{1}{\eta\mu_j}}\left[\boldsymbol{X}_{\text{ms}}^j-\frac{1}{\eta}\boldsymbol{D}_{\text{ms}}^T\left(\boldsymbol{D}_{\text{ms}}\boldsymbol{X}_{\text{ms}}^j-\boldsymbol{Y}_{\text{ms}}+\boldsymbol{E}_{\text{ms}}^{j+1}-\frac{L^j}{\mu^j}\right)\right] \tag{4.19}$$

(3) 利用如下公式更新拉格朗日函数。

$$L_{\text{pan}}^{j+1}=L_{\text{pan}}^{j+1}+\mu^j(\boldsymbol{Y}_{\text{pan}}-\boldsymbol{D}_{\text{pan}}\boldsymbol{X}_{\text{pan}}^{j+1}-\boldsymbol{E}_{\text{pan}}^{j+1}) \tag{4.20}$$

$$L_{\text{ms}}^{j+1}=L_{\text{ms}}^{j+1}+\mu^j(\boldsymbol{Y}_{\text{ms}}-\boldsymbol{D}_{\text{ms}}\boldsymbol{X}_{\text{ms}}^{j+1}-\boldsymbol{E}_{\text{ms}}^{j+1}) \tag{4.21}$$

(4) 求解如下公式。

$$\mu^{j+1}=\min(\mu^j,\rho,\mu_{\max}) \tag{4.22}$$

(5) 查找迭代条件是否成立。

$$\|\boldsymbol{Y}-\boldsymbol{D}\boldsymbol{X}^{j+1}-\boldsymbol{E}^{j+1}\|_F/\|Y\|_F<\varepsilon,\quad \|\boldsymbol{X}^{j+1}-\boldsymbol{X}^j\|_\infty<\varepsilon,\quad \|\boldsymbol{E}^{j+1}-\boldsymbol{E}^j\|_\infty<\varepsilon \tag{4.23}$$

式中，$\|\cdot\|_\infty$ 是 l_∞ 范数，其含义为矩阵里每一行元素绝对值之和的最大值。

用以上算法实现重建误差矩阵 $\boldsymbol{E}_{\text{pan}}$ 和 $\boldsymbol{E}_{\text{ms}}$ 后，PAN 图像和 MS 图像中清晰和不清晰的边缘和纹理被获得。根据 4.2.1 节所述，补偿细节应该在 $\boldsymbol{E}_{\text{ms}}$ 中是清晰的，而在 $\boldsymbol{E}_{\text{pan}}$ 中是不清晰的。考虑到 MS 图像有低的空间分辨率，PAN 图像有高的空间分辨率，本章提出计算 PAN 和 MS 图像的重建误差矩阵的差异获取补偿细节。因此，提出的补偿细节可以通过如下公式获取。

$$\text{CD}(i,j)=\text{abs}(\boldsymbol{E}_{\text{pan}}(i,j)-\boldsymbol{E}_{\text{ms}}(i,j)),\quad \text{s.t.}\ \boldsymbol{E}_{\text{pan}}(i,j)-\boldsymbol{E}_{\text{ms}}(i,j)<0 \tag{4.24}$$

式中，abs(・)是求绝对值的函数；(i,j)是像素点坐标。

4.4.2 全色图像高频细节提取

正如 3.2.2 节所述，引导滤波是边缘保护滤波之一，它基于一个局部线性模型，滤波的输出图像是一个关于引导图像的线性变换。在本章算法中，采用多尺度引导滤波来分解 PAN 图像，用输出图像和被滤波图像像素点差异来计算被滤波图像的高频细节。在这个技术中，将 MS 图像的亮度成分看作引导图像，将直方图匹配后的 PAN 图像作为引导滤波的被滤波图像，输出图像基于一个中心点像素 k 的局部窗 W_k 对引导图像的线性变换，见式(4.25)。

$$P'_i=a_kI_i+b_k,\quad \forall i\in W_k \tag{4.25}$$

式中，P'是输出图像；I 是引导图像；P'_i和 I_i 是输出图像和引导图像中第 i 个像素点的值；W_k 是大小为 5×5 的方形窗；a_k 和 b_k 用如下公式评估：

$$v(a_k, b_k) = \sum_{i \in W_k} \left[(a_k I_i + b_k - P_i)^2 + \eta a_k^2 \right] \tag{4.26}$$

其中 P 是被滤波图像，即直方图匹配后的 PAN 图像；a_k 和 b_k 通过如下线性回归计算得到：

$$a_k = \frac{\frac{1}{|W|} \sum_{t \in W_k} (I_i P_i - \mu_k \overline{P_k})}{\sigma_k^2 + \eta} \tag{4.27}$$

$$b_k = \overline{P_k} - a_k \mu_k \tag{4.28}$$

因此，引导滤波最后的输出图像应该用如下公式评估。

$$P'_i = \overline{a_i} I_i + \overline{b_i} \tag{4.29}$$

最后，计算两个连续尺度上的直方图匹配后的 PAN 图像的低通子图间的差异可获得 PAN 图像的高频细节，这个处理过程见式(4.30)。

$$\mathrm{PAN}^{\mathrm{detail}} = \sum_{l=1}^{n} (P'_{l-1} - P'_l), \quad l = 1, 2, 3, \cdots \tag{4.30}$$

式中，P'_{l-1}和 P'_l是第 l 层引导滤波的被滤波图像和输出图像。当 $l=1$，P'_{l-1}是直方图匹配后的 PAN 图像。

4.4.3　补偿细节与全色图像高频细节的联合注入

通过 4.4.1 节和 4.4.2 节的操作，补偿细节和 PAN 图像的细节已经被获得。在这部分，本章引进一个基于边缘保护的注入效益[93]用于自适应注入补偿细节和 PAN 图像的细节到上采样的 MS 图像中获取最终融合图像。这个引进的注入效益基于 PAN 图像和 MS 图像的边缘信息近似关系见式(4.31)。

$$g_k = \frac{\mathrm{MS}_k}{\frac{1}{n} \sum_{k=1}^{n} \mathrm{MS}_k} \left[\beta_k w_P + (1 - \beta_k) w_{\mathrm{MS}_k} \right] \tag{4.31}$$

式中，β_k 代表 MS 图像第 k 个通道的权衡参数；w_P 是 PAN 图像的边缘检测权重矩阵；w_{MS_k} 是 MS 图像的边缘检测权重矩阵。在这个注入效益的帮助下，结合前面的工作，融合图像可通过 4.2.1 节中式(4.5)得到。

4.4.4　鲁棒稀疏模型中方形窗尺寸讨论

为了说明鲁棒稀疏模型中方形窗尺寸 8×8 在基于补偿细节注入遥感图像融

合算法中能取得最好的性能，本章在不同卫星数据上做了大量实验来证实这个结论。实验中，有五组图被用到，如图 4.4 所示，实验结果如图 4.5 所示。

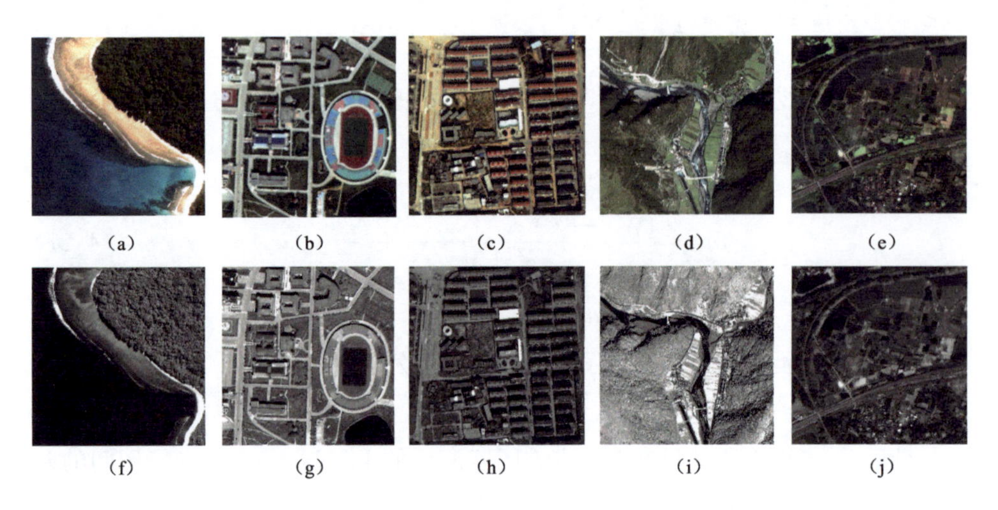

图 4.4 用于鲁棒稀疏模型中方形窗大小性能测试的源图像

注：(a)～(e)是多光谱图像；(f)～(j)是多光谱图像对应的全色图像。

图 4.5(a)～(e)显示了图 4.5 中的五组图的融合结果在评价指标 CC、UIQI、RASE、RMSE、ERGAS 上的性能，图 4.5(f)显示了它们的平均性能。从图 4.5 来看，鲁棒稀疏模型中方形窗大小分别被设为 5×5、6×6、7×7、9×9 和 10×10，并在五组图上测试，其融合图像在五个指标及其平均性能上表现出不稳定的性能，图中曲线有不同程度的振荡。方形窗大小被设为 8×8 在五组图上测试，其融合图像在五个指标及其平均性能上获得最稳定的性能。例如，第一组和第四组图融合时，方形窗大小被设为 5×5、6×6、7×7 比 8×8 的融合结果在评价指标 CC、UIQI、RASE、RMSE、ERGAS 及其平均性能上有更差的值。然而，第二组、第三组和第五组图融合时，鲁棒稀疏模型中方形窗大小被设为 9×9、10×10 比 8×8 的融合结果在评价指标 CC、UIQI、RASE、RMSE、ERGAS 及其平均性能上有更好的值。

以上实验结果表明，鲁棒稀疏模型中方形窗大小被设为 8×8 以外的值不能在融合中产生稳定的性能，其融合结果时好时坏，然而，窗大小 8×8 在五组图上测试，其融合图像在 5 个指标及其平均性能上表现出最稳定的性能。除此之外，窗越小，消耗的计算时间越多，窗越大，有越明显的吉布斯效应。本章做了一组实验测试鲁棒稀疏模型中方形窗大小对融合时间的影响，实验结果见表 4.1。

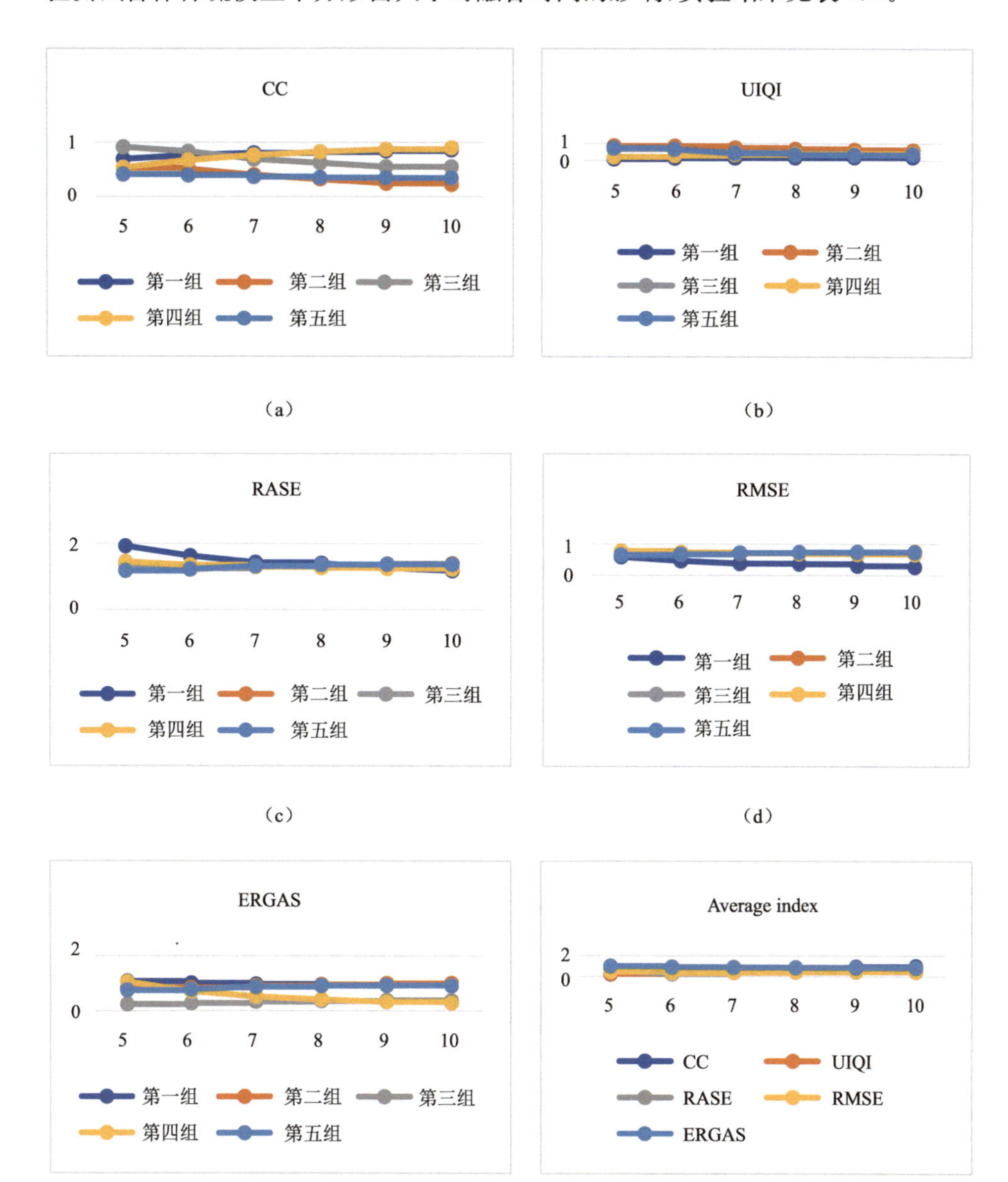

图 4.5　鲁棒稀疏模型中方形窗大小测试结果

注：(a)～(e)分别是鲁棒稀疏模型中方形窗大小被设为 5×5、6×6、7×7、8×8、9×9、10×10 时在图 4.4 中五组图上测试，其融合图像在五个指标上的性能；(f)是平均性能。

表 4.1 鲁棒稀疏模型中方形窗大小对计算时间的影响

方形窗大小/像素	时间消耗/s
5×5	770
6×6	248
7×7	97
8×8	50

从表 4.1 来看，窗太小或太大都不适合实际应用。综上所述，在基于补偿细节注入的遥感图像融合算法中鲁棒稀疏模型中方形窗大小被设为 8×8 最合适。

4.4.5 补偿细节性能

为了验证补偿细节在基于注入模型遥感图像融合中的性能，本小节描述一个子实验，其目的是将补偿细节与第 3 章中算法所用精炼的联合细节及 PAN 图像细节作对比，测试补偿细节的性能。实验时分别假定这三类细节是结果细节，并将它们分别注入低分辨率 MS 图像中，然后对融合结果进行分析讨论。实验中使用五组来自不同数据库的图像，如图 4.6 所示。由于数据量大，本节实验展示了图 4.6 中(a)和(f)、(c)和(h)、(b)和(g)融合后的图像的主观评价结果(见图 4.7)，其相应的客观评价结果[见图 4.8(a)～(c)]，同时本节实验对图 4.6 中的五组源图像的融合结果的平均性能进行了测试，测试的客观评价结果如图 4.8(d)所示。

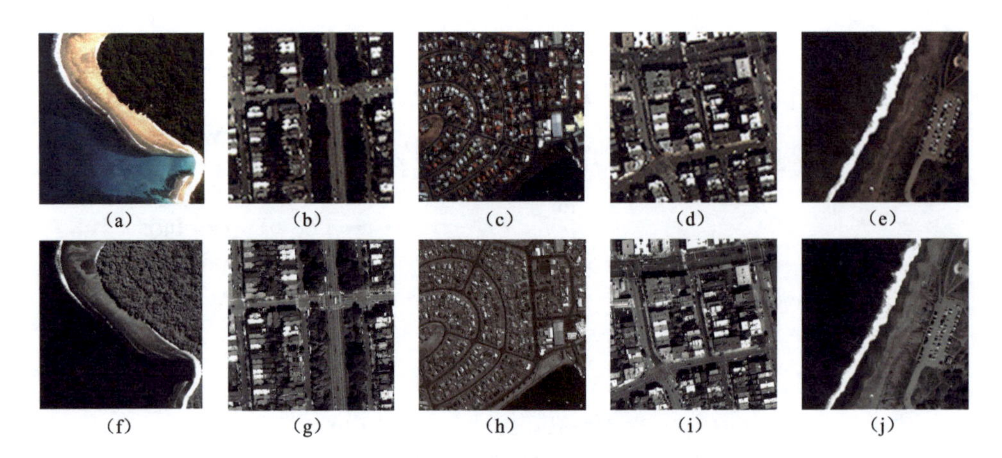

图 4.6 用于补偿细节性能测试的实验数据

注：(a)～(e)是多光谱图像；(f)～(j)是多光谱图像对应的全色图像。

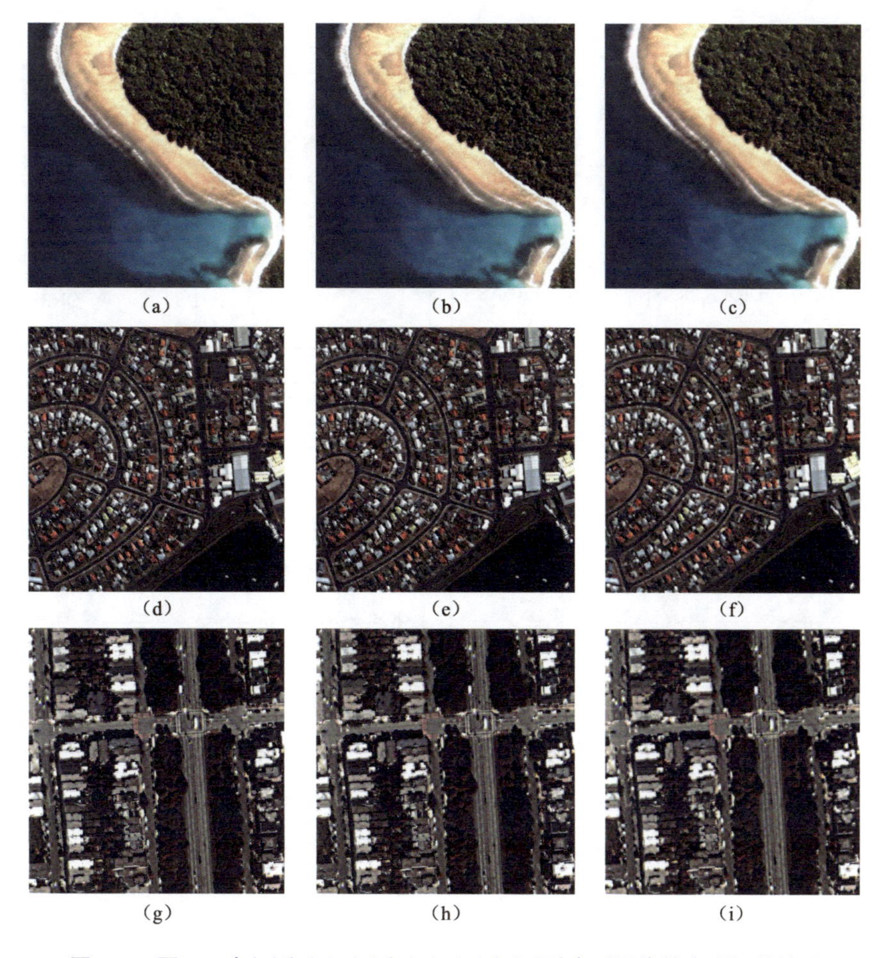

图 4.7　图 4.6 中(a)和(f)、(c)和(h)、(b)和(g)融合后图像的主观评价结果

图 4.7(a)～(c)、图 4.7(d)～(f)、图 4.7(g)～(i)分别是图 4.6 中(a)和(f)、(c)和(h)、(b)和(g)融合后的图像的主观评价结果，从图 4.7(a)～(c)的第一组融合图像的主观评价结果来看，注入补偿细节的融合图像比注入 PAN 图像细节和精炼的联合细节的融合图像色彩信息更丰富。从图 4.7(d)～(f)和图 4.7(g)～(i)融合图像的主观评价结果来看，注入补偿细节的融合图像比注入 PAN 图像细节和精炼的联合细节的融合图像有更好的空间、光谱信息。同时，从图 4.6 中(a)和(f)、(c)和(h)、(b)和(g)融合后的图像对应的客观评价结果[见图 4.8(a)～图 4.8(c)]和图 4.6中五组源图像的融合图像的平均客观评价结果[见图 4.8(d)]来看，注入补偿细节到低分辨率 MS 图像中的方式获得最好的融合结果。实验证明，将本章算法提取到的补偿细节应用到基于注入模型的遥感图像融合算法表现出优越的性能。

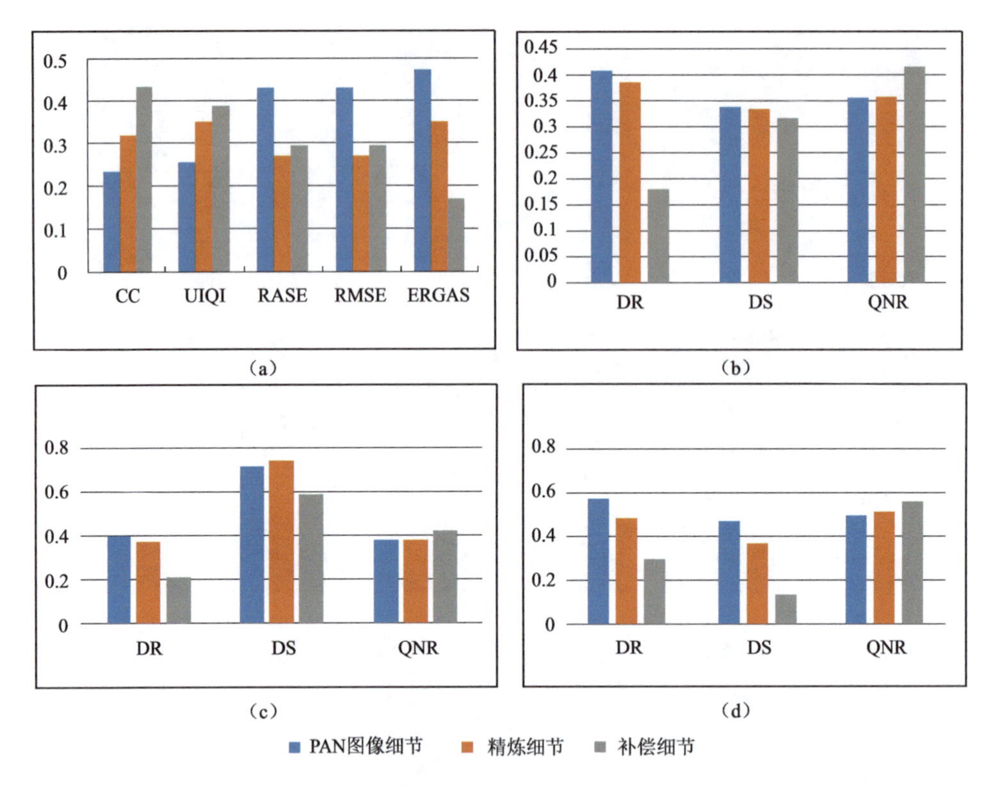

图 4.8　PAN 图像细节、精炼细节和补偿细节分别被注入图 4.6 中源图所得融合图像的客观评价结果

注:DR 是 D_λ,DS 是 D_s。

4.5　实验结果及其应用分析

本节对基于补偿细节注入的遥感图像融合算法的性能进行测试,同时对本章算法融合得到的融合图像在国土资源信息管理中的相关应用进行分析。为评价基于补偿细节注入的遥感图像融合算法的性能,本章使用 WorldView-2、QuickBird 和 IKONOS 三大遥感数据库。所做实验包括作用于仿真图像的实验和作用于真实图像的实验两类,实验时利用 3.5 节所述方法处理 PAN 图像和 MS 图像。用于仿真图像的实验数据来自 WorldView-2 和 QuickBird 数据库,其 MS 图像大小是 64×64,相应的 PAN 图像大小是 256×256。用于真实图像的实验数据来自 WorldView-2 和 IKONOS 数据库,其 MS 图像大小是 128×128,相应的 PAN 图像大小是 512×512。

为了评价有参图像和无参考图像融合结果的性能，九种先进的方法用于和本章方法作对比，分别是 Ehler[146]、GSA[48]、CBD[147]、IAIHS[98]、BFLP[128]、MM[139]、NSST_SR[148]、IMG[87]和 ATWT[56]。1.5 节中介绍的主观和客观两方面质量评价被用于性能评价，即主观评价和客观评价。其中，有参图像客观评价指标包括 CC、UIQI、RMSE、RASE 和 ERGAS，无参考图像客观评价指标是 QNR，QNR 由 D_λ 和 D_s 构成。

4.5.1 仿真图像实验结果及其应用分析

在仿真图像实验中，本章用了两组来自 WorldView-2 和 QuickBird 卫星的数据，其中第一组来自 QuickBird 数据库，所用到的数据源图及九种对比方法和本章所提出的方法作用于该组的源图像所得到的融合图像如图 4.9 所示；另外一组来自 WorldView-2 数据库，所用到的数据源图及九种对比方法和本章所提出的方法作用于该组的源图像所得到的融合图像如图 4.10 所示。为了更好地评价本章仿真图像实验的视觉效果，本章算法在参考图像及各方法所得的融合图像中相同位置圈了一小框内容，用红色边框标注，并将圈出来的小框中内容放大，用一大框标注放大的内容，该方法可更好地对比各方法的融合图像在视觉效果方面的细微差异。同时，本章算法在对各方法所得的融合图像进行客观评价时，对每组图、每个指标上最优的值加粗显示。下面对实验结果及其在国土资源信息管理中的应用进行描述。

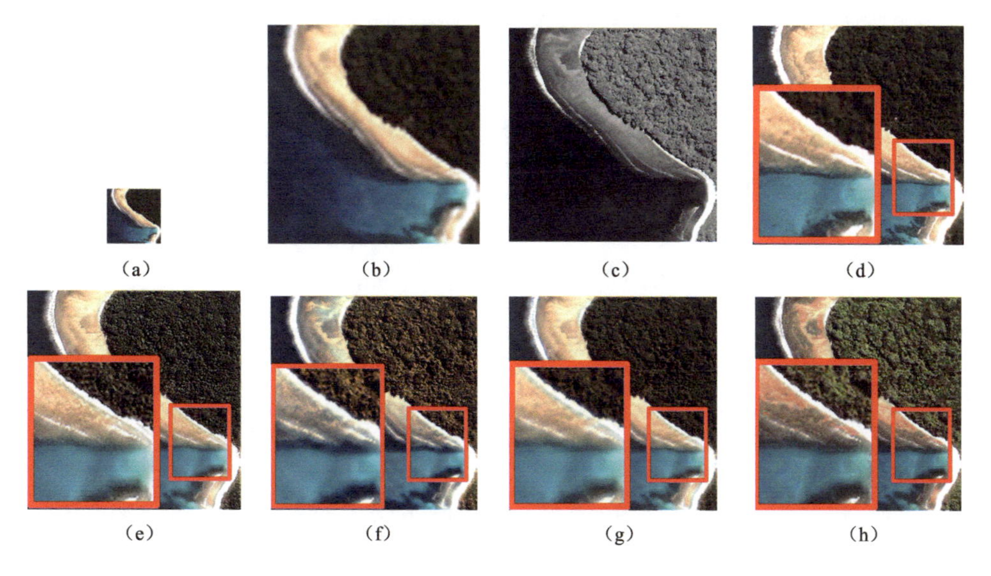

图 4.9　QuickBird 图像融合结果

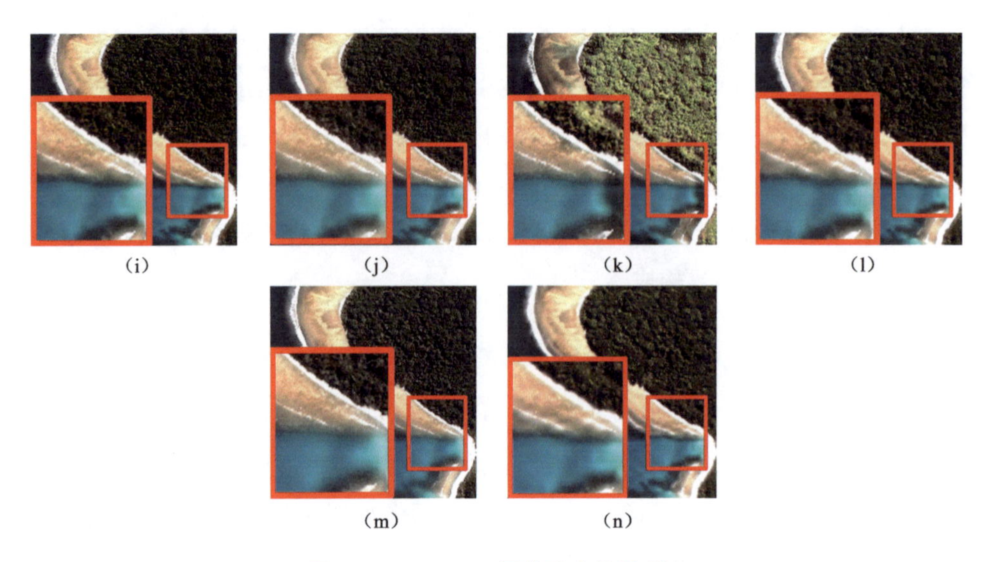

(i) (j) (k) (l)

(m) (n)

图 4.9　QuickBird 图像融合结果(续)

注:(a)是降采样后的 MS 图像;(b)是降采样后的 MS 图像被上采样到 PAN 图像大小的 MS 图像;(c)是 PAN 图像;(d)是参考图像;(e)～(n)分别是 Ehler、GSA、CBD、IAIHS、BFLP、MM、NSST_SR、IMG、ATWT 方法和本章方法所获得的融合图像。

1. QuickBird 数据融合结果及应用分析

对于第一组来自 QuickBird 数据库的实验,降采样后的 MS 图像如图 4.9(a)所示,降采样后的 MS 图像被上采样到 PAN 图像大小后的 MS 图像如图 4.9(b)所示,PAN 图像如图 4.9(c)所示,原始 MS 图像作为参考图如图 4.9(d)所示,相应方法获得的融合图像的主观评价结果如图 4.9(e)～(n)所示,客观评价结果见表 4.2。

表 4.2　图 4.9 中融合图像定量评价结果

算　法	CC	UIQI	RASE	RMSE	ERGAS
Ehler	0.959 5	0.967 5	21.263 0	19.346 0	5.447 5
GSA	0.922 8	0.944 9	31.684 0	28.828 0	8.982 0
CBD	0.977 6	0.980 7	16.381 0	14.904 0	4.332 1
IAIHS	0.881 2	0.893 1	36.365 0	33.086 3	9.126 3
BFLP	0.971 8	0.971 7	20.490 5	18.643 1	5.794 8
MM	0.973 7	0.976 0	16.7425 0	15.233 0	4.256 3
NSST-SR	0.675 7	0.802 8	60.648 0	55.180 0	13.035 0
IMG	0.968 9	0.974 0	18.661 7	16.979 0	4.819 9
ATWT	0.959 6	0.964 90	20.709 0	18.842 7	5.272 6
本章方法	**0.978 4**	**0.981 7**	**15.715**	**14.298**	**3.863 5**

图 4.9 中所用图的内容包括海水、陆地和森林，这种类型的遥感图像主要用于国土资源信息管理中裸地管理、林业、海洋状态的监测及管理。从图 4.9 来看，图 4.9(a)空间分辨率低、地物识别率低和分类精度低，不适合将图 4.9(a)直接用于国土资源信息管理。融合前的 PAN 图[见图 4.9(c)]，虽然边界纹理信息清晰，但无色彩信息，肉眼判断，只能区分森林、陆地和海域所在区域及每个区域的占地面积，对于森林中植被的种类、各类植被的分布及生长态势等数据无法获取。同时，对于陆地中地面信息，如是否有土坑、塌陷和地面积水等数据无法知晓，对于海洋，因图像无光谱信息，则不同海域海水的深浅、是否有污染等信息都无法判断。融合前的 MS 图像[见图 4.9(b)]虽然色彩丰富，但空间信息严重缺乏，从中可以勉强提取森林、陆地和海域的相关数据，但所提取的数据误差会很高。

图 4.9(e)～(n)是本章所用对比方法及本章算法整合图 4.9(b)和图 4.9(c)的互补信息所获得的融合图像，从各种融合算法作用于该组源图像所获得的融合图像来看，GSA、IAIHS 和 NSST_SR 方法获得的融合图像存在严重的光谱失真。如果将 GSA、IAIHS 和 NSST_SR 方法的融合结果用于国土资源信息管理中，会导致国土资源信息管理部门对裸地、林业及海洋的客观状态的严重误判，其后果是严重影响国土资源信息管理部门对裸地、林业和海洋的管理、开发及合理利用。CBD 方法获得的融合图像在海水、陆地方面接近参考图像，但在森林方面有明显的光谱失真。Ehler 方法获得的融合图像有较好的空间分辨率，但在森林区域存在光谱失真。BFLP 和 MM 方法获得的融合图像空间质量很理想，但在森林方面存在光谱失真。如果将 CBD、Ehler、BFLP 和 MM 方法的融合结果用于国土资源信息管理中，将导致国土资源信息管理部门无法准确获取森林中植被的种类、各类植被的分布及生长态势等数据。IMG 方法获得的融合图像有较好的空间信息，但光谱信息不足够。ATWT 方法的融合图像在森林区域存在明显的光谱失真。如果将 IMG 和 ATWT 方法的融合结果用于国土资源信息管理中，其后果将和在国土资源信息管理中应用 CBD、Ehler、BFLP 和 MM 方法获得的融合结果的后果相似。通过与本章所用到的对比方法所获得的融合图像对比，本章所提出的方法获得的融合图像获得最好的视觉效果。

另外，表 4.2 中的各方法获得的融合图像客观评价结果表明，本章所提出的方法的融合结果在 CC、UIQI、RMSE、RASE 和 ERGAS 五个评价指标中都能取得最好的值。综上所述，本章提出的方法在第一组实验中表现出最好的性能，比其他对比方法获得的融合图像更适合应用于国土资源中林业管理、海洋研制等方面。

2. WorldView-2 数据融合结果及应用分析

第二组仿真图像实验的数据来自 WorldView-2 数据库，降采样后的 MS 图像如

图 4.10(a)所示，降采样后的 MS 图像被上采样到 PAN 图像大小后的 MS 图像如图 4.10(b)所示，PAN 图像如图 4.10(c)所示，原始 MS 图像作为参考图如图 4.10(d)所示，相应方法获得的融合图像的主观评价结果如图 4.10(e)～(n)所示，客观评价结果见表 4.3。图像的主要内容是某城市的体育馆及体育馆周边环境及建筑，这种类型的遥感图像适用于国土资源信息管理中目标检测、城市/测绘管理。

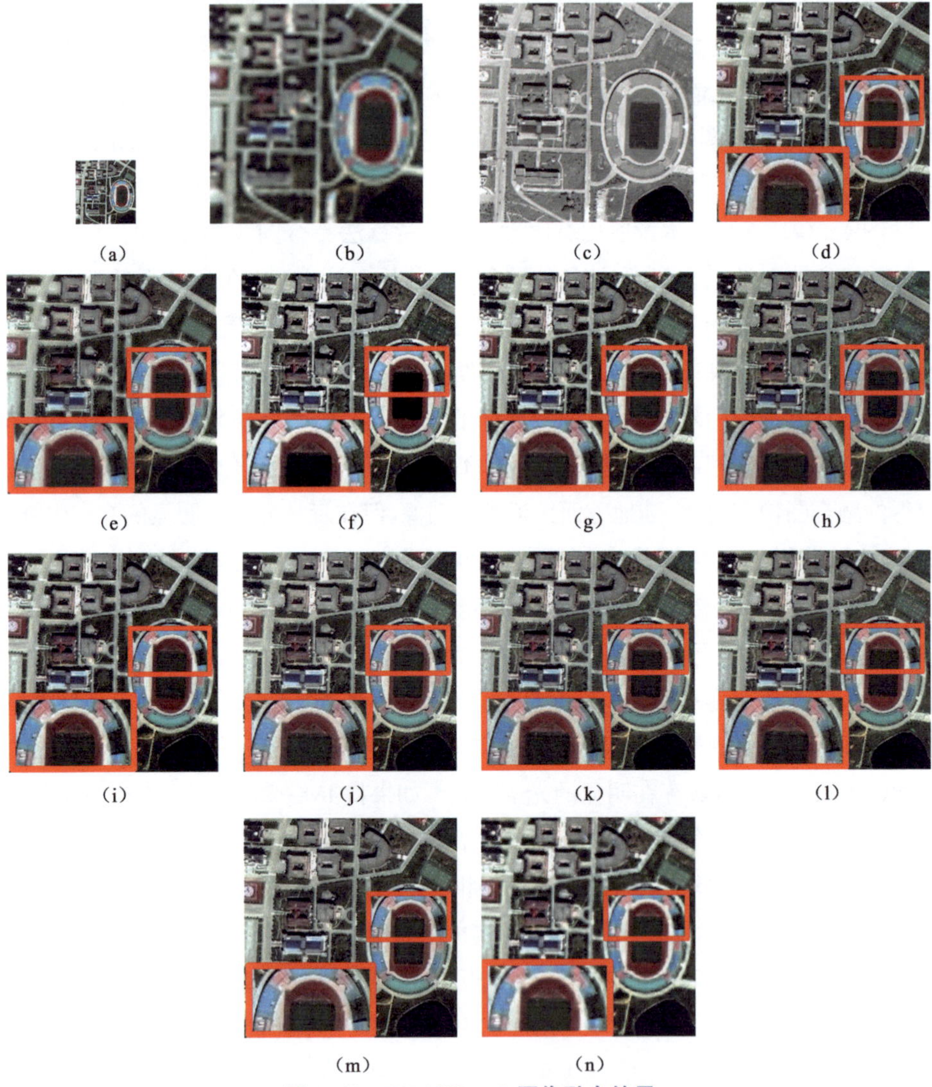

图 4.10　WorldView-2 图像融合结果

注：(a)是降采样后的 MS 图像；(b)是降采样后的 MS 图像被上采样到 PAN 图像大小的 MS 图像；(c)是PAN 图像；(d)是参考图像；(e)～(n)分别是 Ehler、GSA、CBD、IAIHS、BFLP、MM、NSST_SR、IMG、ATWT 方法和本章方法所获得的融合图像。

从图 4.10 来看，图 4.10(a)空间分辨率低、地物识别率低和分类精度低，不适合直接用于国土资源信息管理。融合前的 PAN 图像，视觉上只能判断体育馆的地理位置、体育馆周边环境简况及建筑的形状等特征，很难辨认体育馆中各目标类型、体育馆周边植被类型、生长态势和不同建筑风格等信息。从融合前的 MS 图像中可以勉强获取体育馆及体育馆周边环境及建筑的相关数据，但所提取的数据误差会很高。图 4.10(e)～(n)是本章所用对比方法及本章算法整合图 4.10(b)和图 4.10(c)的互补信息所获得的融合图像，从各种融合算法作用于该组源图像所获得的融合图像来看，GSA 和 IAIHS 方法获得的融合结果存在严重的光谱失真。如果将 GSA 和 IAIHS 方法的融合结果用于国土资源信息管理中，会导致国土资源信息管理部门对体育馆中各目标类型、体育馆周边植被类型、生长态势和不同建筑风格等信息的严重误判，其后果是产生城市/测绘管理数据误差，目标性质、状态监测不准确。Ehler 方法获得的融合结果有些模糊，存在明显的光谱失真和空间信息不足的问题。如果将 Ehler 方法的融合结果用于国土资源信息管理中，容易因遥感图像空间、光谱分辨率低下，导致国土资源信息管理部门无法全面、准确获取诸如体育馆及体育馆周边环境及建筑的相关信息。

表 4.3　图 4.10 中融合图像定量评价结果

算　法	CC	UIQI	RASE	RMSE	ERGAS
Ehler	0.949 6	0.955 5	17.418 0	20.195 0	4.356 3
GSA	0.919 0	0.927 5	24.090 0	27.931 4	5.986 4
CBD	0.953 2	0.960 7	17.375 0	20.145 0	4.343 0
IAIHS	0.910 2	0.910 0	23.404 0	27.136 5	5.845 8
BFLP	0.956 4	0.962 8	18.028 0	20.902 0	4.8246
MM	0.951 2	0.958 7	17.143 4	19.876 7	4.291 9
NSST-SR	0.943 2	0.952 1	18.478 0	21.424 0	4.582 6
IMG	0.957 7	0.962 9	16.9010	19.596 4	4.232 3
ATWT	0.943 9	0.952 4	18.364 3	21.292 2	4.598 1
本章方法	**0.962 6**	**0.966 3**	**16.432 8**	**19.052 8**	**3.903 3**

图 4.10 中 CBD 和 MM 方法获得的融合结果有较好的全色锐化效果，但在光谱信息方面信息保留不足够。NSST_SR 方法获得的融合结果存在明显的光谱

失真。ATWT 方法获得的融合结果空间质量方面效果较好，但在植被方面有些光谱失真。如果将 CBD、MM、NSST_SR 和 ATWT 方法的融合结果用于国土资源信息管理中，将导致国土资源信息管理部门无法准确获取体育馆、建筑及体育馆周边环境，尤其是植被性质、客观状态的相关信息。通过视觉效果对比，BFLP、IMG 和本章提出方法获得的融合结果在主观评价方面没有明显的差异，与其他对比方法获得的融合图像相比，其视觉效果更好。另外，表 4.3 中的客观评价结果表明，所提出方法的融合结果在五个评价指标中取得最好的值。所以，本章提出的方法在第一组实验中表现出最好的性能，比其他对比方法获得的融合图像更适合应用于城市/测绘管理、目标检测等国土资源管理领域。通过以上两组实验的对比，证实本章所提出的方法能在仿真图像上表现出优异的性能，在林业管理、城市管理和目标检测等国土资源管理领域有很高的应用价值。

4.5.2 真实图像实验结果及其应用分析

在真实图像实验中，本章用了三组来自 WorldView-2 和 IKONOS 卫星的数据，对本章整个实验数据而言，这三组实验用第三组、第四组和第五组命名，其中第三组来自 IKONOS 数据库，所用到的数据源图及九种对比方法和本章所提出的方法作用于该组的源图像所得到的融合图像如图 4.11 所示。第四组和第五组的数据都来自 WorldView-2 数据库，其中所用到的数据源图及九种对比方法和本章所提出的方法作用于该组的源图像所得到的融合图像分别如图 4.12 和图 4.13所示。

为了更好地评价本章真实图像实验的视觉效果，本章算法在各方法所得的融合图像中相同位置圈了一小框内容，用红色边框标注，并将圈出来的小框中内容放大，用一大框标注放大的内容。同时，本章算法在对各方法所得的融合图像进行客观评价时，对每组图、每个指标上最优的值加粗显示。下面对实验结果及这些实验结果在国土资源信息管理中的应用进行描述。

1. WorldView-2 数据融合结果及应用分析

第三、四组真实图像实验的数据来自 WorldView-2 数据库，原始 MS 图像分别如图 4.11(a)和图 4.12(a)所示，MS 图像被上采样到 PAN 图像大小后的 MS 图像分别如图 4.11(b)和图 4.12(b)所示，PAN 图像分别如图 4.11(c)和图 4.12(c)所示，相应方法获得的融合图像的主观评价结果如图 4.11(d)～(m)、图 4.12(d)～(m)所示，客观评价结果见表 4.4。

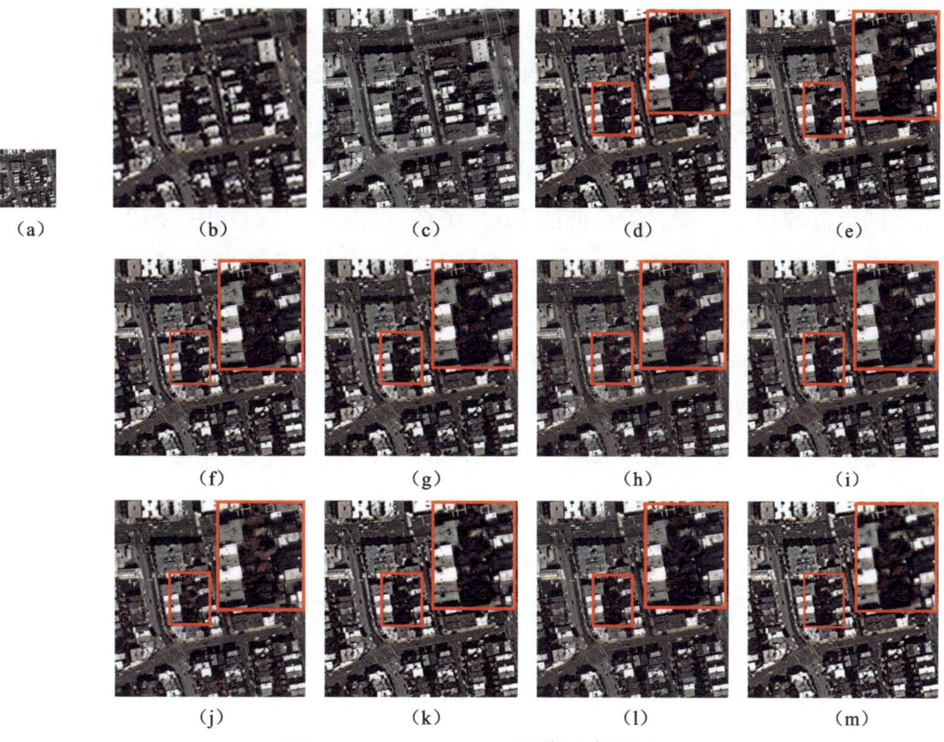

图 4.11　WorldView-2 图像融合结果

注：(a)是原始 MS 图像；(b)是 MS 图像被上采样到 PAN 图像大小的 MS 图像；(c)是 PAN 图像；(d)～(m)分别是 Ehler、GSA、CBD、IAIHS、BFLP、MM、NSST_SR、IMG、ATWT 方法和本章方法所获得的融合图像。

表 4.4　图 4.11、图 4.12、图 4.13 中融合图像定量评价结果

算　法	图　4.11			图　4.12			图　4.13		
	D_λ	D_s	QNR	D_λ	D_s	QNR	D_λ	D_s	QNR
Ehler	0.005 6	0.053 3	0.941 4	0.005 6	0.056 1	0.938 6	0.004 2	0.059 1	0.936 9
GSA	**0.002 7**	0.065 4	0.932 0	0.008 7	0.079 1	0.912 9	0.016 3	0.086 2	0.898 9
CBD	0.004 6	0.056 4	0.939 2	0.006 1	0.057 2	0.937 0	0.010 5	0.064 9	0.925 2
IAIHS	0.004 7	0.070 4	0.925 2	0.008 3	0.077 6	0.914 7	0.00 8	0.102 6	0.890 2
BFLP	0.004 0	0.055 2	0.941 0	0.004 0	**0.055 2**	0.941 1	0.003 8	0.062 9	0.933 6
MM	0.006 6	0.064 3	0.929 5	0.008 7	0.061 5	0.930 3	0.014 9	0.079 3	0.907 0
NSST-SR	0.003 5	0.074 8	0.921 9	0.008 8	0.084 5	0.907 4	0.002 1	0.080 4	0.917 7
IMG	0.004 8	0.055 3	0.940 1	0.004 5	0.057 4	0.938 4	0.003 6	0.060 8	0.935 8
ATWT	0.010 6	0.068 3	0.921 8	0.015 1	0.067 8	0.918 1	0.017 1	0.083 1	0.901 2
本章方法	0.003 3	**0.049 0**	**0.947 9**	**0.002 5**	0.055 9	**0.941 7**	**0.001 6**	**0.056 6**	**0.941 8**

这两组实验所用图是卫星拍摄到的某城市的部分面貌图，图的色彩信息比较简单，主要内容是城市中建筑、道路和植被。这种类型的遥感图像很适合用于城市/测绘管理和道路识别等国土资源管理领域。从图 4.11 和图 4.12 来看，图 4.11(a)和图 4.12(a)空间分辨率低、地物识别率低和分类精度低，不适合直接用于国土资源信息管理。融合前的 PAN 图像[见图 4.11(c)和图 4.12(c)]，视觉上只适合对城市中的建筑、道路和植被的形状和区域等信息进行判断，很难区分城市中的建筑类别、具体建筑和植被的地理位置等相关需要色彩识别的数据。从融合前的 MS 图像[见图 4.11(b)和图 4.12(b)]中可以勉强提取城市中的建筑、道路和植被的相关数据，但所提取的数据误差会很高。图 4.11(d)～(m)是本章所用对比方法及本章算法整合图 4.11(b)和图 4.11(c)的互补信息所获得的融合图像，图 4.12(d)～(m)是本章所用对比方法及本章算法整合图 4.12(b)和图 4.12(c)的互补信息所获得的融合图像，从图 4.11 和图 4.12 中各融合方法获得的融合图像来看，GSA、IAIHS 和 NSST_SR 方法获得的融合结果遭受明显的光谱失真。如果将 GSA、IAIHS 和 NSST_SR 方法的融合结果用于城市/测绘管理和道路识别，会导致城市/测绘、道路识别误差率高，城市中建筑、道路和植被的客观状态的严重误判，其后果是严重影响国土资源信息管理部门开展道路识别和城市/测绘管理工作。

与 GSA、IAIHS 和 NSST_SR 方法获得的融合结果相比，ATWT、CBD 和 MM 方法获得的融合结果有更好的光谱效果，但这三种方法的融合结果在红色区域存在明显的光谱失真。如果将 ATWT、CBD 和 MM 方法的融合结果用于城市/测绘管理和道路识别，会导致城市中红色区域的目标识别率低下，数据准确度不高。Ehler、BFL、IMG 和本章提出的方法获得的融合结果在视觉对比方面没有明显的差异，但从表 4.4 中图 4.11 中各方法获得的融合图像客观评价来看，本章所提出的方法在 QNR 指标上取得最大值，在 D_λ 评价指标中取得第二小值，在 D_s 评价指标中取得最小值。从表 4.4 中图 4.12 中各方法获得的融合图像客观评价来看，本章提出方法的融合结果在 QNR 评价指标上取得最大值，在 D_λ 评价指标上有最小值，在 D_s 评价指标上，BFLP 获最小值，本章提出方法获第二小值。综上所述，本章提出的方法在第三、四组真实图像实验中表现出最好的性能，比其他对比方法更适合用于城市/测绘管理和道路识别等国土资源管理方面。

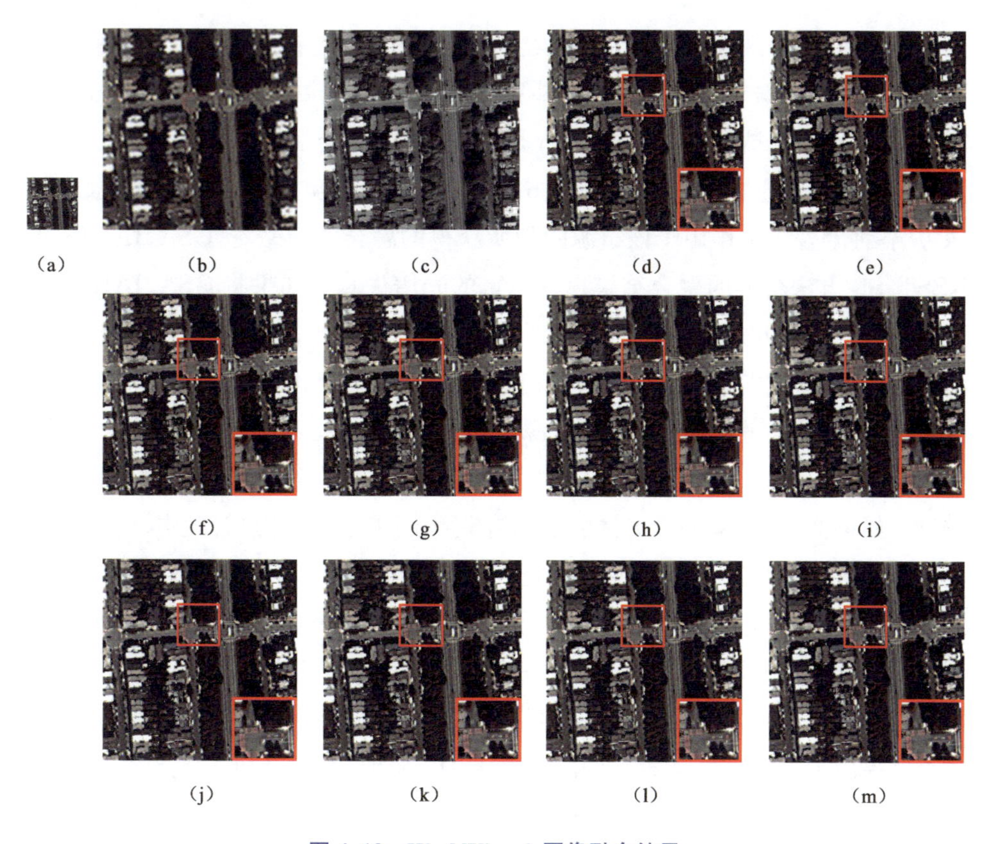

图 4.12　WorldView-2 图像融合结果

注：(a)是原始 MS 图像；(b)是 MS 图像被上采样到 PAN 图像大小的 MS 图像；(c)是 PAN 图像；(d)～(m)分别是 Ehler、GSA、CBD、IAIHS、BFLP、MM、NSST_SR、IMG、ATWT 方法和本章方法所获得的融合图像。

2. IKONOS 数据融合结果及应用分析

第五组真实图像实验的数据来自 IKONOS 数据库，原始 MS 图像分别如图 4.13(a)所示，MS 图像被上采样到 PAN 图像大小后的 MS 图像分别如图 4.13(b)所示，PAN 图像分别如图 4.13(c)所示，相应方法获得的融合图像的主观评价结果如图 4.13(d)～(m)所示，客观评价结果见表 4.4。该组实验所用图是某城市局部分布图，图的色彩信息丰富，其主要内容包括各类城市建筑、植被分布和城区道路。这种类型的遥感图像适用于国土资源信息管理中的目标检测、道路识别和城市/测绘管理。从图 4.13 来看，图 4.13(a)空间分辨率低、地物识别率低和分类精度低，不适合直接用于国土资源信息管理。融合前的 PAN[见图 4.13(c)]图像，视觉上只适合对城市中的建筑、道路和植被的形状和区域等信息进行判断，很难区分城市中的建筑类别，具体建筑和植被的地理位置等相关需要色彩识别的数据。从融合前的 MS[见图 4.13(b)]图像中可以勉强提取城市中的建筑、道路和植被的相关数据，但所提取的数据误差会很高。图 4.13(d)～(m)是本章算法及对比方法整合图 4.13(b)和图 4.13(c)的互补信息所获得的融合图像，从各种融合算法作用于该组源图像所获得的融合图像来看，GSA、IAIHS 和 NSST_SR 方法获得的融合结果存在严重的光谱失真。如果将 GSA、IAIHS 和 NSST_SR 方法的融合结果用于目标检测、道路识别和城市/测绘管理中，会导致目标检测、道路识别误差率高，各类城市建筑、植被分布和城区道路的客观状态的严重误判，其后果是严重影响国土资源信息管理部门对管理对象的识别精度及城市/测绘管理效率。CBD 和 MM 方法获得的融合结果在红色区域有明显的光谱失真。如果将 CBD 和 MM 方法的融合结果用于国土资源信息管理中，会影响国土资源信息管理部门对红色区域的国土资源管理效率。Ehler 方法获得的融合结果空间信息不足，导致融合图像有些模糊。如果将 Ehler 方法的融合结果用于国土资源信息管理中，将导致国土资源信息管理中空间信息准确度低下。ATWT 方法获得的融合结果在红色和橙色区域均有明显的色差。如果将 ATWT 方法的融合结果用于国土资源信息管理中，会影响国土资源信息管理部门对红色和橙色区域的国土资源管理效率。从主观上判断，BFLP、IMG 方法和本章所提出方法获得的融合结果视觉上没太大的差异，但和其他对比方法相比，表现出更优的视觉效果。同时，从表 4.4 的客观评价结果来看，本章所提出方法的融合结果在所有评价指标中取得最好的值。综上所述，本章提出的方法在第五组真实数据实验中表现出最好的性能，比其他对比方法获得的融合图像更适合用于目标检测、道路识别和城市/测绘管理等国土资源管理领域。

以上三组实验的对比结果表明，本章提出的方法能在真实图像上表现出优异的性能。与其他先进的方法相比，更能有效地保护原 MS 图像的光谱信息，同时有效增强其空间质量，且补偿细节性能测试实验证实，本章提出的补偿细节性能优于本书第 3 章提出的精炼细节的性能。所以，以上五组实验表明，无论在仿真图像还是真实图像上，本章提出的基于补偿细节注入的遥感图像融合算法所获得的融合图像比第 3 章提出的基于精炼细节注入的遥感图像融合算法所获得的融合图像更适合应用于国土资源信息管理。

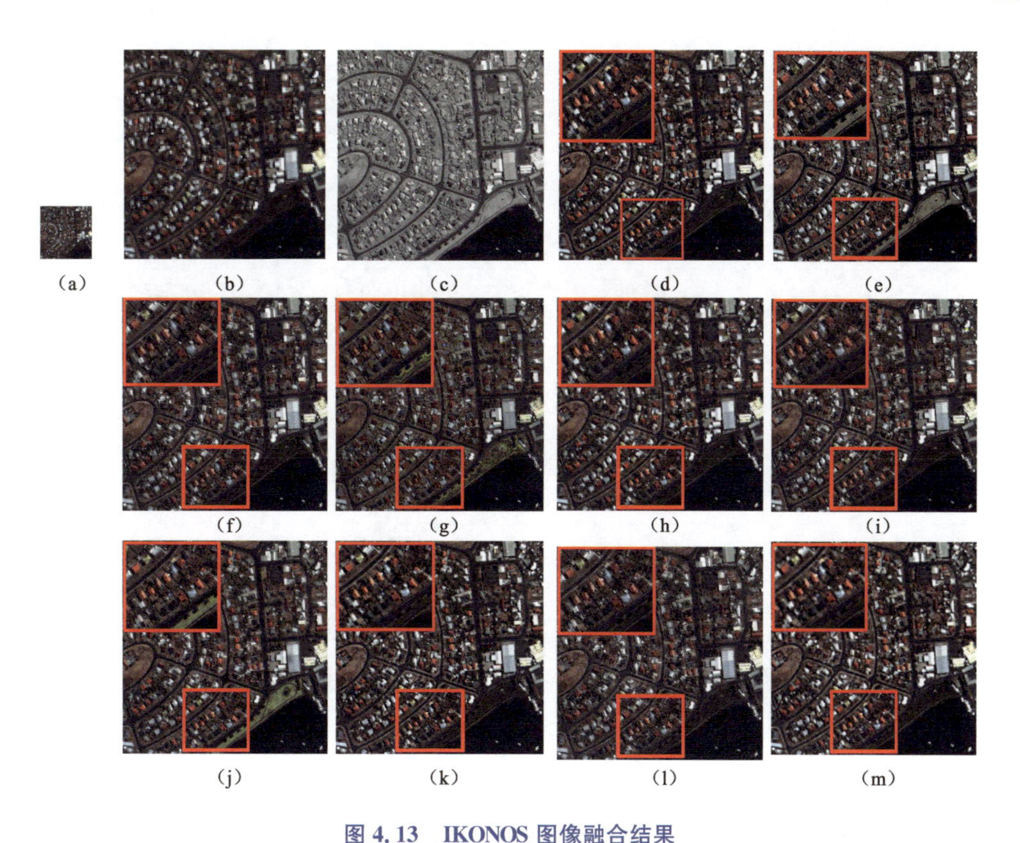

图 4.13　IKONOS 图像融合结果

注：(a)是原始 MS 图像；(b)是 MS 图像被上采样到 PAN 图像大小的 MS 图像；(c)是 PAN 图像；(d)～(m)分别是 Ehler、GSA、CBD、IAIHS、BFLP、MM、NSST_SR、IMG、ATWT 方法和本章方法所获得的融合图像。

4.5.3　算法综合性能评价

本章算法通过对比 PAN 图像细节、精炼细节性能和补偿细节的性能，验证了本章算法所提出的补偿细节在基于注入模型的遥感图像融合方案中性能最好，在融合算法的细节注入过程中增加补偿细节的注入，将补偿细节和 PAN 图像细节一起注入源 MS 图像中可获得高质量的融合结果。同时，本章算法在单对仿真遥感图像和真实图像上进行了大量实验测试，测试结果表明，本章算法在仿真遥感图像和真实图像上表现出优异的性能。为了测试本章算法的综合融合性能，本章算法在来自 WorldView-2、QuickBird 和 IKONOS 数据库的 180 对真实图像数据上进行实验，计算本章所提出的算法与九种对比方法在 180 对 MS 和 PAN 图像上融合结果的平均性能。实验结果见表 4.5。

表 4.5　算法基于 180 对 MS 和 PAN 图像的融合图像平均定量评价结果

算　法	D_λ	D_s	QNR
Ehler	0.013 9	0.097 4	0.890 1
GSA	0.023 8	0.122 8	0.856 4
CBD	0.016 8	0.105 9	0.879 3
IAIHS	0.006 5	0.107 0	0.887 1
BFLP	0.018 1	0.115 9	0.868 4
MM	0.016 3	0.113 5	0.872 3
NSST-SR	**0.005 9**	0.119 9	0.874 9
IMG	0.023 7	0.106 7	0.872 5
ATWT	0.035 3	0.128 8	0.841 2
本章方法	0.021 7	**0.076 7**	**0.903 5**

从表 4.5 中各方法在 180 对 MS 和 PAN 图像上获得的融合图像的客观评价结果来看，本章所提出的方法获得的融合图像在 QNR 指标上获得最大的值，在 D_s 指标上获得最小的值。该组算法综合性能评价实验结果表明，本章所提出的方法在很多遥感图像上可获得很好的融合结果。

以上实验结果表明，所提出的算法通过注入补偿细节到源 MS 图像中，可以有效增强 MS 图像空间分辨率，同时减少融合图像的光谱失真，与一系列现有方法对比，该算法的综合融合性能超过了其他所有的对比方法。

综合以上实验分析，与一系列现有方法对比，无论在仿真图像实验中还是在真实图像实验中，本章所提出的基于补偿细节注入的遥感图像融合算法的融合性能超过了其他所有的对比方法，并且对很多卫星数据都有效。本章算法所获取的融合图像，可满足国土资源信息管理中对遥感图像分辨率的需求，在国土资源信息管理中有很高的应用价值。

4.5.4　应用示例：算法用于山川、河流管理

本节介绍本章算法在山川、河流分类管理中的应用，以此为例介绍本章算法在国土资源信息管理中的应用价值。本节通过对比本章算法和其他算法融合得到的图像在山川、河流分类管理中的应用来说明这个问题。实验工具是通用遥感图像处理分析软件 ENVI，实验用图是图 4.9(d)～(n)对应的无框图，单幅图的总像素点为 65 536，实验中将其看作图中地物总面积(单位：m^2)。将图 4.9(d)～(n)

对应的无框图分别载入 ENVI 软件中，利用 ENVI 软件的分类功能对这些载入的遥感图像中的地物信息进行分类，可得到这些载入图像的分类结果图和相关分类统计信息。实验方法是：将载入图像中的地物信息分成五类，参考图像对应的分类结果作为标签，越接近这个标签的分类结果越好，在国土资源信息管理中的应用价值越高。评价方式分主观评价和客观评价两类，主观评价结果如图 4. 14 所示，客观评价结果见表 4. 6。分类结果图中一个颜色代表一类，不同的颜色代表不同的类。对照图 4. 14(a)和图 4. 14(b)来看，该遥感图像成像内容是森林、陆地和河流分布图，图像中地物被分成了五类，红色类为森林分布，绿色类是深水区分布，深蓝色类是浅水区分布，黄色类是海边，淡黄色类是陆地分布。与分类后的参考图相比，很明显来自 NSST_SR 方法的融合图像的分类误差最高，分类结果中将深水区误判为森林区，将森林区误判为海边、森林和水域的混合地带，完全不能用于山川、河流管理。从 GSA 方法的融合图像得到的分类结果，很多浅水区的像素被误判到了森林区中。同理，来自 IAIHS 方法的融合图像分类误差也很高，其将很多属于海边区域的像素误判成森林。来自 BFLP 方法的融合图像对应的分类结果有很多属于深水区和浅水区的像素被误判到森林区域。对于 Ehler、CBD、MM、IMG 和 ATWT 方法的融合图像对应的分类结果有很多属于深水区的像素被误判到森林区。本章方法的融合图像对应的分类结果只有少数属于深水区的像素被误判到森林区，分类结果最接近参考图像的分类结果。

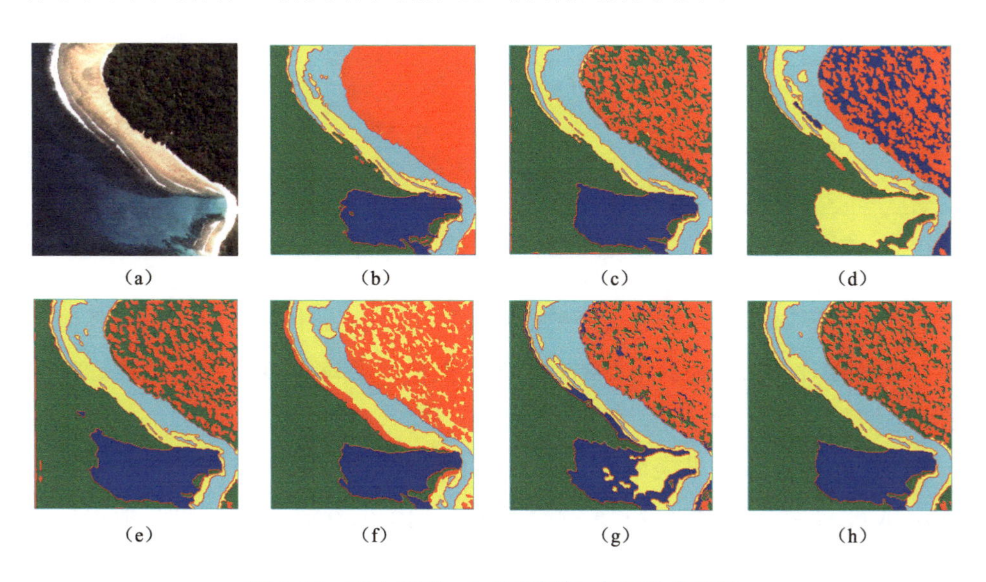

图 4. 14　图 4. 9(d)～(n)对应的无框图分类结果

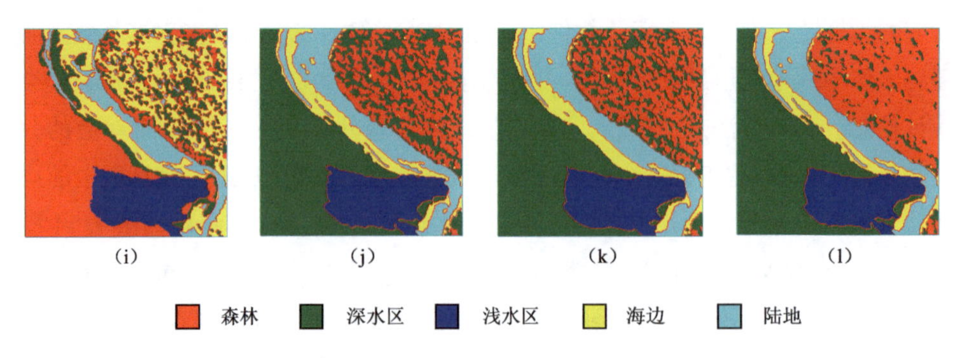

图 4.14　图 4.9(d)～(n)对应的无框图分类结果(续)

注:(a)是分类前参考图像;(b)是分类后参考图像;(c)～(l)分别是 Ehler、GSA、CBD、IAIHS、BFLP、MM、NSST_SR、IMG、ATWT 方法和本章方法所获得的融合图像的分类结果。

表 4.6　不同方法融合得到的融合图像的分类结果量化对比

方法图	分类统计信息(森林类)	
	占地面积/m^2	占地百分比/%
参考图	21 868	33.368
Ehler	11 293	17.232
GSA	10 452	15.948
CBD	9 848	15.027
IAIHS	15 695	23.949
BFLP	14 790	22.568
MM	12 061	18.404
NSST_SR	0	0
IMG	10 110	15.427
ATWT	11 006	16.794
本章方法	17 743	27.074

另外,从表 4.6 显示的客观分类结果来看,以参考图中森林类为例,与其他对比方法相比,本章方法所获得的融合图像分类精准度最高,分类结果最接近参考图分类结果。

以上分类实验结果表明,将 Ehler、GSA、NSST_SR、CBD、IAIHS、BFLP、MM、IMG 和 ATWT 方法获得的融合图像用于山川、河流分类管理时,地物分类误差率高,会造成对地表对象的严重误判,不能给国土资源管理部门提供精准的信息,影响国土资源管理部门对山川、河流管理的效率。与其他对比方法相比,本章方法所获得的融合图像用于山川、河流分类管理时，可有效消除分类误差，可以给国土资源管理部门提供精准的信息，帮助国土资源管理部门有效管理山川、河流。

同时，为了说明本章算法得到的融合图像在国土资源管理中的信息提取性能，本章实验用 ENVI 软件从本章算法得到的融合图像中获取山川、河流的统计信息，见表 4.7。从表 4.7 来看，用本章方法得到的融合图像用于山川、河流分类管理，统计得到：该地区总占地面积 65 536 m^2，其中森林占地 17 743 m^2，占地百分比 27.074%；深水区占地 24 593 m^2，占地百分比 37.526%；浅水区占地 8 165 m^2，占地百分比 12.459%；海边占地 5 032 m^2，占地百分比 7.678%；陆地占地 10 003 m^2，占地百分比 15.263%。对比表 4.7 中参考图地物分布统计信息，发现本章方法的融合图像分类统计数据与参考图分类统计数据非常接近，这组数据再次说明了本章方法在国土资源管理中的应用价值。因此，将本章算法应用于国土资源信息管理，可对地物进行准确分类，同时可从分类结果中获取不同类型地物的相关统计信息，如不同类型地物占地面积、不同类型地物占地面积百分比、不同类型地物在城区的准确分布等。

表 4.7　森林、陆地、河流分布统计信息

参考图地物分布统计信息			本章方法融合图地物分布统计信息		
地物类型	占地面积/m^2	占地比/%	地物类型	占地面积/m^2	占地比/%
森林	21 868	33.368	森林	17 743	27.074
深水区	21 766	33.212	深水区	24 593	37.526
浅水区	7 550	11.520	浅水区	8 165	12.459
海边	4 981	7.600	海边	5 032	7.678
陆地	9 371	14.299	陆地	10 003	15.263

综上所述，本章提出的遥感图像融合方法获得的遥感图像能给国土资源管理提供全面、精准的信息，可解决现有遥感图像融合算法应用于国土资源信息管理中分类准确度不高的问题，可帮助国土资源管理部门准确获取地物信息，合理规划、利用国土资源。

小　结

本章针对国土资源信息管理现状，与基于精炼细节注入的遥感图像融合算法一样，围绕解决现有基于注入模型的遥感图像融合算法中存在的高频细节与细节对象间低相关的问题，以注入模型中的高频细节为研究对象，不同的是，本章研究MS图像与PAN图像属性，发现MS图像与PAN图像有光谱波长不能完全重叠等属性差异，这些属性差异说明MS图像与PAN图像之间存在差异细节。于是本章针对本书所提出的基于精炼细节注入的遥感图像融合算法的缺陷和PAN图像的高频细节与MS图像低相关问题，提出基于补偿细节注入的遥感图像融合算法。算法首先定义了补偿细节的概念，在此基础上推导了一种基于补偿细节注入的注入模型，并证明了该模型基于补偿细节注入的性能。基于补偿细节注入的注入模型不仅可以利用PAN图像的高频细节实现低分辨率MS图像的空间锐化，而且可以利用补偿细节补偿因PAN图像高频细节与低分辨率MS图像不足够相关而导致的光谱失真。为有效地从PAN图像和低分辨率MS图像中提取补偿细节，该模型采用鲁棒稀疏模型，利用鲁棒稀疏模型的性能分解PAN图像和低分辨率MS图像，再结合PAN图像和低分辨率MS图像的特性获取补偿细节。然后引进了一个基于边缘保护的注入效益，利用该注入效益将PAN图像高频细节和补偿细节一起注入低分辨率MS图像中，获取HRMS图像，并进行了算法性能测试实验分析与算法在国土资信息管理中的应用分析。

本章算法基于遥感领域常用的三大数据库，即WorldView-2、QuickBird和IKONOS数据库，针对三通道R、G、B多光谱图及其相应的PAN图像开展遥感图像融合研究，处理了五类实验：补偿细节性能测试实验、仿真图像实验及其应用分析、真实图像实验及其应用分析、基于补偿细节注入的遥感图像融合算法性能综合评价和算法应用示例实验。实验中用有参考图遥感图像融合质量评价指标CC、UIQI、RMSE、RASE和ERGAS评价仿真图像实验结果，用无参考图遥感图像融合质量评价指标D_λ、D_s和QNR评价真实图像实验结果，九种对比方法用于评价本章所提出算法的性能。本章算法通过与这九种遥感图像融合算法对比，无论在仿真图像实验中还是在真实图像实验中，该算法的融合性能都超过了其他所有的对比方法，优于基于精炼细节注入的遥感图像融合算法及很多现有的基于PAN图像高频细节注入的遥感图像融合算法，并且对很多卫星数据都有效。实验结果表明，本章提出的融合算法通过增加补偿细节的注入，将补偿细节和PAN图像细节一起注入源MS图像中获取融合图像，可以有效补偿PAN图像细节在融合算法中的不足，减少融合图像的光谱失真。与现有其他针对注入模型中高频细节注入参数进行改进的遥感图像融合算法相比，本章所提出的算法可以有效克服注入模型中高频细节与细节接受对象间低相关的问题。与本书第 3 章提出的基于精炼细节注入的遥感图像融合算法相比，本章所提出的算法能进一步解决现有遥感图像融合算法应用于国土资源信息管理中分类准确度不高的问题，所获得的融合图像比第 3 章提出的基于精炼细节注入的遥感图像融合算法所获得的融合图像更适合应用于国土资源管理中的城市、测绘，尤其是山川、河流管理等国土资源管理领域。

第5章

基于多光谱图像改进的遥感图像融合算法及其应用

5.1 基于多光谱图像改进的遥感图像融合算法及其应用研究现状分析

诸如城市用地规划、工业用地监管和矿产资源管理等国土资源管理一直备受关注，合理地开发、使用土地，做好矿产资源管理，及时监测国土资源现状，掌握土地、矿产等资源动态变化情况对于国土资源政府管理部门管理服务工作具有重要的现实意义。近年来，遥感技术飞速发展，传统的人眼野外观察为主的国土资源信息更新方式变为人眼野外观察与遥感技术相结合的方式。卫星遥感每天周期性地从地球表面获取数据，信息获取速度快、成本低，其拍摄到的遥感影像具有不同空间分辨率、光谱分辨率或时域分辨率，包含巨大的信息量。然而，在实际应用中，卫星拍摄到的遥感影像因其分辨率不高不能直接用于国土资源信息管理，需要通过遥感图像融合技术融合不同空间分辨率、光谱分辨率或时域分辨率的遥感图像获取高分辨率遥感图像。因此，利用高空间、光谱分辨率遥感图像更新林业、城市土地资源数据，是目前国土资源政府管理部门建立城市用地、工业用地、矿产资源信息库的主要方法，而如何将遥感图像融合技术应用到矿产、城市用地和工业用地管理中成为备受关注的问题。

本书第3、4章提出的基于精炼细节和补偿细节注入的遥感图像融合算法均致力于通过改进注入细节的性能获取国土资源信息管理中需要的高空间、光谱分辨率的遥感图像，这两个算法都考虑如何提取与源MS图像高相关的高频细节来减少融合结果的光谱失真。本章针对国土资源信息管理所面临现状，围绕解决现有基于注入模型的遥感图像融合算法中存在的高频细节与细节对象间低相关的问题及细节过度注入问题，以注入模型中的细节接受对象和注入效益为研究对象，提出基于多光谱图像改进的注入模型遥感图像融合算法。该算法从注入模型中细节接受对象这个角度，致力于改进源 MS 图像和注入效益性能提高融合算法的融合性能。传统的 MS 全色锐化处理操作通过将 PAN 图像细节注入源 MS 图像中获取 HRMS 图像。这种处理方式会因 PAN 图像细节和 MS 图像间的潜在不匹配及几何结构不一致产生光谱失真。因此，本章提出将 PAN 图像细节注入改进后的 MS 图像中获取 HRMS 图像。算法围绕注入模型中细节接受对象和注入效益两个参数的改进工作开展研究，提出改进源多光谱图像，使其空间质量与低空间分辨率 PAN 图像相近或相等，以此来增进注入细节和细节接受对象间的相关性。同时，算法改进注入模型中注入效益参数，帮助 PAN 图像细节被自适应注入改进后的多光谱图像中，避免细节的过度注入引起融合图像的空间失真。算法改进过程中使用到成分替代、多分辨率分析和稀疏表示等相关技术，这些技术在一个成功的注入模型融合算法中扮演着非常重要的角色。本章算法将成分替代、多分辨率分析和稀疏表示引入基于注入模型的遥感图像融合方案中，用于改进源 MS 图像空间质量。其中成分替代技术主要用于提取 MS 图像亮度分量，代替源 MS 图像与 PAN 图像实现空间锐化；多分辨率分析技术作用于源图像，对源图像进行不同尺度的分析、特征提取；稀疏表示则作用于前面技术获取到的不同成分用于改进源 MS 图像空间质量，在本章算法中起到关键作用。

稀疏表示是近 20 年发展起来的一种新的技术，得到了不同学科研究者的青睐。目前，稀疏表示理论在信号和图像处理领域已得到广泛应用，并成为该领域的研究热点。稀疏表示的基本原理是：重建的信号是稀疏的且是少量原子的线性联合[67]，信号或图像通常包含自然的相关特征，这些特征可用稀疏理论稀疏地表示。基于这个理论，文献[69]提出从 HRMS 图像随机采样构建一个字典，低空间分辨率 MS 图像被所获得的字典原子稀疏表示。然而，因为 HRMS 图像在实际应用中不可获得，所以该方法在实际应用中受限。为了克服这个问题，文献[70]提出一个联合字典学习算法，算法从上采样的 MS 图像和高空间分辨率 PAN 图像中采样构建字典，满足了实际应用需要。后来，文献[90]提出分别从高空间分辨率 PAN 图像及其降采样子图构建高频字典和低频字典对进行遥感图像融合。文献[72]探索 MS 图像和 PAN 图像局部相似度，提出将图像块归一化后进行两阶段稀疏编码的方式用于遥感图像融合。

综上所述，基于稀疏表示的图像融合主要依赖字典的构建方式，目的是利用与源图像高相关的原子获取 HRMS 图像。但由于 HRMS 图像不可获得，因此，一个可完全重构 HRMS 图像的字典很难构建，本章提出基于 MS 图像改进的注入模型，利用稀疏表示及字典学习改进低空间分辨率 MS 图像的空间质量，使其在空间分辨率上近似 PAN 图像的低通子图，然后将 PAN 图像的细节注入改进后的低空间分辨率 MS 图像中获得融合图像。与标准注入模型不同，本章算法改进低空间分辨率 MS 图像，并将其作为融合过程中的一个中间图像，这个中间图像代替源 MS 图像，扮演着注入模型中接受 PAN 图像高频细节的源 MS 图像的角色。另外，本章考虑 PAN 图像和 MS 图像相关性及差异，设计了一个注入效益，该注入效益应用在基于 MS 图像改进的注入模型中，可以最大化 MS 图像全色锐化效果，同时避免融合图像因细节的过度注入产生光谱失真。

5.2 多光谱图像改进关键技术

5.2.1 基于多光谱图像改进的注入模型

依据 2.2 节所述内容可知，高频细节注入模型主要包括三方面的工作：①提取 PAN 图像的空间细节；②确定接受这些高频细节的图像；③采用何种方式注入所提取到的细节到接受图像。通常，在传统的高频细节注入模型中，高频细节被注入上采样的低空间分辨率 MS 图像中，本章提出将高频细节注入改进的 MS 图像中完成遥感图像融合，其观测模型构建过程如下。

首先，需要建立理想的 HRMS 图像和观测到的低空间分辨率 MS 图像及高空间分辨率低光谱分辨率 PAN 图像之间的数理关系。令 $\boldsymbol{Y}^{\mathrm{LRMS}}$ 代表上采样后的低空间分辨率 MS 图像，$\boldsymbol{Y}^{\mathrm{HPAN}}$ 代表高空间分辨率低光谱分辨率的 PAN 图像，$\boldsymbol{Y}^{\mathrm{LPAN}}$ 代表低空间分辨率低光谱分辨率的 PAN 图像，$\boldsymbol{Y}^{\mathrm{HRMS}}$ 代表 HRMS 图像。众所周知，遥感图像具有 PAN 图像的光谱波长范围与 MS 图像波长范围重叠或部分重叠的特性，基于这个特性，文献[97]提出被观测的高空间分辨率 PAN 图像可以近似地被看成与 HRMS 图像相关的一个线性联合，数学上可用如下公式表示。

$$\boldsymbol{Y}^{\mathrm{HPAN}} = \sum_{k=1}^{N} \theta_k^P \boldsymbol{Y}_k^{\mathrm{HRMS}}, \quad N = 1,2,\cdots \tag{5.1}$$

式中，θ_k^P 是 HRMS 图像中第 k 个联合系数；$\boldsymbol{Y}_k^{\mathrm{HRMS}}$ 是 HRMS 图像的第 k 个通道；N 是通道数量。

令 I 代表 MS 图像的亮度分量，根据文献[147]，MS 图像的亮度分量可通过如下公式计算。

$$I=\sum_{k=1}^{N}\theta_k^I \boldsymbol{Y}_k^{\mathrm{LRMS}},\quad N=1,2,\cdots \tag{5.2}$$

式中，θ_k^I 是低空间分辨率 MS 图像中第 k 个联合系数，该系数的值在很多流行遥感图像融合中略有不同，其常见的设置被总结在文献[94]中；$\boldsymbol{Y}_k^{\mathrm{LRMS}}$ 是低空间分辨率 MS 图像的第 k 个通道。

令 HRI 代表从高空间分辨率 PAN 图像中提取的高频细节，根据 2.7 节中的式(2.55)，HRI 可通过如下公式计算。

$$\mathrm{HRI}=\boldsymbol{Y}^{\mathrm{HPAN}}-\boldsymbol{Y}^{\mathrm{LPAN}} \tag{5.3}$$

式(5.3)可以转换成如下公式。

$$\boldsymbol{Y}^{\mathrm{HPAN}}=\boldsymbol{Y}^{\mathrm{LPAN}}+\mathrm{HRI} \tag{5.4}$$

根据式(5.1)、式(5.2)和式(5.4)，若一幅高空间分辨率 PAN 图像被降质，要完全恢复这幅高空间分辨率 PAN 图像，需要满足如下关系。

$$\boldsymbol{Y}^{\mathrm{LPAN}}=I=\sum_{k=1}^{N}\theta_k^I \boldsymbol{Y}_k^{\mathrm{LRMS}} \tag{5.5}$$

$$\boldsymbol{Y}^{\mathrm{HPAN}}=\sum_{k=1}^{N}\theta_k^I \boldsymbol{Y}_k^{\mathrm{LRMS}}+\mathrm{HRI} \tag{5.6}$$

式(5.5)显示，降质后的 PAN 图像的空间信息应该近似或等于低空间分辨率 MS 图像的空间信息。式(5.6)表明，HRI 被注入 MS 图像的亮度成分中可完全恢复高空间分辨率 PAN 图像。也就是说，高空间分辨率 PAN 图像的空间信息应该近似或等于 HRMS 图像的空间信息，如果 HRI 成分被有效地注入低空间分辨率 MS 图像中，可获得理想的 HRMS 图像。实际上，低空间分辨率 PAN 图像不能被获得，为了获取低空间分辨率 PAN 图像 $\boldsymbol{Y}^{\mathrm{LPAN}}$，通常对高空间分辨率 PAN 图像进行降采样或低通滤波。这样，$\boldsymbol{Y}^{\mathrm{LPAN}}$ 的空间信息不可能等于 $\boldsymbol{Y}^{\mathrm{LRMS}}$ 的空间信息。因此，来自 PAN 图像的高频细节被注入上采样的低空间分辨率 MS 图像中必定会使融合图像产生光谱失真。为了解决这个问题，本章提出改进低空间分辨率 MS 图像的空间质量，使它的空间信息接近低空间分辨率 PAN 图像的空间信息。然后将从高空间分辨率 PAN 图像中提取的高频细节注入改进后的低空间分辨率 MS 图像中获取融合图像，数学上，该处理过程可用如下公式建模。

$$\mathrm{FMS}_k=\mathrm{ILRMS}_k+g_k\mathrm{HRI} \tag{5.7}$$

式中，ILRMS_k 是改进后的低空间分辨率 MS 图像的第 k 个通道。

5.2.2 基于稀疏表示的字典学习

在一些图像应用中，图像处理基于一个反问题[97]，如图像去噪、去模糊、图像恢复和图像超分等。这些处理的目的是尽可能准确地重建一幅清晰的与观测图像 $\boldsymbol{y}\in\mathbb{R}^m(m<n)$一致的未知图像 $\boldsymbol{s}\in\mathbb{R}^n$。数学上,这个反问题可用如下公式表示。

$$\boldsymbol{y}=\boldsymbol{\Phi s}+\varepsilon \tag{5.8}$$

式中,$\boldsymbol{y}$ 代表降质的图像;$\boldsymbol{s}$ 代表理想的图像;ε 是加性有界噪声和采样模型误差;$\boldsymbol{\Phi}\in\mathbb{R}^{m\times n}$是采样矩阵。显然,式(5.8)有无穷多解,重建原始图像是一个 NP 难问题。然而,稀疏模型在处理这类问题方面表现出优越的性能。

假定信号 $\boldsymbol{x}\in\mathbb{R}^n$ 是 $\boldsymbol{s}$ 图像分解出来的图块排列成的列向量,给定一个过完备字典 $\boldsymbol{D}\in\mathbb{R}^{n\times d}$,$\boldsymbol{x}$ 可以看作 $\boldsymbol{D}$ 中少量原子的线性联合 $\boldsymbol{x}=\boldsymbol{D\alpha}$,$\boldsymbol{\alpha}\in\mathbb{R}^d$ 是只有少量非零原子的稀疏向量。稀疏表示的任务是通过解决以下优化问题获取稀疏向量 $\boldsymbol{\alpha}$。

$$\hat{\boldsymbol{\alpha}}=\underset{\boldsymbol{\alpha}}{\operatorname{argmin}}\{\|\boldsymbol{x}-\boldsymbol{D\alpha}\|_2^2+\lambda\|\boldsymbol{\alpha}\|_0\} \tag{5.9}$$

$$\hat{\boldsymbol{\alpha}}=\underset{\boldsymbol{\alpha}}{\operatorname{argmin}}\|\boldsymbol{\alpha}\|_0,\quad \text{s. t. }\|\boldsymbol{y}-\boldsymbol{\Phi D\alpha}\|_2^2\leqslant\varepsilon \tag{5.10}$$

式中,$\hat{\boldsymbol{\alpha}}$ 是优化问题的解;$\|\boldsymbol{\alpha}\|_0$是稀疏向量 $\boldsymbol{\alpha}$ 中非零元素的个数。稀疏向量中绝大部分元素接近或等于零,且这些稀疏向量的稀疏性用一个特别的阈值 $\varepsilon\geqslant0$ 测度。

由于式(5.10)是一个非凸问题,为了获得一个可实际计算的恰当的正确解,将式(5.10)转换成一个最接近凸问题的优化问题,数学上用如下公式表达。

$$\hat{\boldsymbol{\alpha}}=\underset{\boldsymbol{\alpha}}{\operatorname{argmin}}\{\|\boldsymbol{x}-\boldsymbol{D\alpha}\|_2^2+\lambda\|\boldsymbol{\alpha}\|_1\} \tag{5.11}$$

$$\hat{\boldsymbol{\alpha}}=\underset{\boldsymbol{\alpha}}{\operatorname{argmin}}\frac{1}{2}\|\boldsymbol{y}-\boldsymbol{\Phi D\alpha}\|_2^2+\lambda\|\boldsymbol{\alpha}\|_1 \tag{5.12}$$

常用基于贪婪算法的方式解决式(5.12)问题,如正交匹配追踪(OMP),该方式通过从字典 $\boldsymbol{D}$ 中选择一个或多个原子迭代更新被评估的稀疏系数。对于字典 $\boldsymbol{D}$ 的学习,常使用一个特别的约束矩阵,如过完备小波、曲波、轮廓波及短时傅里叶变换设计字典。流行的字典训练方式有主成分分析和 K 奇异值分解(K-SVD)算法,本章采用 K-SVD 算法进行字典训练获取字典 $\boldsymbol{D}$。

5.3 基于多光谱图像改进的遥感图像融合算法框架

正如 4.2 节所述,遥感图像全色锐化处理通过注入 PAN 图像高频细节到上采样后的 MS 图像获取 HRMS 图像，这种融合过程会因 PAN 图像高频细节与 MS 图像间的全局或局部不相似产生光谱失真。为了解决这个问题，本书第 3 章提出基于精炼细节注入的遥感图像融合算法，算法分析 PAN 图像和 MS 图像间的相关性及差异从 PAN 图像及 MS 图像高频细节中精炼一个联合细节注入上采样后的 MS 图像获取融合结果，本书第 4 章提出采用鲁棒稀疏模型提取 PAN 图像和 MS 图像高频细节，结合 PAN 图像和 MS 图像特性计算两者间的差异细节，并将该差异细节作为补偿细节注入上采样后的 MS 图像获取融合图像。由此可见，本书第 3、4 章所提出的算法和很多传统的基于注入模型的遥感图像融合算法一样，致力于改进注入细节的性能，以提高注入细节与接受这些细节的 MS 图像的相关性，获取需要的 HRMS 图像。本章提出的算法与本书第 3、4 章所提出的算法及很多传统的基于注入模型的遥感图像融合算法不一样，本章提出的算法致力于改进源 MS 图像性能，使其空间信息接近或等于低空间分辨率 PAN 图像的空间信息，这样，来自高空间分辨率 PAN 图像及低空间分辨率 PAN 图像间差异的高频细节被注入改进后的 MS 图像将极大提高融合图像的质量。基于多光谱图像改进的注入模型遥感图像融合算法框架如图 5.1 所示。

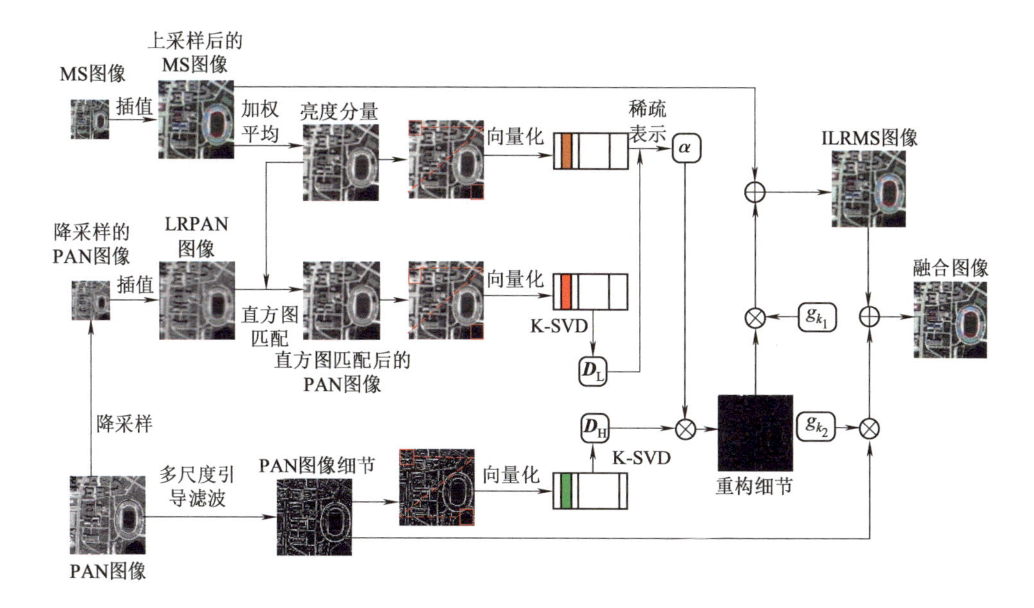

图 5.1　基于多光谱图像改进的注入模型框架

在融合过程中，该算法采用下采样技术对 PAN 图像进行（采样因子 4×4）降采样，并采用上采样技术对源 MS 图像和降采样后的 PAN 图像进行上采样并插值到与源 PAN 图像相同大小。接着采用加权平均方式[108]计算多光谱图像亮度分量,提取 PAN 图像的高频细节,并将 MS 图像亮度分量与降质后的 PAN 图像进行直方图匹配获取直方图匹配的低空间分辨率 PAN 图像。然后,对 MS 图像亮度分量、直方图匹配的低空间分辨率 PAN 图像及 PAN 图像的高频细节分别进行滑动取块,并将其进行稀疏表示。在稀疏处理过程中,利用直方图匹配的 PAN 图像块作训练集训练一个低频字典,利用 PAN 图像的高频细节作训练集训练一个高频字典,利用训练得到的低频字典获取 MS 图像亮度分量的稀疏系数,并通过共享 MS 图像亮度分量的稀疏系数,将训练得到的高频字典与该系数作线性联合获取一个高频细节,这个高频细节被看作低分辨率 MS 图像中缺失的且存在于降质后的 PAN 图像中的细节,将这个细节注入上采样后的 MS 图像获取改进后的低分辨率 MS 图像。最后,将 PAN 图像的高频细节注入改进后的 MS 图像得到需要的 HRMS 图像。

5.4 基于多光谱图像改进的遥感图像融合算法

根据 2.2 节所述,高频信息注入模型假设低空间分辨率 MS 图像丢失的空间信息可以用 PAN 图像的高频细节补偿,但是,这个假设的前提条件是 PAN 图像和低空间分辨率 MS 图像高相关。实际上,遥感图像的内在属性决定 PAN 图像和低空间分辨率 MS 图像间有不一致的几何结构和潜在的不匹配。这样,从 PAN 图像提取的高频细节注入上采样低空间分辨率 MS 图像导致遥感图像的全色锐化结果产生光谱失真。此外,基于稀疏理论的字典学习能自适应学习源图像,获取与源图像高相关的原子。为了克服这个问题,本章引入稀疏表示及字典学习来改进低空间分辨率 MS 图像的性能,提出基于 MS 图像改进的注入模型遥感图像融合算法。该算法假设低空间分辨率 MS 图像的空间信息近似低空间分辨率 PAN 图像的空间信息,且低空间分辨率 MS 图像中丢失的空间信息可以用 PAN 图像高频细节补偿。因此,本章提出用低空间分辨率的 PAN 图像块作训练集训练一个低频字典,用高空间分辨率 PAN 图像细节作训练集训练一个高频字典,用学习到的低频字典原子稀疏表示低空间分辨率 MS 图像,将学习到的高频字典联合低空间分辨率 MS 图像稀疏系数重构低空间分辨率 MS 图像与低空间分辨率 PAN 图像之间的空间差异信息,注入重构的差异信息到源 MS 图像获取改进的低空间分辨率 MS 图像，注入 PAN 图像高频细节到改进后的低空间分辨率 MS 图像获取需要的 HRMS 图像。整个算法的处理过程可分为两部分：低空间分辨率 MS 图像性能改进和基于改进后的低空间分辨率 MS 图像的细节注入。

5.4.1 低空间分辨率多光谱图像性能改进

根据 5.2.1 节内容分析，改进后的低空间分辨率 MS 图像与原低空间分辨率 MS 图像有相同的光谱信息，但存在空间差异。因此，根据式(5.7)，为了获得令人满意的融合图像，改进后的低空间分辨率 MS 图像应尽可能与原低空间分辨率 MS 图像相似，见式(5.13)。

$$\mathrm{ILRMS}_k=\underset{\mathrm{ILRMS}_k}{\arg\min}\,\|\mathrm{ILRMS}_k-\boldsymbol{Y}_k^{\mathrm{LRMS}}\|_p,\quad k=1,2,\cdots,N \tag{5.13}$$

$$\mathrm{ILRMS}_k=\boldsymbol{Y}_k^{\mathrm{LRMS}}+\mathrm{LRI},\quad k=1,2,\cdots,N \tag{5.14}$$

式中，$\|\cdot\|_p$是 l_p 范数；LRI 是改进后的低空间分辨率 MS 图像与原低空间分辨率 MS 图像间的空间差异信息。从式(5.14)来看，LRI 成分应该尽可能地接近 $\mathrm{ILRMS}_k-\boldsymbol{Y}_k^{\mathrm{LRMS}}$，且改进后的低空间分辨率 MS 图像的空间信息应与低空间分辨率 PAN 图像的空间信息相似或相等。在这部分，本章提出通过字典学习理论学习低空间分辨率 PAN 图像的空间信息来获取 LRI 成分，然后注入 LRI 成分到上采样的低空间分辨率 MS 图像得到改进后的低空间分辨率 MS 图像。

首先，降采样(采样因子 4×4)PAN 图像，再上采样(采样因子 4×4)并插值使其与原 PAN 图像大小相同，得到低空间分辨率 PAN 图像。然后将低空间分辨率 PAN 图像和 MS 图像的亮度分量做直方图匹配获取直方图匹配后的低空间分辨率 PAN 图像(MLPAN)，其对应的图像块(大小为$\sqrt{n}\times\sqrt{n}$)作为训练低频字典 $\boldsymbol{D}_L$ 的训练集，记为$\{y_i^{\mathrm{MLPAN}}\}_{i=1}^{M}$。接下来，用引导滤波处理 PAN 图像，其处理方式与本书第 3、4 章相同，处理结果如下面公式所述。

$$\mathrm{HPAN}_l=\mathrm{GF}(\mathrm{HPAN}_{l-1},I),\quad l=1,2,\cdots,N \tag{5.15}$$

$$\mathrm{DI}_l=\mathrm{HPAN}_{l-1}-\mathrm{HPAN}_l \tag{5.16}$$

$$\mathrm{HRI}=\sum_{i=1}^{l}\mathrm{DI}_l \tag{5.17}$$

式中，GF(·)是引导滤波操作；HPAN_{l-1}代表引导滤波在第 I 次滤波的输入图像；HPAN_l 代表引导滤波在第 l 次滤波的输出图像。如果 $l=1$，HPAN_{l-1}是 PAN 图像，DI_l 是第 l 次滤波输入和输出图像的差异信息，即细节信息。HRI 是每次所得细节的总和，即 PAN 图像的高频细节。对 HRI 细节子图进行滑动取块

(大小为$\sqrt{n}\times\sqrt{n}$),可得训练高频字典 $\boldsymbol{D}_H$ 所需的训练集$\{\boldsymbol{y}_i^{\text{Detail}}\}_{i=1}^{M}$。

根据字典学习理论,字典 $\boldsymbol{D}_L$ 和 $\boldsymbol{D}_H$ 可通过 K-SVD 算法解决如下优化问题得到。其中 $\boldsymbol{\alpha}_i^L$ 和 $\boldsymbol{\alpha}_i^H$ 分别代表第 i 个稀疏系数向量。

$$\{\boldsymbol{D}_L,\{\boldsymbol{\alpha}_i^L\}_{i=1}^{M}\}=\underset{\{\boldsymbol{D}_L,\{\boldsymbol{\alpha}_i^L\}_{i=1}^{M}\}}{\operatorname{argmin}}\sum_{i=1}^{M}\|\boldsymbol{y}_i^{\text{MLPAN}}-\boldsymbol{D}_L\boldsymbol{\alpha}_i^L\|_2^2,\quad \text{s. t. }\forall i\ \|\boldsymbol{\alpha}_i^L\|_0\leqslant\tau \tag{5.18}$$

$$\{\boldsymbol{D}_H,\{\boldsymbol{\alpha}_i^H\}_{i=1}^{M}\}=\underset{\{\boldsymbol{D}_H,\{\boldsymbol{\alpha}_i^H\}_{i=1}^{M}\}}{\operatorname{argmin}}\sum_{i=1}^{M}\|\boldsymbol{y}_i^{\text{Detail}}-\boldsymbol{D}_H\boldsymbol{\alpha}_i^H\|_2^2,\quad \text{s. t. }\forall i\ \|\boldsymbol{\alpha}_i^H\|_0\leqslant\tau \tag{5.19}$$

根据稀疏理论,MS 图像亮度成分图像块可以用低频字典 $\boldsymbol{D}_L$ 的少量原子稀疏表示,其稀疏系数 $\boldsymbol{\alpha}_i^I$ 可以通过 OMP 算法解决如下优化问题得到。

$$\boldsymbol{\alpha}_i^I=\underset{\boldsymbol{\alpha}_i^I}{\operatorname{argmin}}\sum_{i=1}^{M}\|\boldsymbol{\alpha}_i^I\|_0,\quad \text{s. t. }\|\boldsymbol{y}_i^I-\boldsymbol{D}_L\boldsymbol{\alpha}_i^I\|_0\leqslant\varepsilon \tag{5.20}$$

根据稀疏表示的合成理论,$\boldsymbol{D}_H$ 与来自 MS 图像亮度成分的稀疏系数 $\boldsymbol{\alpha}_i^I$ 联合$\{\boldsymbol{y}_i^{\text{LRI}}=\boldsymbol{D}_H\boldsymbol{\alpha}_i^I\}_{i=1}^{M}$可重建 LRI 图块。将向量$\{\boldsymbol{y}_i^{\text{LRI}}=\boldsymbol{D}_H\boldsymbol{\alpha}_i^I\}_{i=1}^{M}$转变成矩阵大小为$\sqrt{n}\times\sqrt{n}$的图块,并平均因滑块时重叠冗余的块,获得如下重建的高频成分。

$$\text{LRI}=\sum_{l=1}^{n}\Big(\sum_{i=1}^{M}\boldsymbol{R}_i^{\text{T}}\boldsymbol{R}_i\Big)^{-1}\Big(\sum_{i=1}^{M}\boldsymbol{R}_i^{\text{T}}\boldsymbol{D}_H\boldsymbol{\alpha}_i^I\Big) \tag{5.21}$$

式中,$\boldsymbol{R}_i$ 是从第 i 个图块提取到的矩阵。

最后,利用一个权衡参数注入 LRI 成分到上采样的低空间分辨率 MS 图像获取改进的低空间分辨率 MS 图像。在本章算法中,考虑 LRI 成分是学习低空间分辨率 PAN 图像的空间信息得到的,且 LRI 成分是低空间分辨率 MS 图像所缺失的但存在于低空间分辨率 PAN 图像中的高频成分。为了减少光谱失真,根据式(5.1)和式(5.2),LRI 成分应该跟随源 MS 图像亮度成分的几何变化趋势合理地分配到源 MS 图像中,因此本章提出通过解决如下优化问题自适应注入 LRI 成分到源 MS 图像中。

$$\min_{\theta'_1,\cdots,\theta'_k}\|\boldsymbol{Y}^{\text{LPAN}}-\sum_{k=1}^{N}\theta'_k\boldsymbol{Y}_k^{\text{LRMS}}\|^2,\text{s. t. }\theta'_i\geqslant 0,\cdots,\theta'_k\geqslant 0 \tag{5.22}$$

式中,θ'_k是第 k 个联合系数,根据式(5.6),当 $\theta'_k=\theta_k^I$,$\|\boldsymbol{Y}^{\text{LPAN}}-\sum_{k=1}^{N}\theta'_kY_k^{\text{LRMS}}\|^2$ 获得最小值。文献[98]提出一个联合系数 θ_k,该联合系数可自适应地线性联合 MS 图像多个通道获取其亮度分量。本章算法引进这个联合系数来解决式(5.22)的问题。因此,获取改进后的低空间分辨率 MS 图像的处理过程可转变为如下问题。

$$\text{ILRMS}_k=\text{LRMS}_k+g_{k1}\text{LRI} \tag{5.23}$$

式中，g_{k1} 是文献[98]提出的 θ_k。

5.4.2 基于改进的多光谱图像的细节注入

本小节采用式(5.3)的方式获取 PAN 图像的高频细节。根据式(5.3)，$\boldsymbol{Y}^{\mathrm{HPAN}}-\boldsymbol{Y}^{\mathrm{LPAN}}$ 是从 PAN 图像提取的高频细节。这细节与 PAN 图像及低空间分辨率 PAN 图像是高相关的，但和 MS 图像是低相关的。因此，这种细节被注入低空间分辨率 MS 图像中会引起融合图像的光谱失真。所以，本章算法提出注入这种细节到改进的 MS 图像获取 HRMS 图像。正如 5.4.1 节所述，改进后的 MS 图像将和 PAN 图像高相关。然而，若 PAN 图像的高频细节无差别地被注入改进后的 MS 图像每一个通道，过多的细节注入也会导致融合图像的光谱失真。为了克服这个问题，需要找到一个合适的注入效益合理地注入 PAN 图像的高频细节到改进后的 MS 图像中。根据式(5.1)，为了得到需要的 HRMS 图像，本章提出解决以下优化问题。

$$\min_{\theta''_1,\cdots,\theta''_k} \|\boldsymbol{Y}^{\mathrm{HPAN}}-\sum_{k=1}^{N}\theta''_k\boldsymbol{Y}_k^{\mathrm{HRMS}}\|^2,\quad \text{s. t. } \theta''_i\geqslant 0,\cdots,\theta''_k\geqslant 0 \tag{5.24}$$

式中，θ''_k 是第 k 个联合系数，根据式(5.6)，如果 $\theta''_k=\theta_k^P$，那么 $\|\boldsymbol{Y}^{\mathrm{LPAN}}-\sum_{k=1}^{N}\theta''_k\boldsymbol{Y}_k^{\mathrm{LRMS}}\|^2$ 获最小值。然而，商业卫星不能提供 HRMS 图像，所以 θ_k^P 不能被获得。

根据以上理论分析，需要基于 PAN 图像和改进后的低空间分辨率 MS 图像找到一个合适的权衡因子帮助注入来自 PAN 图像的高频细节到改进后的 MS 图像中。考虑到相关性能测度两图像间的相似度，标准差能评估两图像间的差异，本章认为最好的解决办法是利用 PAN 图像和改进后的低空间分辨率 MS 图像间相关性和差异来构建一个权衡因子作为细节注入的注入效益。数学上，该注入效益可用如下公式定义。

$$g_{k2}=\mathrm{corr}(\boldsymbol{Y}_k^{\mathrm{ILRMS}},\boldsymbol{Y}^{\mathrm{HPAN}}) * \mathrm{average}\left(\frac{\mathrm{std}(\boldsymbol{Y}_k^{\mathrm{ILRMS}})}{\mathrm{std}(\boldsymbol{Y}^{\mathrm{HPAN}})}\right) \tag{5.25}$$

式中，corr(·)是计算相关系数的函数，其功能是计算改进的 MS 图像和 PAN 图像间的相关系数，在这个相关系数的作用下，PAN 图像高频细节和改进后的 MS 图像间的全局或局部不相关性能被最小化；std(·)是计算标准差的函数；average(·)是计算平均值的函数，用于计算平均标准差，它可用于减少 PAN 图像高频细节和改进后的 MS 图像在几何结构方面的差异。根据式(5.7)基于 PAN 图像和改进后的低空间分辨率 MS 图像间相关性和差异构建的注入效益能帮助 PAN 图像高频细节准确地注入改进后的 MS 图像中，从而减少融合图像的光谱失真。

5.4.3 改进的多光谱图像的性能

本小节，通过对比源低空间分辨率 MS 图像和改进后的低空间分辨率 MS 图像在同一注入模型中的性能差异，来评估改进后的低空间分辨率 MS 图像的性能。为了评估改进后的低空间分辨率 MS 图像的性能，在处理的实验中有五组来自不同卫星数据库的数据被用。如图 5.2 所示。考虑到大量的数据，在对这五组数据的融合结果进行评估时，对两组数据的融合结果进行了主观评价（见图 5.3）和客观评价（见图 5.4），对五组数据融合结果的平均性能进行了客观评价（见图 5.5）。

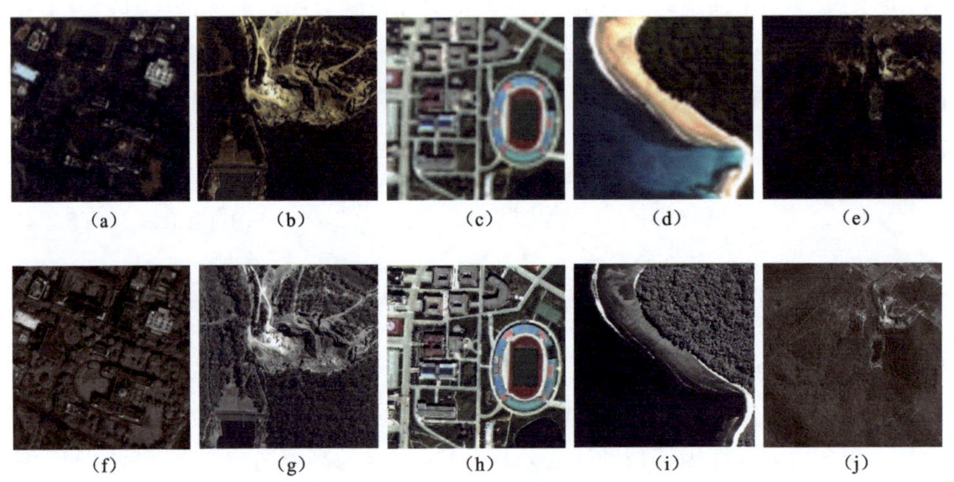

图 5.2　测试改进后多光谱图像的性能的实验数据

注：(a)～(e)是多光谱图像；(f)～(j)是多光谱图像对应的全色图像。

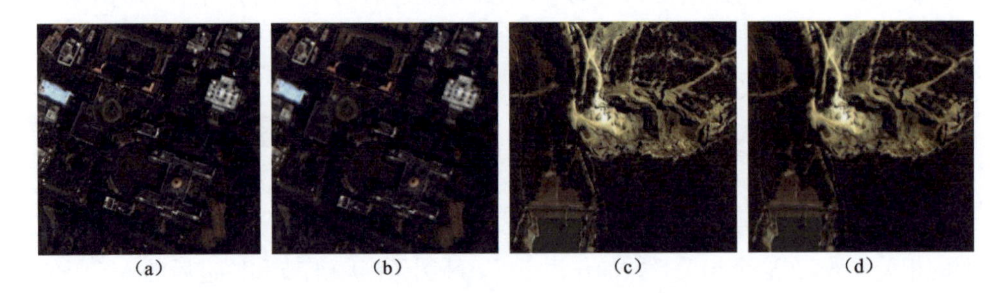

图 5.3　改进的多光谱图像的视觉性能对比

注：(a)和(c)是将图 5.2(f)和图 5.2(g)对应的 PAN 图像细节注入源 MS 图像[见图 5.2(a)和图 5.2(b)]中的融合结果；(b)和(d)是将图 5.2(f)和图 5.2(g)对应的 PAN 图像细节注入改进后的 MS 图像中的融合结果。

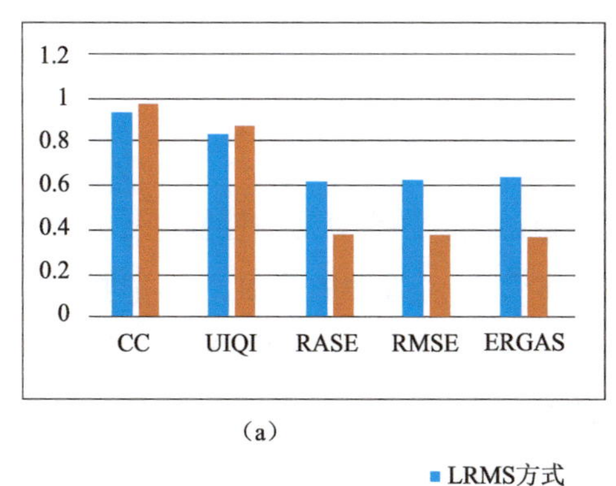

（a）

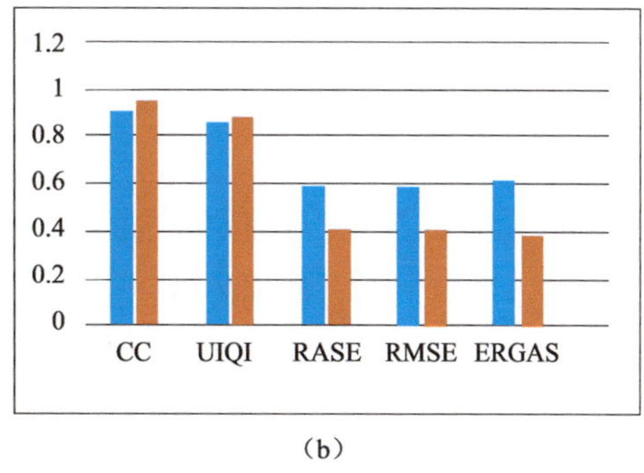

（b）

■ LRMS方式　■ ILRMS方式

图 5.4　改进的多光谱图像的性能客观评价结果

注：(a)是图 5.3 中(a)、(b)两图的量化评价结果；(b)是图 5.3 中(c)、(d)两图的量化评价结果。LRMS 方式指将 PAN 图像高频细节注入源 MS 图像中的融合结果；ILRMS 方式指将 PAN 图像高频细节注入改进后的 MS 图像的融合结果。

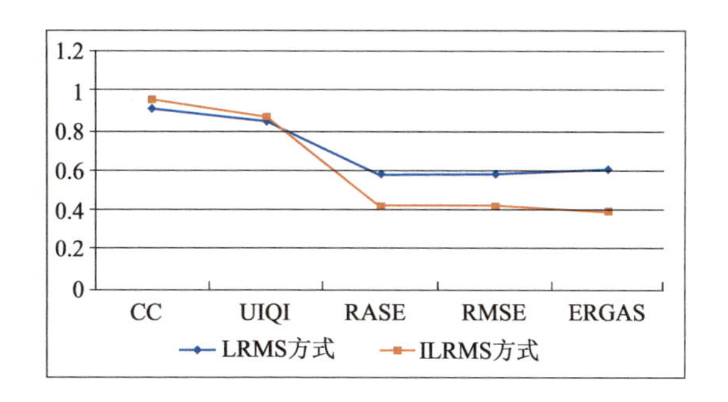

图 5.5　改进的多光谱图像的平均量化评价性能

从图 5.3 来看，将 PAN 图像高频细节注入改进后 MS 图像得到的融合图像比将 PAN 图像高频细节注入源低空间分辨率 MS 图像得到的融合图像有更好的视觉质量。此外，从图 5.4 来看，将 PAN 图像高频细节注入改进后的低空间分辨率 MS 图像得到的融合图像的所有客观评价指标值都比将 PAN 图像高频细节注入源低空间分辨率 MS 图像得到的融合图像的更好。与此同时，从显示在图 5.5 中的五组数据上测试的平均性能结果来看，将 PAN 图像高频细节注入改进后的低空间分辨率 MS 图像得到的融合图像的所有平均客观评价指标值都比将 PAN 图像高频细节注入源低空间分辨率 MS 图像得到的融合图像的更好。通过以上实验对比，将 PAN 图像高频细节注入改进后的低空间分辨率 MS 图像的融合方式比将 PAN 图像高频细节注入源低空间分辨率 MS 图像的融合方式性能更好。

5.5 实验结果及其应用分析

本节对基于多光谱图像改进的注入模型遥感图像融合算法的性能进行测试，同时对本章算法融合得到的融合图像在国土资源信息管理中的相关应用进行分析。为评价本章算法的性能，使用 WorldView-2、QuickBird 和 IKONOS 三大遥感。所做实验包括作用于仿真和真实图像的实验两类，实验时利用 4.5 节所述方法处理 PAN 图像和 MS 图像。用于仿真图像实验的数据来自 WorldView-2、IKONOS 和 QuickBird 数据库，其 MS 图像大小是 64×64，相应的 PAN 图像大小是 256×256。用于真实图像实验的数据来自 IKONOS 和 WorldView-2 数据库，其中，来自 IKONOS 数据库的 MS 图像大小是 152×195，相应的 PAN 图像大小是 608×780。来自 WorldView-2 数据库的 MS 图像大小是 128×128，相应的 PAN 图像大小是 512×512。

为了评价有参考图像和无参考图像融合结果的性能，五种先进的方法用于和本章算法作对比，分别是 Brovey[149]、CBD[147]、BFLP[128]、IMG[93]和 CNN[85]。1.5 节中介绍的主观和客观两方面质量评价被用于性能评价，即主观评价和客观评价。其中有参图像客观评价指标包括 CC、UIQI、RMSE、RASE 和 ERGAS，无参考图像客观评价指标是 QNR，QNR 由 D_λ 和 D_s 构成。

5.5.1 仿真图像实验结果及其应用分析

在仿真图像实验中，本章用了三组来自 WorldView-2 和 QuickBird 卫星的数据，这三组数据中的 MS 图像是包括红、绿、蓝、近红外四个谱段的四通道图。其中第一组来自 WorldView-2 数据库，所用到的数据源图及五种对比方法和本章所提出的方法作用于该组的源图像所得到的融合图像如图 5.6 所示；第二组来自 QuickBird 数据库，所用到的数据源图及五种对比方法和本章所提出的方法作用于该组的源图像所得到的融合图像如图 5.7 所示；第三组来自 IKONOS 数据库，所用到的数据源图及五种对比方法和本章所提出的方法作用于该组的源图像所得到的融合图像如图 5.8 所示。为了更好地评价本章仿真图像实验的视觉效果，本章算法在参考图像及各方法所得的融合图像中相同位置圈了一小框内容，用红色边框标注，并将圈出来的小框中内容放大，用一大框标注放大的内容，该方法可更好地对比各方法的融合图像在视觉效果方面的细微差异。

同时，本章算法在对各方法所得的融合图像进行客观评价时，对每组图、每个指标上最优的值加粗显示。下面对实验结果及这些实验结果在国土资源信息管理中的应用进行描述。

1. WorldView-2 数据融合结果及应用分析

对于第一组来自 WorldView-2 数据库的实验，降采样后的 MS 图像如图 5.6(a)所示，降采样后的 MS 图像被上采样到 PAN 图像大小后的 MS 图像如图 5.6(b)所示，PAN 图像如图 5.6(c)所示，原始 MS 图像作为参考图如图 5.6(d)所示，相应方法获得的融合图像的主观评价结果如图 5.6(e)～(j)所示，客观评价结果见表 5.1。图像的主要内容是某城市的体育馆及体育馆周边环境及建筑，这种类型的遥感图像适用于国土资源信息管理中目标检测、城市/测绘管理。从图 5.6来看，图 5.6(a)、图 5.6(b)和图 5.6(c)分别因其空间分辨率低、地物模糊和光谱分辨率低，导致地物识别率不高、分类精度不高，不适合直接用于国土资源信息管理。图 5.6(e)～(j)是本章所用对比方法及本章算法整合图 5.6(b)和图 5.6(c)的互补信息所获得的融合图像，从各种融合算法作用于该组源图像所获得的融合图像来看，方法 CNN 获得的融合结果遭受严重的光谱失真。如果将 CNN 方法的融合结果用于国土资源信息管理中目标检测、城市/测绘管理，会导致城市/测绘管理数据误差，目标性质、状态监测不准确，其后果是严重影响城市/测绘管理，影响目标检测精度。Brovey 方法获得的融合图像存在明显光谱失真。如果将 Brovey 方法的融合结果用于国土资源信息管理中目标检测、城市/测绘管理，会导致城市中的道路、建筑及植被客观现状不能被城市/测绘管理部门准确掌握。尽管 CBD 和 BFLP 方法获得的融合图像结果保留了源 MS 图像的大量光谱信息，但它们的融合图像存在不均匀的光谱信息，如体育馆的颜色区域。如果将 CBD 和 BFLP 方法的融合结果用于国土资源信息管理中目标检测、城市/测绘管理，会影响目标检测、城市/测绘管理精度。对比以上这些方法的融合结果，IMG 和本章提出方法获得的融合结果有更好的视觉质量，但这三种方法之间无明显的视觉差异。然而，从这组数据对应的融合图像客观评价结果(见表 5.1)来看，本章提出的方法所获得的融合图像在 CC、UIQI、RMSE、RASE 和 ERGAS 五个评价指标中都能取得最好的值。综上所述，本章提出的方法在第一组仿真图像实验中表现出最好的性能，比其他对比方法获得的融合图像更适合应用于城市/测绘管理、目标检测等国土资源管理领域。

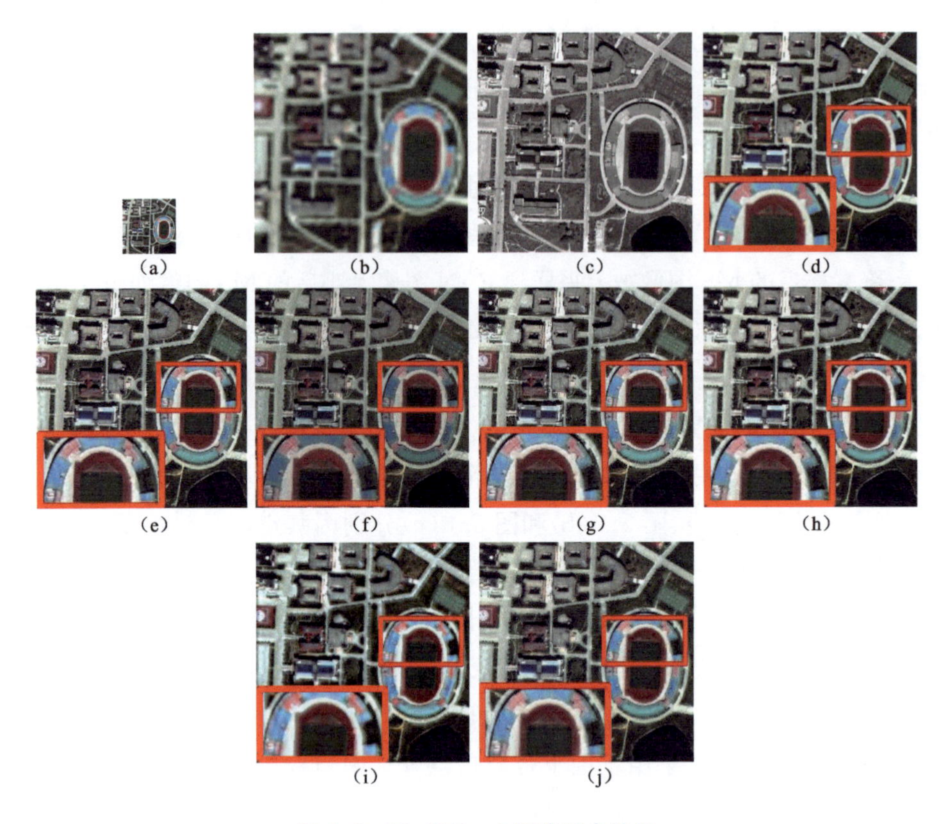

图 5.6 WorldView-2 图像融合结果

注：(a)是降采样后的 MS 图像；(b)是降采样后的 MS 图像被上采样到 PAN 图像大小的 MS 图像；(c)是 PAN 图像；(d)是参考图像；(e)～(j)分别是 CBD、Brovey、BFLP、IMG、CNN 方法和本章方法所获得的融合图像。

表 5.1 图 5.6 中融合图像定量评价结果

算　法	CC	UIQI	RASE	RMSE	ERGAS
Brovey	0.822 0	0.835 5	28.377 7	31.044 5	8.843 9
CBD	0.948 3	0.855 1	17.116 3	18.724 8	4.210 8
BFLP	0.919 0	0.850 9	20.849 9	22.809 3	5.137 5
IMG	0.916 7	0.855 8	20.678 2	22.621 5	5.177 6
CNN	0.897 8	0.784 5	53.047 8	42.672 1	9.495 4
本章方法	**0.957 6**	**0.862 2**	**14.706 8**	**16.088 9**	**3.674 3**

2. QuickBird 数据融合结果及应用分析

对于第二组来自 QuickBird 数据库的实验，降采样后的 MS 图像如图 5.7(a)所示，降采样后的 MS 图像被上采样到 PAN 图像大小后的 MS 图像如图 5.7(b)

所示，PAN 图像如图 5.7(c)所示，原始 MS 图像作为参考图如图 5.7(d)所示，相应方法获得的融合图像的主观评价结果如图 5.7(e)～(j)所示，客观评价结果见表 5.2。图像的主要内容是某工业用地土地利用情况，这种类型的遥感图像适用于监测国土资源中工业用地使用情况。

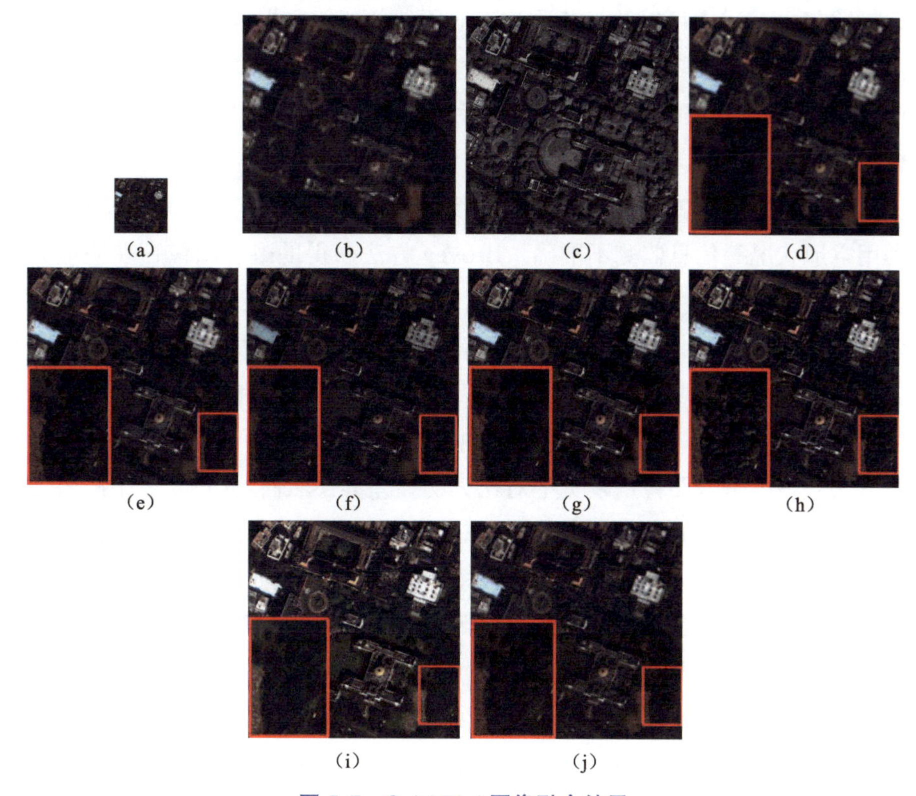

图 5.7　QuickBird 图像融合结果

注：(a)是降采样后的 MS 图像；(b)是降采样后的 MS 图像被上采样到 PAN 图像大小的 MS 图像；(c)是 PAN 图像；(d)是参考图像；(e)～(j)分别是 CBD、Brovey、BFLP、IMG、CNN 方法和本章方法所获得的融合图像。

表 5.2　图 5.7 中融合图像定量评价结果

算　法	CC	UIQI	RASE	RMSE	ERGAS
Brovey	0.901 1	0.886 4	35.810 9	16.492 7	11.549 1
CBD	0.962 0	0.963 7	20.473 8	9.429 2	5.622 6
BFLP	0.952 5	0.953 5	23.785 8	10.954 6	6.354 2
IMG	0.935 0	0.933 0	30.286 5	13.948 4	7.864 3
CNN	0.918 8	0.922 4	34.814 7	16.033 9	7.987 2
本章方法	**0.973 9**	**0.972 4**	**18.270 9**	**8.414 7**	**4.773 1**

从图 5.7 来看，图 5.7(a)因其空间分辨率低导致地物识别率不高、分类精度不高，不适合直接用于国土资源信息管理。融合前的 PAN 图像[见图 5.7(c)]，因其分辨率高，视觉上可清晰判断各类工业建筑的地理位置、形状，但很难辨认各工业建筑类型、工业用地内植被情况和未利用空地状况等信息。从融合前的 MS 图像[见图 5.7(c)]中可以勉强获取该工业用地的相关数据，但所提取的数据误差会很高。图 5.7(e)～(j)是本章所用对比方法及本章算法整合图 5.7(b)和图 5.7(c)的互补信息所获得的融合图像，从各种融合算法作用于该组源图像所获得的融合图像来看，方法 CNN 获得的融合图像存在严重的光谱失真。如果将 CNN 方法的融合结果用于工业用地管理，会导致工业建筑类型、工业用地内植被情况、未利用空地状况等信息监测不准确。Brovey 方法获得的融合图像存在明显光谱失真。如果将 Brovey 方法的融合结果用于工业用地管理，会影响工业建筑类型、工业用地内植被情况、未利用空地状况等信息的采集。方法 BFLP 和 IMG 获得的融合图像在植被区域有明显的光谱失真。如果将 BFLP 和 IMG 方法的融合结果用于工业用地管理，会影响工业用地内植被信息的采集。方法 CBD 及本章所提出方法获得的融合图像从视觉上对比无明显差异。然而，从表 5.2 中的各方法获得的客观评价结果来看，本章提出的算法在所有评价指标上取得最好的值。综上所述，本章提出的方法在第二组仿真图像实验中表现出最好的性能，比其他对比方法获得的融合图像更适合应用于监测国土资源中工业用地使用情况。

3. IKONOS 数据融合结果及应用分析

对于第三组来自 IKONOS 数据库的实验，降采样后的 MS 图像如图 5.8(a)所示，降采样后的 MS 图像被上采样到 PAN 图像大小后的 MS 图像如图 5.8(b)所示，PAN 图像如图 5.8(c)所示，原始 MS 图像作为参考图如图 5.8(d)所示，相应方法获得的融合图像的主观评价结果如图 5.8(e)～(j)所示，客观评价结果见表 5.3。图像的主要内容是某城处矿产资源利用情况，这种类型的遥感图像适用于监测矿产资源利用、开发情况。

从图 5.8 来看，图 5.8(a)因其空间分辨率低导致地物识别率不高、分类精度不高，不适合直接用于国土资源信息管理。融合前的 PAN 图像[见图 5.8(c)]，视觉上可清晰判断该矿的地理位置、形状，但很难分析矿产资源利用情况、周边环境情况。从融合前的 MS 图像[见图 5.8(b)]中可以勉强获取该矿产资源利用的相关数据，但所提取的数据误差会很高。图 5.8(e)～(j)是本章所用对比方法及本章算法整合图 5.8(b)和图 5.8(c)的互补信息所获得的融合图像，从各种融合算法作用于该组源图像所获得的融合图像来看，方法 CNN 获得的融合结果有严重的光谱失真。如果将 CNN 方法的融合结果用于矿产资源管理，会导致矿产资源利用情况、矿周边环境等信息监测不准确，其后果是严重影响矿产资源管理。方法 Brovey 和 BFLP 获得的融合结果视觉上比方法 CNN 获得的融合结果有更好的光谱质量，但 Brovey 和方法 BFLP 的融合结果在森林区域有明显的空间信息缺失。如果将 Brovey 和 BFLP 方法的融合结果用于矿产资源管理，会影响矿产资源管理部门对矿周边林业、植被情况的空间数据的正确采集。方法 IMG 获得的融合结果的空间信息被有效地增强了，但在森林区域有明显的光谱不一致现象。如果将 Brovey 和 BFLP 方法的融合结果用于矿产资源管理，会影响矿产资源管理部门对矿周边林业、植被情况的分析、管理。由于方法 CBD 及本章所提出方法的先进性能，它们的融合图像的视觉差别很难区分。然而，从表 5.3 中的各方法获得的融合图像客观评价结果来看，本章提出的算法在所有评价指标上取得最好的值。综上所述，本章提出的方法在第三组仿真图像实验中表现出最好的性能，比其他对比方法获得的融合图像更适合应用于矿产资源管理。

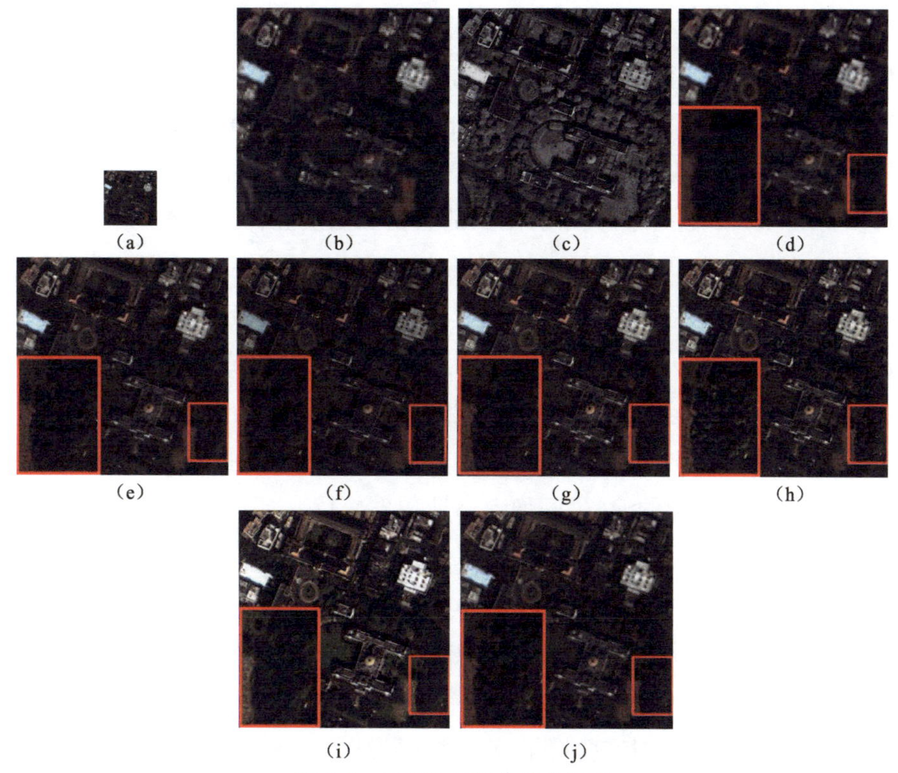

图 5.8　IKONOS 图像融合结果

注：(a)是降采样后的 MS 图像；(b)是降采样后的 MS 图像被上采样到 PAN 图像大小的 MS 图像；(c)是 PAN 图像；(d)是参考图像；(e)～(j)分别是 CBD、Brovey、BFLP、IMG、CNN 方法和本章方法所获得的融合图像。

表 5.3　图 5.8 中融合图像定量评价结果

算　法	CC	UIQI	RASE	RMSE	ERGAS
Brovey	0.910 2	0.920 7	26.861 5	17.771 1	7.012 2
CBD	0.934 1	0.941 2	23.629 2	15.632 6	6.530 0
BFLP	0.925 3	0.927 3	28.274 5	18.705 8	7.137 5
IMG	0.909 0	0.913 4	30.610 0	20.251 0	7.244 6
CNN	0.932 3	0.935 1	23.976 3	15.862 2	6.009 3
本章方法	**0.954 4**	**0.955 7**	**20.241 9**	**13.391 7**	**5.348 8**

通过以上三组实验的对比，本章所提出的方法能在仿真图像上表现出优异的性能，在城市/测绘管理、矿产资源管理、工业用地管理等国土资源管理领域有很高的应用价值。

5.5.2 真实图像实验结果及其应用分析

在真实图像实验中，本章做了两组实验，实验数据来自 WorldView-2 和 IKONOS 卫星，对本章整个实验数据而言，这两组实验用第四组、第五组命名，其中第四组来自 IKONOS 数据库，所用到的数据源图及五种对比方法和本章所提出的方法作用于该组的源图像所得到的融合图像如图 5.9 所示，第五组的数据都来自 WorldView-2 数据库，其中所用到的数据源图及五种方法作用于该组的源图像所得到的融合图像如图 5.10 所示。这两组数据中的 MS 图像通道数不同，第四组数据中的 MS 图像是四通道的，其通道由红、绿、蓝及近红外构成；第五组数据中的 MS 图像是八通道的，其通道由海岸、蓝色、绿色、黄色、红色、红边、近红外 1 和近红外 2 构成。来自 IKONOS 数据库的 MS 图像的大小是 152×195，其相应的 PAN 图像大小是 608×780。来自 WorldView-2 数据库的 MS 图像的大小是 128×128，其相应的 PAN 图像大小是 512×512。为了更好地评价本章真实图像实验的视觉效果，本章算法在各方法所得的融合图像中相同位置圈了一小框内容，用红色边框标注，并将圈出来的小框中内容放大，用一大框标注放大的内容，该方法可更好地对比各方法的融合图像在视觉效果方面的细微差异。同时，本章算法在对各方法所得的融合图像进行客观评价时，对每组图、每个指标上最优的值加粗显示。下面对实验结果及这些实验结果在国土资源信息管理中的应用进行描述。

1. IKONOS 数据融合结果及应用分析

对于第四组真实数据来自 IKONOS 数据库的实验，原始 MS 图像如图 5.9(a)所示，MS 图像被上采样到 PAN 图像大小后的 MS 图像如图 5.9(b)所示，PAN 图像如图 5.9(c)所示，相应方法获得的融合图像的主观评价结果如图 5.9(d)～(i)所示，客观评价结果见表 5.4。该组实验所用图是某城市土地使用情况，图的色彩信息丰富。这种类型的遥感图像适用于国土资源信息管理中的城市/测绘管理和土地利用管理。从图 5.9 来看，图 5.9(a)空间分辨率低、地物识别率低和分类精度低，不适合直接用于国土资源信息管理。融合前的 PAN[见图 5.9(c)]图像，因其分辨率高，视觉上可清晰判断城市中居民区、经济开发区、公共设施等不同功能区的地理位置、形状，但很难分析各功能区的详细分布、状态信息。从融合前的 MS 图像[见图 5.9(b)]中可以勉强获取该城市土地使用情况的相关数据，但所提取的数据误差会很高。图 5.9(d)～(i)是本章所用对比方法及本章算法整合图 5.9(b)和图 5.9(c)的互补信息所获得的融合图像，从各种融合算法作用于该组源图像所获得的融合图像来看，方法 CNN 获得的融合图像遭受严重的光谱失真。如果将 CNN 方法的融合结果用于城市/测绘管理、土地利用管理，会导致无法从视觉上准确分析城市中居民区、经济开发区、公共设施等不同功能区的状态信息，其后果是严重影响国土资源信息管理部门对城市土地使用情况的管理效率。方法 Brovey 获得的融合图像有一些模糊。如果将 Brovey 方法的融合结果用于城市/测绘管理、土地利用管理，将导致无法从视觉上清晰判断城市中居民区、经济开发区、公共设施等不同功能区的地理位置、形状，且很难准确分析各功能区的详细分布、状态信息。方法 BFLP 获得的融合图像在橙色区域有较明显的光谱失真。如果将 BFLP 方法的融合结果用于城市/测绘管理、土地利用管理，将导致城市/测绘管理部门对城市中建筑、植被、空地等的性质、使用状况信息的误判。与前面提到的对比方法获得的融合结果相比，方法 CBD、IMG 及本章所提出方法获得的融合图像有更好的空间、光谱质量。它们在主观评价方面，差异很难区分。然而，从表 5.4 中各方法获得的融合图像的客观评价结果来看，本章所提出的方法获得的融合结果在所有评价指标上有最好的值。综上所述，本章提出的方法在第一组真实数据实验中表现出最好的性能，比其他对比方法获得的融合图像更适合用于城市/测绘管理。

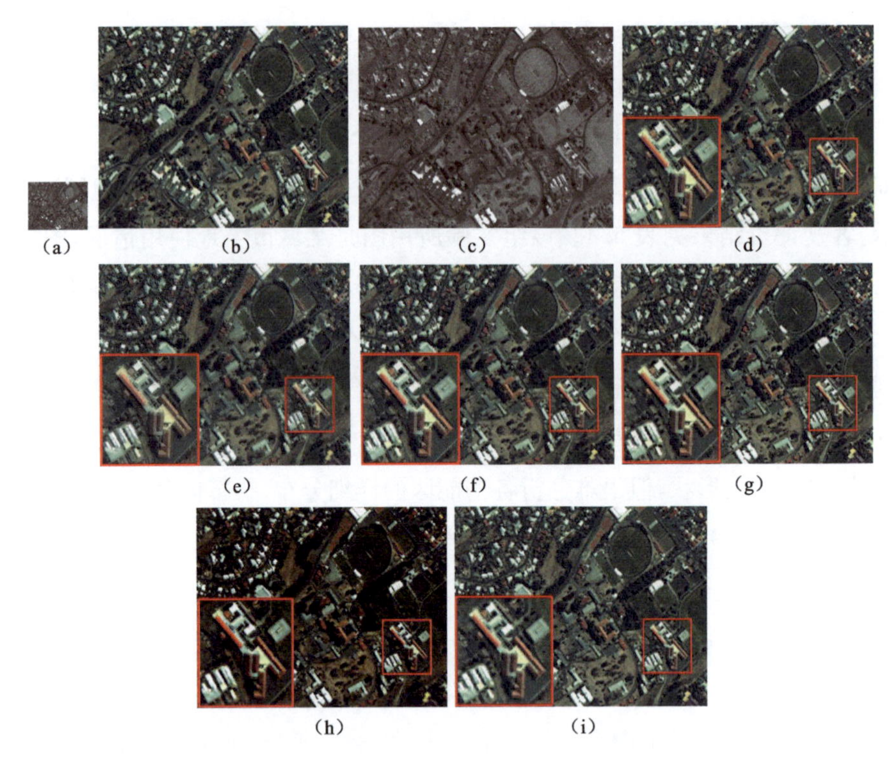

图 5.9 IKONOS 图像融合结果

注:(a)是原始 MS 图像;(b)是 MS 图像被上采样到 PAN 图像大小的 MS 图像;(c)是 PAN 图像;(d)~(i)分别是 CBD、Brovey、BFLP、IMG、CNN 方法和本章方法所获得的融合图像。

表 5.4 图 5.9、图 5.10 中融合图像主观评价结果

算法	图 5.9			图 5.10		
	D_λ	D_s	QNR	D_λ	D_s	QNR
Brovey	0.107 6	0.033 8	0.862 2	0.092 4	0.062 0	0.851 3
CBD	0.0396 0	0.051 3	0.911 1	0.051 1	0.006 6	0.942 7
BFLP	0.039 4	0.055 8	0.906 9	0.052 3	0.006 3	0.941 8
IMG	0.050 5	0.056 2	0.896 1	0.050 7	**0.006 2**	0.943 4
CNN	0.032 9	0.173 6	0.799 2	0.089 4	0.162 8	0.762 4
本章方法	**0.032 7**	**0.045 7**	**0.923 1**	**0.049 2**	0.006 3	**0.944 8**

2. WorldView-2 数据融合结果及应用分析

对于第五组真实数据来自 WorldView-2 数据库的实验,原始 MS 图像如图 5.10(a)所示,MS 图像被上采样到 PAN 图像大小后的 MS 图像如图 5.10(b)所示,PAN 图像如图 5.10(c)所示,相应方法获得的融合图像的主观评价结果如

图 5.10(d)～(i)所示，客观评价结果见表 5.4。该组实验所用图是某工业区土地使用情况，这种类型的遥感图像适用于监测国土资源中工业用地使用情况。

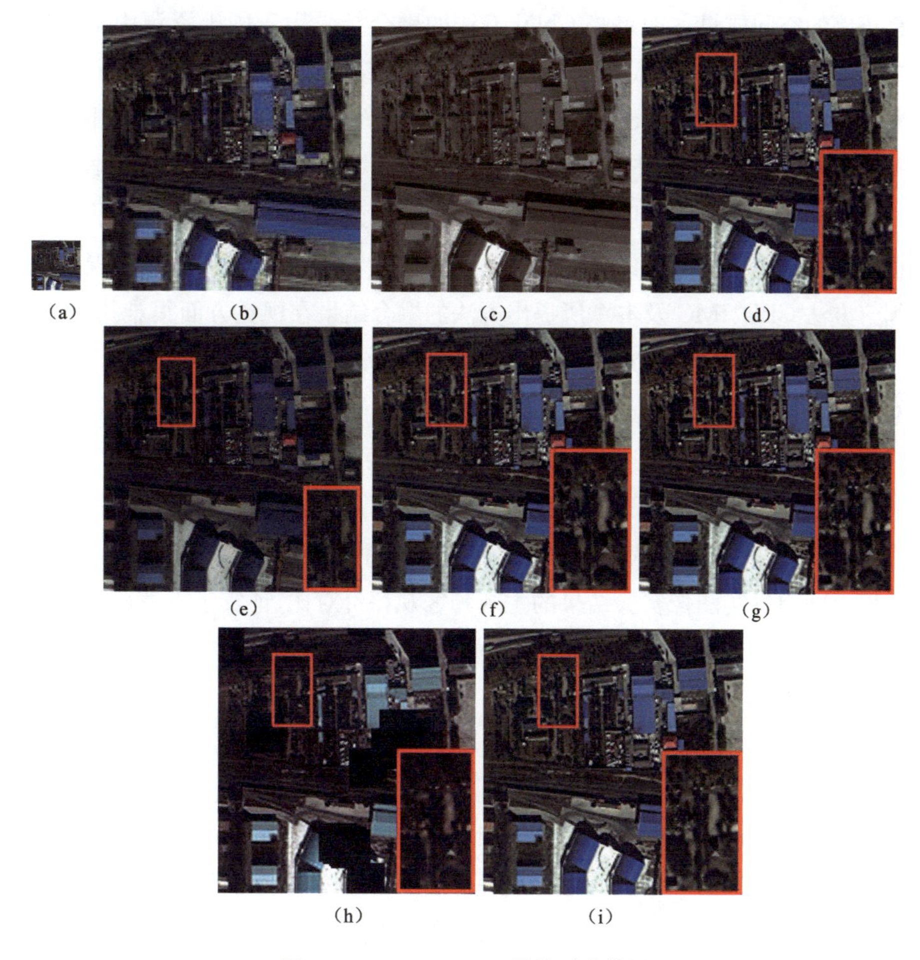

图 5.10　WorldView-2 图像融合结果

注：(a)是原始 MS 图像；(b)是 MS 图像被上采样到 PAN 图像大小的 MS 图像；(c)是 PAN 图像；(d)～(i)分别是 CBD、Brovey、BFLP、IMG、CNN 方法和本章方法所获得的融合图像。

从图 5.10 来看，图 5.10(a)空间分辨率低、地物识别率低和分类精度低，不适合直接用于国土资源信息管理。融合前的 PAN[见图 5.10(c)]图像，视觉上可清晰判断工业区中居民区、厂方、车辆停放区、植被等的地理位置、形状，但很难分析各区的详细状态信息。从融合前的 MS 图像[见图 5.10(b)]中可以勉强获取该城区中居民区、车辆停放区、植被的相关数据，但所提取的数据误差会很高。图 5.10(d)～(i)是本章所用对比方法及本章算法整合图 5.10(b)和图 5.10(c)的互补信息所获得的融合图像，从各种融合算法作用于该组源图像所获得的融合图像来看，CNN 方法获得的融合图像遭受严重的光谱失真。方法 Brovey 的融合结果有较差的空间质量。如果将 CNN 方法的融合结果用于国土资源中工业区土地使用管理，会导致无法从视觉上准确分析工业区中居民区、厂房、车辆停放区、植被等的状态信息，其后果是严重影响国土资源信息管理部门对工业区土地使用管理的管理效率。方法 BFLP 的融合图像存在一些光谱失真，如植被区域。如果将 BFLP 方法的融合结果用于国土资源中工业区土地使用管理，将导致将国土资源管理部门对工业区中居民区、厂房、车辆停放区、植被等性质及使用状况信息的误判。方法 CBD、IMG 及本章所提出方法的融合结果在视觉方面很难找出差异。然而，从表 5.4 中各方法获得的融合图像的客观评价结果来看，本章提出的方法在 QNR 指标上有最大值，在 D_λ 指标上取得最小值，在 D_s 指标上，本章提出的方法获得第二小值。综上所述，本章提出的方法在第二组真实数据实验中表现出最好的性能，融合图像中居民区、车辆停放区、植被等的地理位置和形状等信息可清晰判断，比其他对比方法获得的融合图像更适合用于城区土地利用管理。

以上两组真实图像实验结果的主观和客观评价对比，证实了本章所提出的算法在真实图像上表现优越的性能，其融合图像可用于城市/测绘管理和城区、工业区土地利用管理等国土资源管理领域。

5.5.3 算法综合性能评价

本章算法通过对比改进后多光谱图像性能和源多光谱图像性能，验证了本章算法所提出的改进后的多光谱图像在基于注入模型的遥感图像融合方案中性能最好。同时，本章算法在单对仿真遥感图像和真实图像上进行了大量实验测试，测试结果表明，本章算法在仿真遥感图像和真实图像上表现出优异的性能。为了测试本章算法的综合融合性能，本章算法在来自 WorldView-2、QuickBird 和 IKONOS 数据库的仿真图像和真实图像数据上进行实验，用到实验数据共 180 对，计算本章所提出的算法与五种对比方法在 180 对 MS 和 PAN 图像上融合结果的平均性能。其中仿真图像实验结果见表 5.5。

表 5.5 算法基于 180 对 MS 和 PAN 仿真图像的融合图像平均定量评价结果

算法	CC	UIQI	RASE	RMSE	ERGAS
Brovey	0.898 1	0.835 2	37.311 1	27.546 5	13.792 8
CBD	0.904 0	0.912 8	19.641 3	14.311 8	5.034 4

续上表

算　法	CC	UIQI	RASE	RMSE	ERGAS
BFLP	0.872 1	0.840 2	33.182 7	23.479 8	8.162 7
IMG	0.904 5	0.904 7	20.138 9	14.668 4	5.165 3
CNN	0.610 1	0.723 2	52.991 0	36.334 6	9.446 7
本章方法	**0.927 7**	**0.934 1**	**17.343 2**	**12.784 4**	**4.279 5**

从表 5.5 中各方法在 180 对 MS 和 PAN 仿真图像上获得的融合图像的客观评价结果来看，本章所提出方法获得的融合图像在 CC、UIQI、RASE 和 ERGAS 四个评价指标上取得最好的值，在 RMSE 指标上获得第二好的值。该组算法综合性能评价实验结果表明，本章所提出的方法在很多遥感图像上可获得很好的融合结果。真实图像实验结果见表 5.6。

表 5.6　算法基于 180 对 MS 和 PAN 真实图像的融合图像平均定量评价结果

算　法	D_λ	D_s	QNR
Brovey	0.057 7	**0.088 7**	0.859 8
CBD	0.053 5	0.101 7	0.851 0
BFLP	0.086 4	0.117 2	0.807 8
IMG	0.077 7	0.106 8	0.824 9
CNN	0.194 3	0.137 4	0.697 7
本章方法	**0.040 9**	**0.094 4**	**0.869 4**

从表 5.6 中各方法在 180 对 MS 和 PAN 真实图像上获得的融合图像的客观评价结果来看，本章所提出方法获得的融合图像在 QNR 指标上获得最大的值，在 D_λ 指标上获得第二小的值，在 D_s 指标上获得第二小的值。该组算法综合性能评价实验结果表明，本章所提出的方法在很多遥感图像上可获得很好的融合结果。

以上实验结果表明，所提出的算法从注入模型中细节接受对象这个角度，改进源 MS 图像性能和注入效益性能，可以有效增进注入细节与细节接受对象间相关性，同时避免细节的过度注入，减少融合图像的光谱失真，与一系列现有方法对比，该算法的综合融合性能超过了其他所有的对比方法。

综合以上实验分析，与一系列现有方法对比，无论在仿真图像实验中还是在真实图像实验中，本章所提出的基于多光谱图像改进的注入模型遥感图像融合算法的融合性能超过了其他所有的对比方法，并且对很多卫星数据有效。本章算法所获取的融合图像，可满足国土资源信息管理中对遥感图像分辨率的需求，在国土资源信息管理中有很高的应用价值。

5.5.4 应用示例：算法用于林业分类管理

本节介绍本章算法在林业分类管理中的应用，以此为例介绍本章算法在国土资源信息管理中的应用价值。本节通过对比本章算法和其他算法融合得到的图像在林业分类管理中的应用来说明这个问题。实验工具是通用遥感图像处理分析软件ENVI，实验用图是图5.8(d)～(k)对应的无框图，单幅图的总像素点为262 144，实验中将其看作图中地物总面积(单位：m^2)。将图5.8(d)～(k)对应的无框图分别载入ENVI软件中，利用ENVI软件的分类功能对这些载入的遥感图像中的地物信息进行分类，可得到这些载入图像的分类结果图和相关分类统计信息。实验方法是：将载入图像中的地物信息分成三类，参考图像对应的分类结果作为标签，越接近这个标签的分类结果越好，在国土资源信息管理中的应用价值越高。评价方式分主观评价和客观评价两类，主观评价结果如图5.11所示，客观评价结果见表5.7。分类结果图中一个颜色代表一类，不同的颜色代表不同的类。对照图5.11(a)和图5.11(b)来看，该遥感图像成像内容是某森林地物分布图，图像中地物被分成了三类，红色类为森林分布，蓝色类是裸地分布，绿色类是其他地物分布。与分类后的参考图相比，很明显来自CBD、IMG和Brovey方法的融合图像在红色区域的分类误差最高，CNN方法的融合图像在蓝色区域的分类误差高，BFLP和本章提出的方法视觉上差别不大，但从表5.7显示的客观分类结果来看，以参考图中森林类为例，与其他对比方法相比，本章方法所获得的融合图像分类结果与参考图对应的分类结果相比，分类偏差排第二。但综合前面的性能测试结果来看，本章方法的综合性能最好，所以，与其他算法相比，本章算法更适合用于国土资源信息管理。

以上分类实验结果表明，将CBD、IMG和Brovey方法获得的融合图像用于林业分类管理时，地物分类误差率高，会造成对地表对象的严重误判，不能给国土资源管理部门提供精准的信息，影响国土资源管理部门对林业管理的效率。BFLP方法综合性能不高，与其他对比方法相比，本章方法所获得的融合图像用于林业分类管理时，可有效消除分类误差，可以给国土资源管理部门提供精准的信息，帮助国土资源管理部门有效管理林业。

同时，为了说明本章算法得到的融合图像在国土资源管理中的信息提取性能，本章实验用ENVI软件从本章算法得到的融合图像中获取林业的统计信息，这些信息见表5.8。从表5.8来看，用本章方法得到的融合图像用于林业分类管理，统计得到：该地区总占地面积262 144 m^2，其中森林占地149 213 m^2，占地百分比56.920%；

裸地占地 78 424 m²，占地百分比 29.916%；其他地物占地 34 507 m²，占地百分比 13.163%。对比表 5.8 中参考图地物分布统计信息，发现本章方法的融合图像分类统计数据与参考图的非常接近，这组数据再次说明了本章方法在国土资源管理中的应用价值。因此，将本章算法应用于国土资源信息管理，可对地物进行准确分类，同时可从分类结果中获取不同类型地物的相关统计信息，如不同类型地物占地面积、不同类型地物占地面积百分比、不同类型地物在城区的准确分布等。

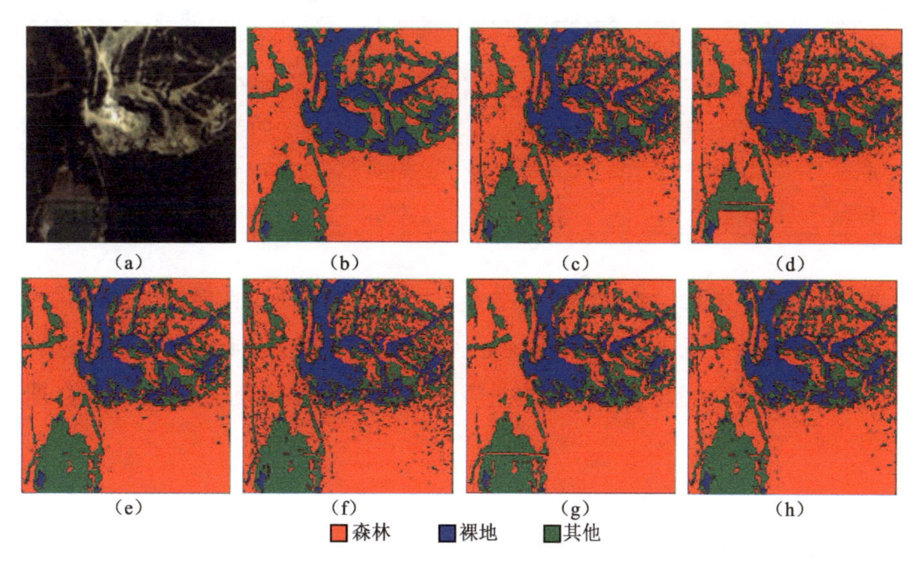

图 5.11　图 5.8(d)～(k)对应的无框图分类结果

注：(a)是分类前参考图像；(b)是分类后参考图像；(c)～(h)分别是 CBD、Brovey、BFLP、IMG、CNN 方法和本章方法所获得的融合图像的分类结果：(c) CBD 方法，(d) Brovey 方法，(e) BFLP 方法，(f) IMG 方法，(g) CNN 方法，(h) 本章方法。

表 5.7　不同方法融合得到的融合图像的分类结果的量化对比

方　法　图	分类统计信息(森林类)		
	占地面积/m²	占地比/%	偏差/%
参考图	155 855	59.454	0
CBD	146 865	56.025	3.429
AWLP	156 452	59.682	0.228
Brovey	161 732	61.696	2.242
BFLP	157 229	59.978	0.324
IMG	142 042	54.185	5.269

续上表

方法图	分类统计信息(森林类)		
	占地面积/m²	占地比/%	偏差/%
CNN	72 560	16.794	39.231
本章方法	149 213	57.378	2.076

表 5.8 森林地物分布统计信息

参考图地物分布统计信息			本章方法融合图地物分布统计信息		
地物类型	占地面积/m²	占地比/%	地物类型	占地面积/m²	占地比/%
森林	155 855	59.454	森林	149 213	56.920
裸地	72 560	27.679	裸地	78 424	29.916
其他	33 729	12.867	其他	34 507	13.163

综上所述,本章提出的遥感图像融合方法获得的遥感图像能给国土资源管理提供全面、精准的信息,可解决现有遥感图像融合算法应用于国土资源信息管理中分类准确度不高的问题,可帮助国土资源管理部门准确获取地物信息,合理规划、利用国土资源。

小　结

本章针对国土资源信息管理现状,以注入模型中的细节接受对象和注入效益为研究对象,围绕解决现有基于注入模型的遥感图像融合算法中存在的高频细节与细节对象间低相关的问题及细节过度注入问题,分析PAN图像细节和MS图像间潜在的不匹配及几何结构不一致导致融合图像光谱失真现象,提出基于多光谱图像改进的注入模型遥感图像融合算法。该算法从注入模型中细节接受对象这个角度,改进源多光谱图像性能,使其空间质量与低空间分辨率PAN图像相近或相等。同时,为了避免PAN图像细节的过度注入,算法改进注入模型中注入效益参数帮助PAN图像细节被自适应注入改进后的MS图像中获取HRMS图像。算法实现过程中,采用稀疏表示及字典学习理论学习低空间分辨率PAN图像的空间信息获取低空间分辨率MS图像与低空间分辨率PAN图像之间的空间差异信息,并将这重建的空间信息注入源低空间分辨率MS图像,从而改进源低空间分辨率MS图像的性能。具体做法是:首先,将PAN图像进行降质处理获取低空间分辨率PAN图像，并利用引导滤波获取PAN图像的高频细节，接下来分别用降质的PAN图像和PAN图像高频细节子图作训练集构建低频字典及高频字典。然后，用构建的低频字典获取源低空间分辨率MS图像的稀疏系数，用获取的高频字典联合这个稀疏系数重构源低空间分辨率MS图像与低空间分辨率PAN图像之间的空间差异信息。最后，利用注入模型注入这部分差异信息到源低空间分辨率MS图像获取改进后的MS图像。改进后的低空间分辨率MS图像的空间信息近似或等于低空间分辨率PAN图像的空间信息，在基于注入模型的融合算法中扮演着重要的角色。在此基础上，为了避免PAN图像细节的过度注入问题，算法基于PAN和MS图像间的相关性及差异构建了一个注入效益，在这个注入效益的作用下，PAN图像细节可被自适应注入改进后的MS图像获取需要的HRMS图像，并进行了算法性能测试实验分析与算法在国土资信息管理中的应用分析。

本章算法基于遥感领域常用的WorldView-2、QuickBird和IKONOS三大数据库，针对四通道及八通道多光谱图像及其相应的PAN图像开展遥感图像融合研究，处理了五类实验：改进后的多光谱图像性能测试实验、仿真图像实验及其应用分析、真实图像实验及其应用分析、基于多光谱图像改进的注入模型遥感图像融合算法性能综合评价和算法应用示例实验。实验中用有参考图遥感图像融合质量评价指标CC、UIQI、RMSE、RASE和ERGAS评价仿真图像实验结果，用无参考图遥感图像融合质量评价指标D_λ、D_s和QNR评价真实图像实验结果，五种对比方法用于评价本章所提出算法的性能。本章算法通过与这五种遥感图像融合算法对比，无论在仿真图像实验中还是在真实图像实验中，该算法的融合性能都超过了其他所有的对比方法，并且对很多卫星数据都有效。实验结果表明，本章提出的融合算法通过改进多光谱图像和注入效益性能，将PAN图像细节自适应注入改进后的MS图像中获取融合图像，可以有效减少融合图像的光谱失真和空间失真。与现有很多基于注入模型的遥感图像融合算法相比，本章所提出的算法可以有效增进高频细节与细节接受对象间的相关性。同时，可有效克服细节过度注入问题，能给国土资源管理部门提供全面、精准的信息，可以用于城市/测绘管理、林业管理和土地利用管理，尤其是林业分类管理等国土资源管理领域。

第 6 章

基于光谱及亮度调制的遥感图像融合算法及其应用

6.1　基于光谱及亮度调制的遥感图像融合算法及其应用研究现状分析

近年来,城市/测绘管理、生态资源评价、地质灾害预警以及林业动态监测等领域对遥感图像的空间、光谱分辨率提出了更高的要求,为满足国土资源信息管理需求,遥感图像融合算法面临新的挑战。

本书第 3、4、5 章介绍的基于注入模型的遥感图像融合算法,都基于标准的注入模型($FMS_k = MS_k + g_k HRI_k$),其分别就模型中高频细节 HRI_k、细节接受对象 MS_k 和注入效益 g_k 项进行改进,以此来提高融合算法的融合性能,获取满足国土资源信息管理需要的 HRMS 图像。它们的共同点是在图像融合处理过程中都基于高频细节调制有效保护源 MS 图像的光谱信息来恢复低分辨率 MS 图像空间信息。实验表明,与现有很多先进的遥感图像融合算法相比,这些算法都能获得更好的融合结果,但是这些融合算法与现有很多融合算法一样未考虑如下问题:高频细节注入引起光谱信息保护不协调导致融合图像光谱信息不均匀。因此,本章提出对高频细节进行调制的同时调制融合图像的光谱信息,来解决这个问题引起的融合图像的光谱失真。

如果说在融合过程中对高频细节进行调制是融合图像的亮度调制,那么对光谱信息的调制则是图像的光谱调制。例如,文献[98]基于 PAN 图像的边缘矩阵构建一个调制系数对高频细节进行调制以便提高融合图像的质量,该方式能有效调制融合图像的亮度信息,但在调制过程中无法自适应 MS 图像的边缘变化,影响融合图像的融合结果。为了解决这个问题,文献[87]探索 PAN 和 MS 图像的边缘关系构建了一个调制系数,该方式可根据 PAN 和 MS 图像的边缘关系自适应注入提取到的高频细节,从而获得比文献[93]更好的融合结果。然而,文献[113]融合结果有明显的光谱信息不均匀现象。文献[41]提出基于边缘信息保护的光谱调制，这种方式在往 MS 图像注入提取到的高频细节时对融合图像的光谱信息进行了有效调制，但是，该方式没有对融合图像的高频细节进行调制，导致细节信息的过度注入，从而引起了融合图像亮度信息的不均匀。基于以上分析，权衡融合图像的亮度和光谱信息对提高融合图像的质量很重要，因此，本章提出基于光谱和亮度调制的遥感图像融合算法，搭建了一种新的注入模型框架。与标准注入模型不同，本章提出的算法基于标准注入模型对融合图像进行光谱调制，可有效避免因像素灰度值的变化导致的融合图像光谱失真问题。

6.2　基于光谱及亮度调制的遥感图像融合算法关键技术

6.2.1 光谱调制

遥感图像的空间锐化及光谱信息保留是遥感图像融合中两项关键技术，基于空间锐化及光谱信息保留的光谱调制将直接影响遥感图像融合的光谱质量。地球观测卫星提供两种独立的传感器，分别获取低空间分辨率 MS 图像和高空间分辨率低光谱分辨率 PAN 图像，使得被融合的遥感图像具有光谱信息及亮度信息相分离的特性。本章算法将针对遥感图像特性，对遥感图像的光谱和亮度信息采取独立处理的融合策略。在遥感图像融合问题中，希望将 PAN 图像的高频细节信息注入 MS 图像中，同时不影响 MS 图像的光谱质量，从而使融合后的 MS 图像具有 PAN 图像相同的空间分辨率。但是，PAN 图像的波段范围无法完全覆盖 MS 图像的波段范围，因此，在遥感图像融合处理中，从 PAN 图像中提取的高频细节信息在几何结构方面将不能与 MS 图像的几何结构完全匹配，注入此类信息将导致融合图像光谱失真。考虑到光谱调制可以根据新增信息几何结构变化趋势调制图像光谱信息，使其具有移不变性，并且能够有效地反映遥感图像的空间、光谱特性，保证融合图像的光谱质量，所以研究一种基于空间锐化及光谱信息保留的光谱调制的策略是本章算法要解决的一项关键技术。

6.2.2 亮度调制

图像的亮度信息反映了图像的空间质量、被融合图像间的相关度及差异将影响图像融合结果。从 PAN 图像提取的高频成分包含图像在不同尺度、不同方向上的细节信息，如边缘、纹理和轮廓等。人眼对这一反映源图像的突变显著特性十分敏感。传统的遥感图像融合方法在处理遥感图像亮度、光谱信息时，倾向于对原图像的光谱信息进行图像边缘、纹理和轮廓等细节增强，从而导致光谱失真或空间信息的不均匀。为解决这个问题，根据 MS 图像和 PAN 图像的低相关性及差异性，以及相邻像素的亮度会因单个像素亮度的变化而变化这一性质，研究一种基于可根据图像的光谱信息分布趋势，在融合过程中自动确定高频信息融合方式的融合策略是本章算法要解决的又一项关键技术，该技术使从 PAN 图像提取的高频成分能自适应融合图像的光谱信息。

6.2.3 光谱及亮度调制观测模型

图像分析中，最广泛使用感知型颜色模型是 IHS。假设一幅包含 R、G、B 三通道的 MS 图像，应用典型的 IHS 模型，MS 中亮度(I)、色度(H)、饱和度(S)分量计算见式(6.1)。

$$\begin{cases} I=(R+G+B)/3 \\ H=\begin{cases} \arccos\varphi, & G\geqslant R \\ 2\pi-\arccos\varphi, & G<R \end{cases} \\ S=1-\dfrac{3\min(R,G,B)}{R+G+B}=1-\dfrac{3X_0}{R+G+B}=\dfrac{I-X_0}{I} \end{cases} \tag{6.1}$$

式中，$\varphi=\dfrac{(2B-G-R)/2}{\sqrt{(B-G)^2+(B-R)(G-R)}}$；$X_0=\min(R,G,B)$；$\min(\cdot)$是最小值的函数。

令 MS=(R,G,B)代表融合前的 MS 图像，MS′=(R',G',B')代表融合后的 MS 图像，根据式(6.1)，MS'可通过解决如下公式得到。

$$\mathrm{MS}'=\alpha\mathrm{MS}+\mathrm{HRI}=(\alpha R+\mathrm{HRI},\alpha G+\mathrm{HRI},\alpha B+\mathrm{HRI}) \tag{6.2}$$

新的亮度分量见式(6.3)。

$$I'=(\alpha R+\alpha G+\alpha B+3\mathrm{HRI})/3=\alpha I+\mathrm{HRI} \tag{6.3}$$

新的色度分量见式(6.4)。

$$\varphi'=\frac{(2\alpha B-\alpha G-\alpha R)/2}{\sqrt{(\alpha B-\alpha G)^2+(\alpha B-\alpha R)(\alpha G-\alpha R)}} \tag{6.4}$$

新的饱和度分量见式(6.5)。

$$S' = \frac{I' - X_0'}{I'} = \frac{\alpha(I - X_0)}{\alpha I + \mathrm{HRI}} \tag{6.5}$$

式中，因为 $\varphi' = \varphi$，则 MS 图像融合前后的色度分量不变。从式(6.5)可知，若 HRI≈0，则 $S' = S$，因新的饱和度变化引起融合后的 MS 图像的光谱失真将会减少到 0。然而，如果 $I' \approx \alpha I$，融合后的 MS 图像亮度发生了变化，则 $S' \neq S$。所以，α 和 HRI 的值会影响 MS 图像空间锐化度及融合后的 MS 图像的光谱质量。基于这个理论，基于光谱调制的注入模型可表示为

$$\mathrm{FMS}_k = \alpha_k \mathrm{MS}_k + \mathrm{HRI} \tag{6.6}$$

式中，α_k 是光谱调制系数；HRI 是高频细节。从式(6.6)来看，$\alpha_k MS_k$ 可看作原始 MS 图像的改进版。根据 5.2.1 节所述可知，若 HRI 直接注入改进后的 MS 图像中则会产生过度注入，从而导致融合图像的光谱失真。所以，根据 2.2 节所述，式(6.7)可进一步改进，转换为

$$\mathrm{FMS}_k = \alpha_k \mathrm{MS}_k + \beta_k \mathrm{HRI} \tag{6.7}$$

6.3　光谱及亮度调制的遥感图像融合算法框架

正如 6.2 节所述，光谱调制是基于空间锐化及光谱信息保留的，也就是说，向一幅低分辨率 MS 图注入高分辨率 PAN 图像的高频细节，MS 图的光谱信息会受空间锐化处理影响，从而使融合结果产生不同程度的光谱失真。基于空间锐化及光谱信息保留的光谱调制可以使融合图像空间信息增强的同时均匀地保留源 MS 图像光谱信息。另外，原始的 MS 和 PAN 图像在边缘、细节和纹理等方面存在很大差异，如果只对融合图像进行光谱调制，则像素值的改变会导致其相邻像素值的变化，这样尽管增加了融合图像的亮度，同样会导致光谱失真。因此，对融合图像进行亮度调制，即找到一种合适的方法用 PAN 图像的高频细节信息恢复 MS 图的边缘、细节和纹理等对于融合图像质量的影响也是非常重要的。

本章为了解决融合处理中光谱调制问题，具体做法如下：

(1)分别用高斯滤波和引导滤波从 MS 及 PAN 图中提取高频细节信息，分析两类信息之间的关系及 PAN 图像高频信息对融合图像的影响；

(2)分析 MS 图高频细节信息与 MS 图各通道间的光谱信息之间的关系，找到 PAN 图像高频信息与 MS 图各通道间的光谱信息之间的关系；

(3)将前面的分析用数学方式表达，结合超分后 MS 图像光谱信息，作一个线

性联合，得到最终的光谱调制系数。

为了解决融合处理中亮度调制问题，本章提出的算法具体做法如下：

(1)提取 PAN 图像高频细节信息；

(2)分析 MS 图像与 PAN 图像之间的相关性及差异，寻找基于 PAN 图像高频信息恢复 MS 图各通道高频细节信息的权重关系；

(3)将前面的分析用数学方式表达，结合 PAN 图像高频信息，作一个线性联合，最终实现融合图像的亮度调制。

在融合过程中，该算法首先采用上采样技术对 MS 图像进行(采样因子 4×4)上采样并插值，得到与 PAN 图像大小相同的低空间分辨率 MS 图像。接着采用加权平均方式[136]计算 MS 图像亮度分量，并将 MS 图像亮度分量与 PAN 图像进行直方图匹配得到直方图匹配的 PAN 图像。然后，分别用高斯滤波和引导滤波从 MS 图像亮度分量和直方图匹配的 PAN 图像中提取 MS 图像及 PAN 图像高频细节。接下来，采用上面描述的方法构建光谱调制系数和亮度调制系数。最后，将构建的光谱调制系数和亮度调制系数作用到上采样的 MS 图像及 PAN 图像高频细节获取融合图像。其框架如图 6.1 所示。

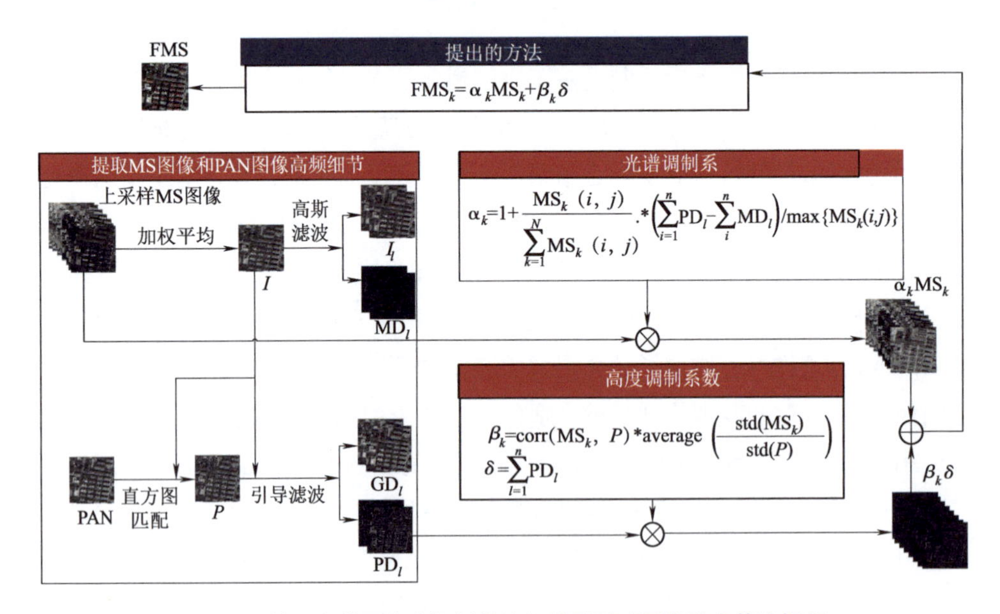

图 6.1　基于光谱及亮度调制的注入模型遥感图像融合算法框架

注：I_l 和 GD_l 分别代表高斯滤波和引导滤波的第 l 次滤波的输出；MD_l 和 PD_l 分别是高斯滤波和引导滤波在第 l 次滤波时输入和输出图像差异，即第 l 次滤波多光谱图像和全色图像的高频细节；α_k 是第 k 个通道的光谱调制系数；β_k 是第 k 个通道的亮度调制系数；HRI 是全色图像高频细节。

6.4 基于光谱及亮度调制的遥感图像融合算法

6.4.1 构建光谱调制系数

本章算法提出对高频细节进行调制的同时调制融合图像的光谱信息。算法考虑影响融合图像光谱质量的因素包括:高频细节的注入和多光谱图像各通道间的关系对融合图像光谱信息的影响。本节提出基于 PAN 图像和 MS 图像高频细节间尺度差异及 MS 图像各通道对融合图像光谱信息的贡献关系构建光谱调制系数。具体做法是:首先通过多分辨率分析技术提取 PAN 和 MS 图像高频细节,算法考虑高斯滤波[41]的低通性能模拟人类视觉机制,引导滤波[130]能根据引导图像的变化趋势保护输入图像的边缘纹理细节,于是本章算法采用高斯滤波分解 MS 图像,获取 MS 图像细节,采用引导滤波获取 PAN 图像细节;然后基于这两类细节计算 MS 和 PAN 图像细节间的尺度差异,接下来算法考虑 MS 图像各通道间的关系计算多光谱图像各通道对融合图像光谱信息的贡献率;最后将 MS 和 PAN 图像细节间的尺度差异值与多光谱图像各通道对融合图像光谱信息的贡献率相乘获取融合图像较源多光谱图像的光谱调制幅度。其中高斯滤波分解源图像获取输入图像高频细节的处理过程如下:

$$G_L=\frac{1}{2\pi\sigma^2}\exp\left(-\frac{x^2+y^2}{2\sigma^2}\right) \tag{6.8}$$

$$\mathrm{MD}_l=I_{l-1}-G_L\otimes I_l,\quad l=1,2,3\cdots \tag{6.9}$$

式中,G_L 代表高斯滤波函数;$\otimes$是滤波操作;I_{l-1}和 I_l 是高斯滤波在第 $l(l>1)$次滤波时输入和输出图像,如果 $l=1$,则 I_{l-1}是 MS 图像的亮度分量;MD_l 是高斯滤波在第 l 次滤波时输入和输出图像差异,即第 l 次滤波 MS 图像的高频细节。

类似地,引导滤波分解源图像获取输入图像高频细节的处理过程如下:

$$P_l=G(P_{l-1},I) \tag{6.10}$$

$$\mathrm{PD}_l=P_{l-1}-P_l \tag{6.11}$$

$$\mathrm{HRI}=\sum_{l=1}^{n}\mathrm{PD}_l \tag{6.12}$$

式中,$G(\cdot)$代表引导滤波函数;P_{l-1}和 P_l 是引导滤波在第 $l(l>1)$次滤波时输入和输出图像。如果 $l=1$,则 P_{l-1}是直方图匹配的 PAN 图像。

根据文献[41]，基于以上 PAN 图像和 MS 图像高频细节，数学上，光谱调制系数可用以下公式计算得到。

$$\alpha_k' = 1 + (\sum_{l=1}^{n} \mathrm{PD}_l - \sum_{l}^{n} \mathrm{MD}_l) / \max\{\mathrm{MS}_k(i,j)\} \tag{6.13}$$

式中，α_k'是文献[41]提出的光谱调制系数。很明显，式(6.13)仅仅考虑了 PAN 图像和 MS 图像高频细节关系构建光谱调制系数。实际上，地球观测卫星接收地球表面物体反射的太阳辐射时，由于不同波段的 MS 图像覆盖范围不同，所以在不同波段之间存在显著差异。另外，遥感图像的非线性辐射指数通常是通过组合不同的 MS 图像波段来计算，不同的通道反映不同的光谱特性。所以，本章算法认为，在构建光谱调制系数时，不但要考虑 PAN 和 MS 图像高频细节间的关系，还要考虑 MS 图像通道间的关系。为了减少光谱不均匀，本章算法提出光谱调制幅度应该基于前面提到的 PAN 和 MS 图像高频细节关系和 MS 图像通道间的关系，具体处理过程如下：

$$\alpha_k = 1 + \frac{\mathrm{MS}_k(i,j)}{\sum_{k=1}^{N} \mathrm{MS}_k(i,j)} (\sum_{l=1}^{n} \mathrm{PD}_l - \sum_{l}^{n} \mathrm{MD}_l) / \max\{\mathrm{MS}_k(i,j)\} \tag{6.14}$$

式中，α_k 是本章算法提出的光谱调制系数；(i,j)是像素点坐标；$\mathrm{MS}_k(i,j) / \sum_{k=1}^{N} \mathrm{MS}_k(i,j)$ 是 MS 图像各通道光谱贡献率，它的值的大小反映 MS 图像各通道光谱信息差异的大小，影响融合图像光谱调制幅度的大小。

6.4.2 构建亮度调制系数

在 6.4.1 节所构建光谱调制系数的作用下，可对融合图像的光谱信息进行有效调制。然而，原始 PAN 和 MS 图像的边缘细节不同，如果只对融合图像的光谱信息进行调制，那么像素灰度值的变化会导致其领域像素灰度值的差异。这样，调制 MS 图像的光谱信息的同时，也会产生光谱失真。所以，对融合图像进行光谱调制时，有必要用 PAN 图像的高频细节恢复 MS 图像的边缘信息。然而，PAN 图像和 MS 图像的光谱关系是不固定的，不同的对象、区域和环境有不同的光谱特性，若 MS 图像的各个通道无差异地接受来自 PAN 图像的高频细节，将显著影响融合图像的光谱及空间质量，因此，在基于注入模型进行高频细节注入时很有必要对融合图像的亮度信息进行调制。本章算法提出构建光谱调制系数，即注入模型中的注入效益来解决这个问题，算法考虑融合图像的亮度信息主要受注入融合图像中的高频细节和细节注入方式的影响。在高频细节参数确定的情况下，细节注入方式对融合图像的亮度信息起到关键作用，而考虑 PAN 和 MS 图像间的相关性及差异构建亮度调制系数是最有效的解决方案，于是，本章算法引进 5.4.2 节中构建的注入效益[式(5.25)]作为本章算法中的亮度调制系数是最合理的解决方案。该系数基于 PAN 和 MS 图像间的差异及相似度，针对 PAN 和 MS 图像间的全局或局部不相似对融合图像的亮度信息进行调制，数学上，用如下公式表示。

$$\beta_k = \mathrm{corr}(\mathrm{MS}_k, P)\,\mathrm{average}\left(\frac{\mathrm{std}(\mathrm{MS}_k)}{\mathrm{std}(P)}\right) \tag{6.15}$$

式中，corr(•)是计算相关系数的函数；std(•)是计算标准差的函数；average(•)是计算平均值的函数。

综上所述，将光谱和亮度调制系数分别作用于源低空间分辨率 MS 图像和提取到的高频细节，提出的融合算法能使融合图像有很好的空间及光谱质量。

6.4.3 光谱调制系数及亮度调制系数性能

在这部分，采用式(6.6)模型，对比 α_k'[41] 与本章提出的 α_k 的性能，以此验证本章提出的 α_k 的性能。除此之外，当光谱调制系数为 α_k、亮度调制系数为 g_k 时，对比分别应用式(6.7)与式(6.6)图像融合结果，即对比有亮度调制系数和无亮度调制系数情况下的融合图像，测试亮度调制系数 g_k 的性能。在测试实验中，所用数据[见图 6.2]来自不同的遥感数据库。考虑到大量数据，本节对这些数据的融合结果进行平均客观评价[见图 6.4(b)]的同时，对其中的一组数据的融合结果分别进行了主观[见图 6.3 中]和客观[见图 6.4(a)]评价。

(a)

(b)

(c)

图 6.2　用在对比实验中的图像数据

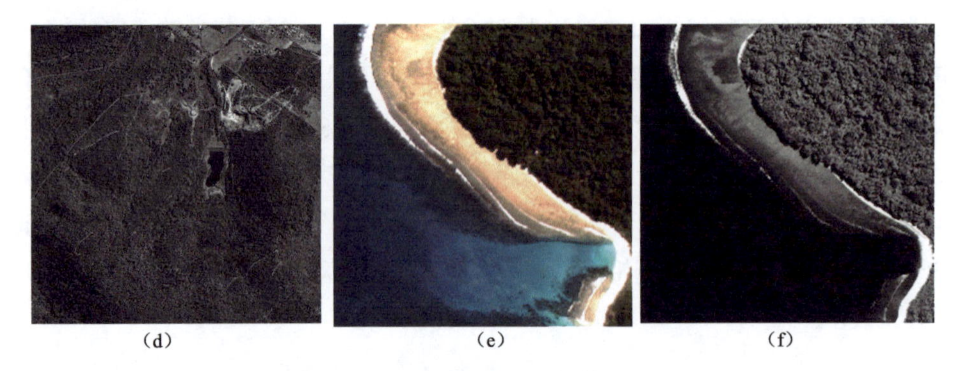

图 6.2　用在对比实验中的图像数据(续)

注:(a)～(e)是多光谱图像;(b)～(f)是全色图像。

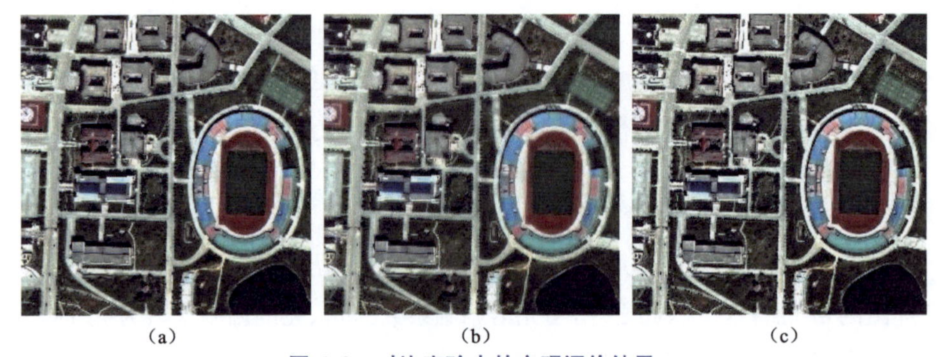

图 6.3　对比实验中的主观评价结果

注:(a)是用 α_k' 进行光谱调制但不进行亮度调制的融合结果;(b)是用本章提出的 α_k 进行光谱调制但不进行亮度调制的融合结果;(c)是用本章提出的 α_k 进行光谱调制,同时用本章提出的 g_k 进行亮度调制的融合结果。

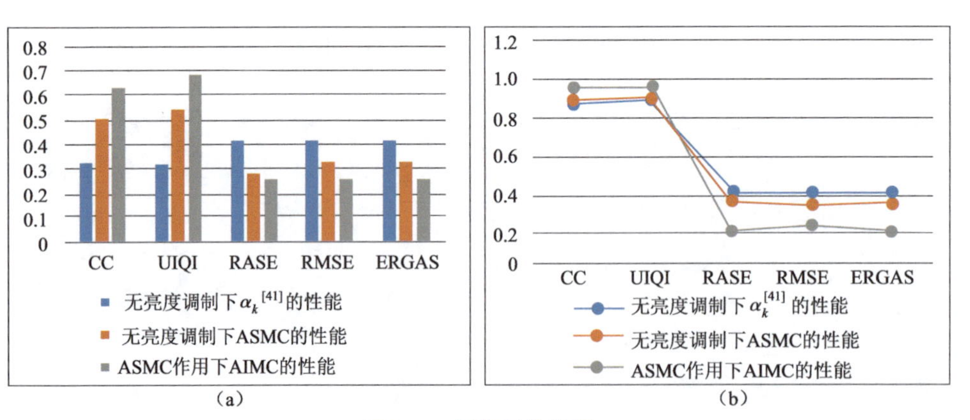

图 6.4　量化评价结果

注:(a)是图 6.3(a)～(c)的量化评价结果;(b)是图 6.2 中数据所得融合结果的平均量化评价结果。ASMC 和 AIMC 分别是提出的光谱和亮度调制系数。

从图 6.3 的融合结果来看，用 α_k'[41]进行光谱调制但不进行亮度调制的融合结果有些模糊，用本章提出的 α_k 进行光谱调制但不进行亮度调制的融合结果存在空间信息的不均匀，用本章提出的 α_k 进行光谱调制同时用本章提出的 g_k 进行亮度调制的融合结果获得最好的视觉效果。此外，从图 6.4 的客观评价结果来看，用本章提出的 α_k 进行光谱调制同时用本章提出的 g_k 进行亮度调制的融合结果在所有的客观评价指标上获得最好的值。综上所述，本章提出的 α_k 的性能比 α_k'[41]的性能更好，有亮度调制的融合结果比无亮度调制的融合结果更好。

6.5　实验结果及其应用分析

本节对本章提出的算法的性能进行测试，同时对本章算法融合得到的融合图像在国土资源信息管理中的相关应用进行分析。为评价基于光谱及亮度调制的遥感图像融合算法的性能，使用 WorldView-2、QuickBird 和 IKONOS 三大遥感数据库。所做实验包括作用于仿真图像的实验和作用于真实图像的实验两类，实验时利用 4.5 节所述方法处理 PAN 图像和 MS 图像。用于仿真图像实验的数据来自 WorldView-2、IKONOS 和 QuickBird 数据库，其中，来自 WorldView-2 和 QuickBird 数据库的 MS 图像大小是 64×64，相应的 PAN 图像大小是 256×256；来自 IKONOS 数据库的 MS 图像大小是 128×128，相应的 PAN 图像大小是 512×512。用于真实图像实验的数据来自 IKONOS 和 WorldView-2 数据库，其中，来自 IKONOS 数据库的 MS 图像大小是 152×195，相应的 PAN 图像大小是 608×780；来自 WorldView-2 数据库的 MS 图像大小是 128×128，相应的 PAN 图像大小是 512×512。

为了评价有参考图像和无参考图像融合结果的性能，五种先进的方法用于和本章算法作对比，分别是 AIHS[148]、CBD[147]、BFLP[128]、IMG[93]和 MM[139]。1.5 节中介绍的主观和客观两方面质量评价被用于性能评价，即主观评价和客观评价，其中有参图像客观评价指标包括 CC、UIQI、RMSE、RASE 和 ERGAS，无参考图像客观评价指标是 QNR，QNR 由 D_λ 和 D_s 构成。

6.5.1　仿真图像实验结果及其应用分析

在仿真图像实验中，本章用了三组来自 WorldView-2 和 QuickBird 卫星的数据，这三组数据中的 MS 图像是包括红、绿、蓝和近红外四个谱段的四通道图。其中第一组来自 WorldView-2 数据库，所用到的数据源图及五种对比方法和本章所提出的方法作用于该组的源图像所得到的融合图像如图 6.5 所示，第二组和第三组来自 QuickBird 数据库，所用到的数据源图及五种对比方法和本章所提出的方法作用于该组的源图像所得到的融合图像分别如图 6.6 和图 6.7 所示。为了更好地评价本章仿真图像实验的视觉效果，本章算法在参考图像及各方法所得的融合图像中相同位置圈了一小框内容，用红色边框标注，并将圈出来的小框中内容放大，用一大框标注放大的内容，该方法可更好地对比各方法的融合图像在视觉效果方面的细微差异。同时，本章算法在对各方法所得的融合图像进行客观评价时，对每组图、每个指标上最优的值加粗显示。下面对实验结果及这些实验结果在国土资源信息管理中的应用进行描述。

1. WorldView-2 数据

对于第一组来自 WorldView-2 数据库的实验，降采样后的 MS 图像如图 6.5(a)所示，降采样后的 MS 图像被上采样到 PAN 图像大小后的 MS 图像如图 6.5(b)所示，PAN 图像如图 6.5(c)所示，原始 MS 图像作为参考图如图 6.5(d)所示，相应方法获得的融合图像的主观评价结果如图 6.5(e)～(j)所示，客观评价结果见表 6.1。图像的主要内容是某城市的体育馆及体育馆周边环境及建筑，这种类型的遥感图像适用于国土资源信息管理中目标检测、城市/测绘管理。从图 6.5 来看，图 6.5(a)、图 6.5(b)和图 6.5(c)分别因其空间分辨率低、地物模糊和光谱分辨率低，导致地物识别率不高、分类精度不高，不适合直接用于国土资源信息管理。图 6.5(e)～(j)是本章所用对比方法及本章算法所获得的融合图像，从图 6.5(e)～(j)来看，方法 AWLP 获得的融合图像遭受严重的光谱失真。如果将 AWLP 方法的融合结果用于国土资源信息管理中目标检测、城市/测绘管理，会导致城市/测绘管理数据误差，目标性质、状态监测不准确，其后果是严重影响城市/测绘管理，影响目标检测精度。AIHS 方法获得的融合图像有一些模糊。如果将 AIHS 方法的融合结果用于目标检测、城市/测绘管理，将导致无法从视觉上清晰判断城市中建筑、道路、植被等对象的地理位置、形状，且很难准确分析各对象的详细分布、状态信息。CBD 和 BFLP 方法获得的融合图像有很丰富的光谱信息，但这些光谱信息不均匀，如体育馆的颜色区域。如果将 CBD 和 BFLP 方法的融合结果用于目标检测、城市/测绘管理，会影响目标检测、城市/测绘管理精度。对比以上这些方法的融合结果，IMG、MM 方法及本章提出方法获得的融合结果有更好的视觉质量，但这三种方法之间无明显的视觉差异。

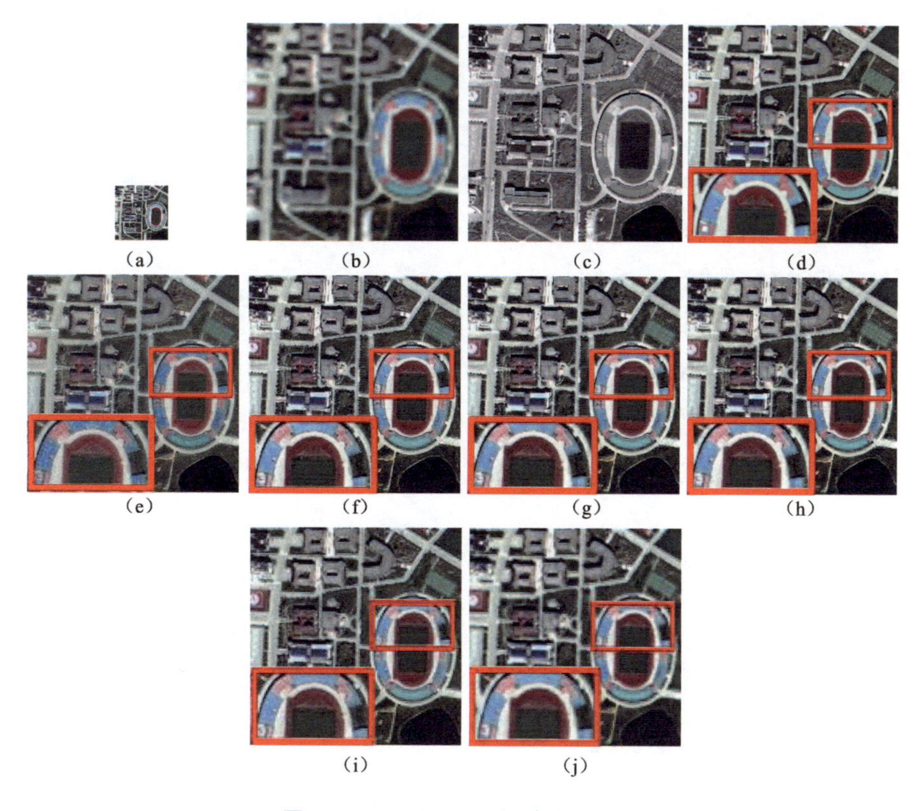

图 6.5　WorldView-2 图像融合结果

注：(a)是降采样后的 MS 图像；(b)是降采样后的 MS 图像被上采样到 PAN 图像大小的 MS 图像；(c)是 PAN 图像；(d)是参考图像；(e)～(j)分别是 AIHS、CBD、BFLP、IMG、MM 方法和本章方法所获得的融合图像。

表 6.1　图 6.5 中融合图像定量评价结果

算　法	CC	UIQI	RASE	RMSE	ERGAS
AIHS	0.919 3	0.851 3	20.473 2	22.397 2	5.149 6
CBD	0.948 3	0.855 1	17.116 3	18.724 8	4.210 8
BFLP	0.919 0	0.850 9	20.849 9	22.809 3	5.137 5
IMG	0.916 7	0.855 8	20.678 2	22.621 5	5.177 6
MM	0.943 4	0.847 7	17.159 7	18.772 3	4.262 1
本章方法	**0.957 6**	**0.861 9**	**14.912 1**	**16.313 6**	**3.712 6**

然而，从表 6.1 中各方法获得的融合图像的客观评价结果来看，本章提出的算法在所有评价指标 CC、RMSE、RASE 和 ERGAS 上取得最好的值，在 UIQI 指标上获得第二好的值。综上所述，本章提出的方法在第一组仿真数据实验中表现出最好的性能，比其他对比方法获得的融合图像更适合应用于城市/测绘管理、目标检测等国土资源管理领域。

2. IKONOS 数据

对于第二组来自 IKONOS 数据库的实验，降采样后的 MS 图像如图 6.6(a)所示，降采样后的 MS 图像被上采样到 PAN 图像大小后的 MS 图像如图 6.6(b)所示，PAN 图像如图 6.6(c)所示，原始 MS 图像作为参考图如图 6.6(d)所示，相应方法获得的融合图像的主观评价结果如图 6.6(e)～(j)所示，客观评价结果见表 6.2。

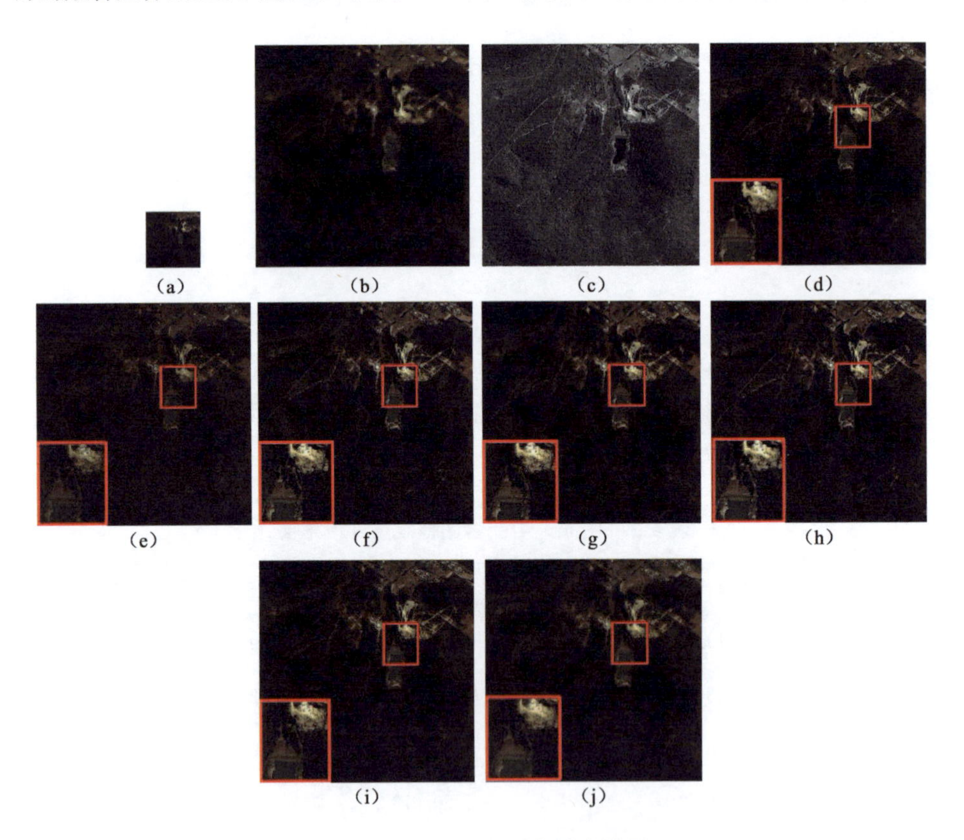

图 6.6　QuickBird 图像融合结果

注：(a)是降采样后的 MS 图像；(b)是降采样后的 MS 图像被上采样到 PAN 图像大小的 MS 图像；(c)是 PAN 图像；(d)是参考图像；(e)～(j)分别是 AIHS、CBD、BFLP、IMG、MM 方法和本章方法所获得的融合图像。

表 6.2　图 6.6 中融合图像定量评价结果

算　法	CC	UIQI	RASE	RMSE	ERGAS
AIHS	0.785 9	0.728 1	30.32 5	15.257 3	9.532 9
CBD	0.809 4	0.754 6	33.706 1	16.958 4	10.86 9
BFLP	0.848 1	0.757 7	43.366 6	21.818 9	10.099 9
IMG	0.773 6	0.699 4	62.315 5	31.352 6	12.649 1
MM	0.857 5	0.788 4	28.233 5	14.20 5	8.077 3
本章方法	**0.896 8**	**0.819 0**	**23.791 5**	**11.970 1**	**5.144 4**

所用图像是关于森林资源的遥感图像，其主要内容包括树木、草体、湖泊、陆地及森林周围的部分建筑，这种类型的遥感图像适用于国土资源信息管理中林业及林业周边环境管理。从图 6.6 来看，图 6.6(a)、图 6.6(b)和图 6.6(c)分别因其空间分辨率低、地物模糊和光谱分辨率低，导致地物识别率不高、分类精度不高，不适合直接用于国土资源信息管理。图 6.6(e)～(j)是本章所用对比方法及本章算法整合图 6.6(b)和图 6.6(c)的互补信息所获得的融合图像，从各种融合算法作用于该组源图像所获得的融合图像来看，方法 CBD、BFLP、IMG 和 MM 获得的融合结果有好的空间质量，但这些方法的融合结果在森林区域表现出不同程度的光谱信息不均匀现象。如果将 CBD、BFLP、IMG 和 MM 方法的融合结果用于国土资源信息管理中林业及林业周边环境管理，会影响林业及林业周边环境管理精度。方法 AIHS 获得的融合结果在陆地区域存在严重的光谱失真。如果将 AIHS 方法的融合结果用于国土资源信息管理中林业及林业周边环境管理，会导致林业管理部门对陆地区域状态监测、管理效率低下。通过对比，本章提出的方法视觉上最接近参考图像，同时，根据显示在表(6.2)中各方法获得的融合图像客观评价结果来看，本章提出的算法在所有评价指标 CC、UIQI、RMSE、RASE 和 ERGAS 上取得最好的值。综上所述，本章提出的方法在第二组仿真数据实验中表现出最好的性能，比其他对比方法获得的融合图像更适合应用于林业及森林周边环境的管理。

3. QuickBird 数据

对于第三组来自 QuickBird 数据库的实验，降采样后的 MS 图像如图 6.7(a)所示，降采样后的 MS 图像被上采样到 PAN 图像大小后的 MS 图像如图 6.7(b)所示，PAN 图像如图 6.7(c)所示，原始 MS 图像作为参考图如图 6.7(d)所示，相应方法获得的融合图像的主观评价结果如图 6.7(e)～(j)所示，客观评价结果见表 6.3。

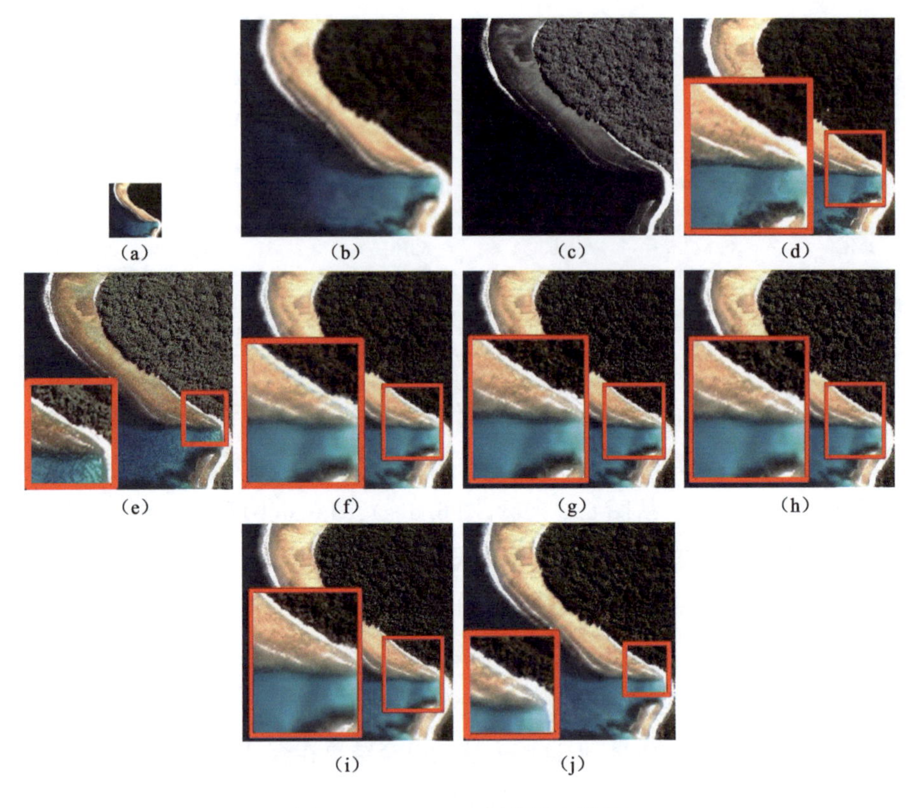

图 6.7 QuickBird 图像融合结果

注：(a)是降采样后的 MS 图像；(b)是降采样后的 MS 图像被上采样到 PAN 图像大小的 MS 图像；(c)是 PAN 图像；(d)是参考图像；(e)～(j)分别是 AIHS、CBD、BFLP、IMG、MM 方法和本章方法所获得的融合图像。

表 6.3 图 6.7 中融合图像定量评价结果

算 法	CC	UIQI	RASE	RMSE	ERGAS
AIHS	0.972 6	0.849 6	18.419 4	14.882 9	4.968 3
CBD	0.974 0	0.861 9	18.325 4	14.806 9	5.191 5
BFLP	0.961 5	0.848 1	21.473 9	17.350 9	6.763 3
IMG	0.946 8	0.842 5	26.540 4	21.444 7	8.677 0
MM	0.974 6	0.853 9	17.644 4	14.256 6	**4.562 6**
本章方法	**0.977 3**	**0.862 4**	**17.356 5**	**14.024 1**	4.722 1

图 6.7 中所用图的内容包括海水、陆地、森林，这种类型的遥感图像主要用于国土资源信息管理中裸地管理、林业、海洋状态的监测及管理。从图 6.7 来看，

图 6.7(a)空间分辨率低、地物识别率低和分类精度低，不适合将图 6.7(a)直接用于国土资源信息管理。图 6.7(b)中地物模糊，不利于准确描述国土资源信息。图 6.7(c)中对象边缘、纹理清晰，但没有色彩信息，无法定性、客观地描述国土资源性质、状态。图 6.7(e)～(j)是本章所用对比方法及本章算法整合图 6.7(b)和图 6.7(c)的互补信息所获得的融合图像，从各种融合算法作用于该组源图像所获得的融合图像来看，图像内容包括海水、陆地和森林。方法 AIHS 获得的融合图像在海水、陆地和森林存在严重的光谱失真。如果将 AIHS 方法的融合结果用于国土资源信息管理中，会导致国土资源信息管理部门对裸地、林业及海洋的客观状态的严重误判，其后果是严重影响国土资源信息管理部门对裸地、林业及海洋的管理、开发及合理利用。方法 CBD 获得的融合图像在海水和陆地区域接近参考图像，但在森林区域存在严重的光谱失真。方法 BFLP、IMG 和 MM 获得的融合图像在森林区域绿色方面获得好的视觉效果，但在森林的其他颜色区域有明显的光谱失真。如果将 CBD、BFLP、IMG 和 MM 方法的融合结果用于国土资源信息管理中，会导致国土资源信息管理部门对林业尤其是森林中除绿色之外的其他颜色区域的客观状态的严重误判，其后果是严重影响国土资源信息管理部门对林业的管理、开发及合理利用。通过对比，本章所提出方法的融合图像获得最好的视觉效果。同时从表 6.3 中的客观评价结果来看，本章提出的算法在 CC、UIQI、RASE 和 RMSE 评价指标上取得最好的值，在 ERGAS 指标上取得第二好的值。综上所述，本章提出的方法在第三组仿真数据实验中表现出最好的性能，融合图像具有丰富色彩信息和空间信息，比其他对比方法获得的融合图像更适合应用于国土资源中林业管理、海洋研制等方面。

通过以上三组实验的对比，证实本章所提出的方法在仿真图像上表现出优异的性能，在目标检测、城市/测绘、林业管理和海洋研制等国土资源管理领域有很高的应用价值。

6.5.2　真实图像实验结果及其应用分析

在真实图像实验中，本章做了两组实验，实验数据来自 WorldView-2 和 IKONOS 卫星，对本章整个实验数据而言，这两组实验用第四组、第五组命名，其中第四组来自 IKONOS 数据库，所用到的数据源图及五种对比方法和本章所提出的方法作用于该组的源图像所得到的融合图像如图 6.8 所示，第五组的数据都来自 WorldView-2 数据库，其中所用到的数据源图及五种方法作用于该组的源图像所得到的融合图像如图 6.9 所示。这两组数据中的 MS 图像通道数不同，第四组数据中的 MS 图像是四通道的，其通道由红、绿、蓝及近红外构成；第五组数据中的 MS 图像是八通道的，其通道由海岸、蓝色、绿色、黄色、红色、红边、近红外 1 和近红外 2 构成。来自 IKONOS 数据库的 MS 图像的大小是 152×195，其相应的 PAN 图像大小是 608×780。来自 WorldView-2 数据库的 MS 图像的大小是 128×128，其相应的 PAN 图像大小是 512×512。为了更好地评价本章真实图像实验的视觉效果，本章算法在各方法所得的融合图像中相同位置圈了一小框内容，用红色边框标注，并将圈出来的小框中内容放大，用一大框标注放大的内容，该方法可更好地对比各方法的融合图像在视觉效果方面的细微差异。同时，本章算法在对各方法所得的融合图像进行客观评价时，对每组图、每个指标上最优的值加粗显示。下面对实验结果及这些实验结果在国土资源信息管理中的应用进行描述。

1. IKONOS 数据

对于第四组来自 IKONOS 数据库的真实数据实验，原始 MS 图像如图 6.8(a)所示，MS 图像被上采样到 PAN 图像大小后的 MS 图像如图 6.8(b)所示，PAN 图像如图 6.8(c)所示，相应方法获得的融合图像的主观评价结果如图 6.8(d)～(i)所示，客观评价结果见表 6.4。该组实验所用图是某城市土地使用情况，图的色彩信息丰富。这种类型的遥感图像适用于国土资源信息管理中的城市/测绘管理、土地利用管理。从图 6.8 来看，图 6.8(a)空间分辨率低、地物识别率低和分类精度低，不适合将图 6.8(a)直接用于国土资源信息管理。融合前的 PAN[见图 6.8(c)]图像，因其分辨率高，视觉上可清晰判断城市中居民区、经济开发区、公共设施等不同功能区的地理位置、形状，但很难分析各功能区的详细分布、状态信息。从融合前的 MS 图像[见图 6.8(b)]中可以勉强获取该城市土地使用情况的相关数据，但所提取的数据误差会很高。图 6.8(d)～(i)是本章所用对比方法及本章算法整合图 6.8(b)和图 6.8(c)的互补信息所获得的融合图像，从各种融合算法作用于该组源图像所获得的融合图像来看，方法 AIHS 的融合图像有一些光谱失真和空间失真。如果将 AIHS 方法的融合结果用于城市/测绘管理、土地利用管理，将导致无法从视觉上清晰判断城市中居民区、经济开发区、公共设施等不同功能区的地理位置，形状，且很难准确分析各功能区的详细分布、状态信息。方法 BFLP 和 MM 不能有效保护融合图像的光谱信息，如橙色区域。如果将 BFLP 和 MM 方法的融合结果用于城市/测绘管理、土地利用管理，将导致城市/

测绘管理部门对城市中尤其是橙色区域建筑、植被、空地等的性质、使用状况信息的误判。从视觉上对比，方法 CBD、IMG 和本章所提出方法获得的融合图像，其差异不明显。但与其他对比方法的融合结果相比，方法 CBD、IMG 和本章所提出的方法获得的融合图像有最好的视觉效果。同时，从表 6.4 各方法的融合图像客观评价结果来看，本章提出的方法在 D_s 和 D_λ 评价指标上有最小的值，在 QNR 评价指标上有最大的值。综上所述，本章提出的方法在第四组真实数据实验中表现出最好的性能，比其他对比方法获得的融合图像更适合应用于城市/测绘管理、土地利用管理中。

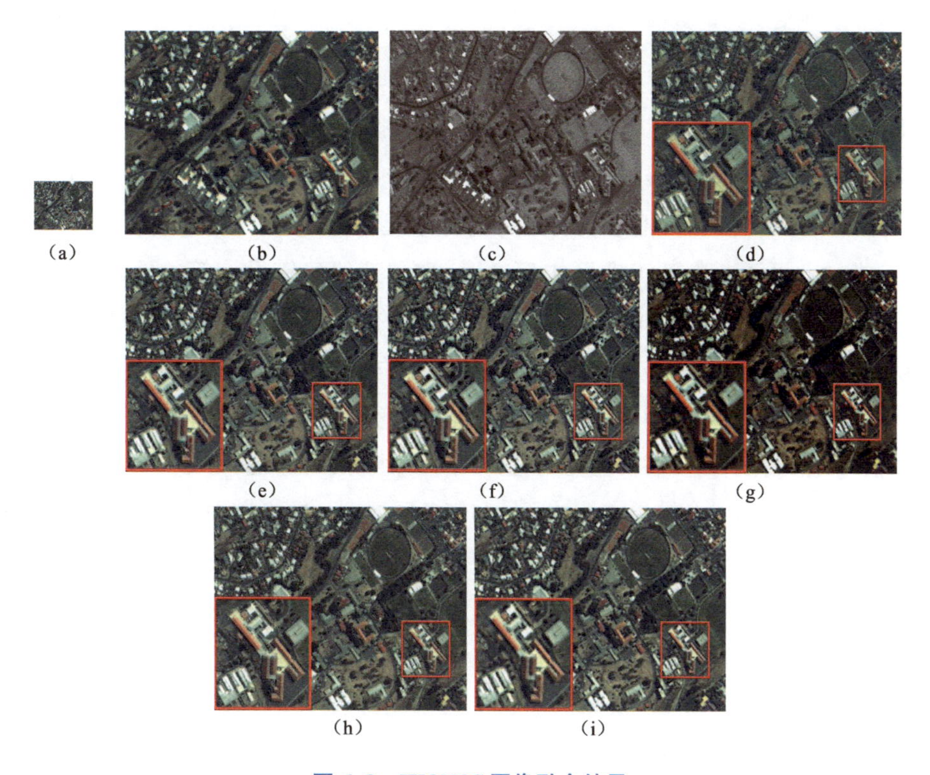

图 6.8　IKONOS 图像融合结果

注：(a)是原始 MS 图像；(b)是 MS 图像被上采样到 PAN 图像大小的 MS 图像；(c)是 PAN 图像；(d)～(i)分别是 AIHS、CBD、BFLP、IMG、MM 方法和本章方法所获得的融合图像。

表 6.4　图 6.8、图 6.9 中融合图像定量评价结果

算　法	图　6.8			图　6.9		
	D_λ	D_s	QNR	D_λ	D_s	QNR
AIHS	0.062 9	0.077 7	0.864 3	0.120 2	0.074 8	0.814 0

续上表

算　法	图　6.8			图　6.9		
	D_λ	D_s	QNR	D_λ	D_s	QNR
CBD	0.039 6	0.051 3	0.911 1	0.120 0	0.071 5	0.817 0
BFLP	0.039 4	0.055 8	0.906 9	0.124 8	0.070 1	0.813 8
IMG	0.050 5	0.056 2	0.896 1	0.138 7	**0.064 3**	0.805 9
MM	0.040 3	0.062 2	0.900 0	0.120 3	0.076 1	0.812 7
本章方法	**0.035 5**	**0.048 1**	**0.918 1**	0.118 6	0.069 9	0.819 8

2. WorldView-2 数据

该组实验所用图是某处工业区厂方、植被和其他建筑设施分布图。这种类型的遥感图像适用于进行工业区现状分析和工业区土地利用情况监测。从图 6.9 来看，图 6.9(a)空间分辨率低、地物识别率低和分类精度低，不适合直接用于该处工业区厂方、植被和其他建筑设施的识别、监管。融合前的 PAN[见图 6.9(c)]图像，视觉上可清晰判断工业区中厂方、植被和其他建筑设施等的地理位置、形状，但很难分析各物的详细状态信息。从融合前的 MS 图像[见图 6.9(a)]中可以勉强获取该工业区厂方、植被和其他建筑设施的相关数据，所提取的数据误差会很高。图 6.9(d)～(i)是本章所用对比方法及本章算法整合图 6.9(b)和图 6.9(c)的互补信息所获得的融合图像，从各种融合算法作用于该组源图像所获得的融合图像来看，方法 AIHS 获得的融合结果在植被区域和红色区域有一些光谱失真。如果将 AIHS 方法的融合结果用于该处工业区厂方、植被和其他建筑设施的识别、监管，会导致无法从视觉上准确分析该处工业区厂方、植被和其他建筑设施的状态信息，其后果是严重影响国土资源信息管理部门对该处工业区土地使用管理的管理效率。与其他对比方法相比，方法 BFLP 和 MM 获得的融合图像有一些模糊。如果将 BFLP 和 MM 方法的融合结果用于该处工业区厂方、植被和其他建筑设施的识别、监管，将导致将国土资源管理部门对该处工业区中厂方、植被和其他建筑设施等性质、使用状况信息及空间数据信息的误判。方法 CBD、IMG 和本章所提出方法获得的融合图像主观评价差异很少。但与其他对比方法的融合结果相比，方法 CBD、IMG 和本章所提出方法获得的融合图像有最好的视觉效果。同时，从表 6.4 各方法的融合图像客观评价结果来看，本章提出的方法在 QNR 评价指标上有最大的值，在评价指标上 D_λ 有最小的值，在 D_s 评价指标上有第二小的值。综上所述，本章提出的方法在第二组真实数据实验中表现出最好的性能，比其他对比方法获得的融合图像更适合用于工业区厂方、植被和其他建筑设施的识别、监管。

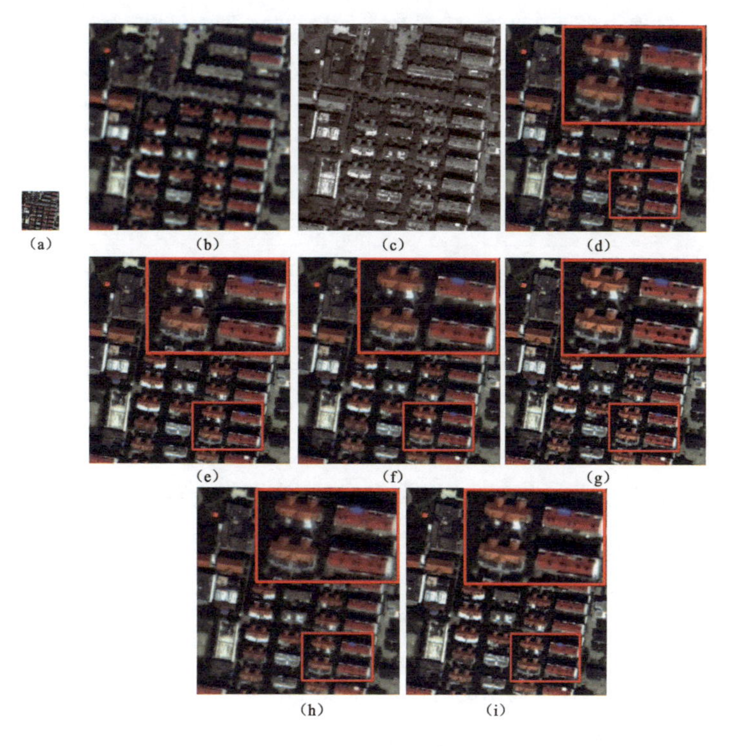

图 6.9　WorldView-2 图像融合结果

注：(a)是原始 MS 图像；(b)是 MS 图像被上采样到 PAN 图像大小的 MS 图像；(c)是 PAN 图像；(d)～(i)分别是 AIHS、CBD、BFLP、IMG、MM 方法和本章方法所获得的融合图像。

以上两组真实图像实验结果的主观和客观评价对比，证实了本章所提出的算法在仿真图像上表现优越的性能，可用于城市/测绘管理和工业区土地利用管理等国土资源管理领域。

6.5.3　算法综合性能评价

本章算法通过测试提出的光谱调制和亮度调制系数的性能，验证了本章算法所提出的光谱调制和亮度调制系数在基于注入模型的遥感图像融合方案中优越的性能。同时，本章算法在单对仿真遥感图像和真实图像上进行了大量实验测试，测试结果表明，本章算法在仿真遥感图像和真实图像上表现出优异的性能。为了测试本章算法的综合融合性能，本章算法在来自 WorldView-2、QuickBird 和 IKONOS 数据库的真实图像数据上进行实验，用到实验数据共 180 对，计算本章所提出的算法与五种对比方法在 180 对 MS 和 PAN 图像上融合结果的平均性能。其中实验结果见表 6.5。

表 6.5　算法基于 180 对 MS 和 PAN 图像的融合图像平均定量评价结果

算　法	D_λ	D_s	QNR
AIHS	**0.023 876**	0.122 893	0.856 485
CBD	0.046 899	0.104 398	0.854 119
GSA	0.053 526	0.101 662	0.851 019
BFLP	0.086 424	0.117 174	0.807 836
IMG	0.077 745	0.106 775	0.824 963
MM	0.053 84	0.110 163	0.842 69
本章方法	0.046 661	**0.100 689**	**0.858 269**

从表 6.5 中各方法在 180 对 MS 和 PAN 真实图像上获得的融合图像的客观评价结果来看，本章所提出的方法获得的融合图像在 QNR 指标上获得最大的值，在 D_s 指标上获得最小的值，在 D_λ 指标上获得第二小的值。该组算法综合性能评价实验结果表明，本章所提出的方法在很多遥感图像上可获得很好的融合结果。

以上实验结果表明，所提出的算法对高频细节进行调制的同时调制融合图像的光谱信息，以此来减少融合图像的光谱失真，与一系列现有方法对比，该算法的综合融合性能超过了其他所有的对比方法。

综合以上实验分析，与一系列现有方法对比，无论在仿真图像实验中还是在真实图像实验中，本章所提出的基于光谱及亮度调制的注入模型遥感图像融合算法的融合性能超过了其他所有的对比方法，并且对很多卫星数据都有效。本章算法所获取的融合图像可满足国土资源信息管理中对遥感图像分辨率的需求，在国土资源信息管理中有很高的应用价值。

6.5.4　应用示例：算法用于城区地物分类管理

本节以本章算法在城区地物分类管理中的应用为例介绍本章算法在国土资源信息管理中的应用价值。验证方式：对比本章算法和其他算法融合得到的图像在城区地物分类管理中的应用。实验工具是通用遥感图像处理分析软件 ENVI，实验用图是图 6.5(d)～(j)对应的无框图，单幅图的总像素点为 65 536，实验中将其看作图中地物总面积(单位：m^2)。将图 6.5(d)～(j)对应的无框图分别载入 ENVI 软件中，利用 ENVI 软件的分类功能对这些载入的遥感图像中的地物信息进行分类，可得到这些载入图像的分类结果图和相关分类统计信息。实验方法是：将载入图像中的地物信息分成六类，参考图像对应的分类结果作为标签，越接近这个标签的分类结果越好，在国土资源信息管理中的应用价值越高。评价方式分主观评价和客观评价两类，主观评价结果如图 6.10 所示，客观评价结果见表 6.6。

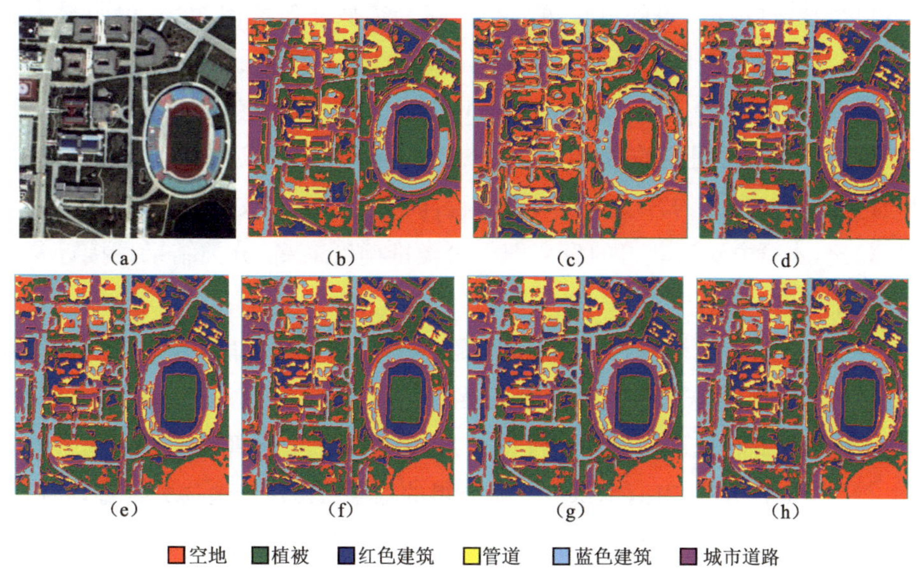

图 6.10　图 6.5(d)～(j)对应的无框图分类结果

注：(a)是分类前参考图像；(b)是分类后参考图像；(c)～(h)分别是 AIHS、CBD、BFLP、IMG、MM 方法和本章方法所获得的融合图像的分类结果。

表 6.6　不同方法融合得到的融合图像的分类结果的量化对比

方　法　图	分类统计信息(植被类)	
	占地面积/m^2	占地比/%
参考图	20 952	31.970
AIHS	13 960	21.301
CBD	18 479	28.197
BFLP	18 316	27.948
IMG	18 749	28.609
MM	17 564	26.801
本章方法	18 941	28.902

分类结果图中一个颜色代表一类,不同的颜色代表不同的类。对照图 6.10(a)和图 6.10(b)来看,该遥感图像成像内容是某城市局部地物分布图,图像中地物被分成了六类:绿色类为该城市局部植被分布;粉色类是城市道路分布;黄色类是该城市局部管道分布;红色类是空地;深蓝色类是该城市局部红色建筑分布;淡蓝色类是该城市局部蓝色建筑分布。与分类后的参考图相比,很明显来自AIHS方法的融合图像的分类误差很高,如体育馆处绿色所对应类的误判率很高。同理,来自CBD、BFLP、IMG和MM方法的融合图像在蓝色对应类分类误差很高。本章方法得到的融合图像,主观上分类结果都接近参考图像的分类结果,且从表6.6显示的客观分类结果来看,以参考图中植被类为例,与其他对比方法相比,本章方法所获得的融合图像分类准确度最高、分类结果最接近参考图分类结果。

以上分类实验结果表明,将AIHS、CBD、BFLP、IMG和MM方法获得的融合图像用于地物分类管理时,地物分类误差率高,会造成对地表对象的严重误判,不能给国土资源管理部门提供精准的信息,影响国土资源管理部门地物管理效率。与其他对比方法相比,本章方法所获得的融合图像用于地物分类管理时,可有效消除分类误差,可以给国土资源管理部门提供精准的信息,帮助国土资源管理部门有效管理地物。

同时,为了说明本章算法得到的融合图像在国土资源管理中的信息提取性能,本章实验用ENVI软件从本章算法得到的融合图像中获取地物的统计信息,这些信息显示在表6.7中。从表6.7来看,用本章方法得到的融合图像用于地物分类管理,统计得到:该地区总占地面积65 536 m^2,其中植被占地18 941 m^2,占地百分比28.902%;管道分布占地7 228 m^2,占地百分比11.121%;城市道路占地9 653 m^2,占地百分比14.729%;红色建筑占地11 855 m^2,占地百分比18.089%;蓝色建筑占地11 372 m^2,占地百分比17.352%;空地占地6 427 m^2,占地百分比9.807%。对比表6.7中参考图地物分布统计信息,发现本章方法的融合图像分类统计数据与参考图的非常接近,这组数据再次说明了本章方法在国土资源管理中的应用价值。因此,将本章算法应用于国土资源信息管理,可对地物进行准确分类,同时可从分类结果中获取不同类型地物的相关统计信息,如不同类型地物占地面积、不同类型地物占地面积百分比、不同类型地物在城区的准确分布等。

表 6.7　城市局部地物分布统计信息

参考图地物分布统计信息			本章方法融合图地物分布统计信息		
地物类型	占地面积/m^2	占地比/%	地物类型	占地面积/m^2	占地比/%
植被	20 952	31.97	植被	18 941	28.902
管道分布	7 258	11.08	管道分布	7 288	11.121
城市道路	11 891	18.14	城市道路	9 653	14.729
红色建筑	8 225	12.55	红色建筑	11 855	18.089
蓝色建筑	9 876	15.07	蓝色建筑	11 372	17.352
空地	7 334	11.19	空地	6 427	9.807

综上所述，本章提出的遥感图像融合方法获得的遥感图像能给国土资源管理提供全面、精准的信息，可解决现有遥感图像融合算法应用于国土资源信息管理中分类准确度不高的问题，可帮助国土资源管理部门准确获取地物信息，合理规划和利用土地资源。

小　结

本章针对国土资源信息管理所面临的现状，与基于多光谱图像改进的注入模型遥感图像融合算法一样，以注入模型中的细节接受对象和注入效益为研究对象，围绕解决注入细节与 MS 图像低相关及细节过度注入问题，提出基于光谱和亮度调制的注入模型遥感图像融合算法，算法对高频细节进行调制的同时调制融合图像的光谱信息。该算法分析 PAN 图像的空间特性和 MS 图像光谱特性，探索 MS 图像亮度信息和光谱信息之间的关系，基于 PAN 图像和 MS 图像高频细节信息间的关系及 MS 图像各通道对 MS 图像光谱信息的贡献构建光谱调制系数。同时，本章算法基于边缘信息保护，考虑 PAN 和 MS 图像相似度及差异构建亮度调制系数，并分别证明了本章算法提出的光谱调制系数和亮度调制系数的性能。该算法处理过程中，首先，通过滤波技术处理 PAN 图像和 MS 图像获取 PAN 图像和 MS 图像的高频细节。接下来基于这些高频细节计算 MS 图像和 PAN 图像高频细节尺度差异，基于多光谱图像各通道关系计算多光谱图像各通道对融合图像光谱信息的贡献率，这两方面工作的联合可获得融合图像较源多光谱图像在光谱信息方面的调整幅度，最后基于 MS 图像和 PAN 图像间的相关性及差异构建亮度调制系数，将这个亮度调制系数作用于 PAN 图像细节可帮助

PAN图像细节自适应注入多光谱图像中获取融合图像，并进行了算法性能测试实验分析与算法在国土资信息管理中的应用分析。

本章算法基于遥感领域常用的 WorldView-2、QuickBird 和 IKONOS 数据库，针对四通道和八通道多光谱图及其相应的 PAN 图像开展遥感图像融合研究，处理了五类实验：光谱调制系数和亮度调制系数性能测试实验、仿真图像和真实图像的实验及其应用分析、基于光谱和亮度调制的注入模型遥感图像融合算法性能综合评价和算法应用示例实验。实验中用有参考图遥感图像融合质量评价指标 CC、UIQI、RMSE、RASE 和 ERGAS 评价仿真图像实验结果，用无参考图遥感图像融合质量评价指标 D_{λ}、D_{s} 和 QNR 评价真实图像实验结果，五种对比方法用于评价本章所提出算法的性能。本章算法通过与这五种遥感图像融合算法对比，无论在仿真图像实验中还是在真实图像实验中，该算法的融合性能都超过了其他所有的对比方法，并且对很多卫星数据都有效。实验结果表明，本章提出的融合算法通过构建光谱调制系数和亮度调制系数，实现对融合图像的光谱调制的同时进行亮度调制，可以有效减少融合图像的光谱失真和空间失真，与现有很多基于注入模型的遥感图像融合算法相比，本章所提出的算法可以有效克服细节过度注入问题，减少融合图像光谱失真，能有效提高自动化提取 HRMS 图像的水平，同时其融合图像所含信息全面、准确，可满足国土资源信息管理需要，适用于土地利用管理、海洋研制和农、林业管理，尤其是城市/测绘等国土资源管理领域。

第 7 章

基于多目标决策的遥感图像融合算法及其应用

7.1 基于多目标决策的遥感图像融合算法及其应用研究现状分析

随着社会经济和科学技术的发展，决策者利用遥感数据在土地利用规划、地球资源普查、海洋研制、农业/林业管理和城市/测绘管理等领域进行管理、规划决策时，经常碰到目标数量多，目标间矛盾且不可公度问题，这些问题的解决迫切需要更有效的基于多目标决策的遥感图像融合算法获取更高空间、光谱分辨率的遥感图像。

本书第 3、4、5、6 章介绍的基于注入模型的遥感图像融合算法都基于一个假设：理想的高分辨率多光谱图像的空间分辨率和融合前全色图像的空间分辨率一样。从理论上讲，全色锐化方法合成图像的光谱分辨率应该等于 MS 图像，空间分辨率与 PAN 图像相同。实际上，像素级遥感图像融合涉及 A 和 B 两幅图像中所有像素点的信息整合，质量优化问题是个多目标问题。融合处理过程中，各个像素点的质量目标没有统一的度量标准，因而难以直接进行比较，同时，如果选择 A 或 B 图像中的某个像素点来改进某一目标的值，可能会使另一目标的值变坏。因此，如果基于注入模型的融合算法在细节注入过程中对光谱和强度信息的权衡不足，会导致融合后的图像存在空间或光谱失真。本章在高频细节注入前提下提出基于多目标决策优化融合图像的融合质量，减少此类问题引起的融合图像的光谱失真。

目前，已有不少学者针对细节过多或不充分注入引起融合图像光谱或空间失真问题进行研究，但是，在高频细节注入前提下基于多目标决策优化融合图像的融合质量，减少此类问题引起的融合图像的光谱失真的研究还较少。现有多数研究对注入模型中注入效益参数进行改进试图解决细节过多或不充分注入引起融合图像空间失真问题。也有不少学者改进高频细节提取方法,试图提取与源多光谱图像高相关的注入细节来减少融合图像光谱或空间失真问题,此类方法的融合原理类似本书第 3 章和第 4 章提出的融合算法的融合原理。近几年,围绕融合图像空间信息有效增强和光谱信息有效保真,基于注入模型从光谱信息调制角度解决光谱和空间失真问题的研究崭露头角。早期代表作是 Rahmani 等[148]提出的基于边缘保护的光谱调制全色锐化方法。该方法考虑注入细节的注入功效,构建了一个功效系数对融合图像的光谱分量进行调制,可有效减少融合图像的光谱失真,但该方法没有对亮度分量进行调制,致使融合图像空间与光谱信息权衡不足引起新的图像失真现象。为了解决这一问题,本书第 6 章基于细节注入模型构造光谱和亮度调制参数来调制融合图像颜色和纹理信息,实现它们之间的权衡。实验结果表明第 6 章提出的方法能有效权衡融合图像的光谱和空间信息,但在光谱和亮度调制系数的调制能力方面仍然存在改进空间。本章拟在第 6 章的研究基础上,从多目标角度发展一种新的融合模型,以提高融合图像的质量。

7.2 基于多目标决策的遥感图像融合算法关键技术

7.2.1 基于光谱亮度调制的注入模型

Yang 等[2]利用 MS 图像通道与 PAN 图像细节之间的关系,构建基于光谱亮度调制的注入模型,设计光谱调制系数和亮度调制系数同时调制空间和光谱信息,这个处理可用数学公式表示为

$$\mathrm{FMS}_k = \alpha_k \mathrm{MS}_k + \beta_k \mathrm{HRI} \tag{7.1}$$

式中,α_k 是光谱调制系数;MS_k 是低空间分辨率多光谱图像;β_k 是亮度调制系数;HRI 是高频细节。

考虑光谱贡献率设计 α_k 调制光谱信息,数学上表示为

$$\alpha_k = 1 + \frac{\mathrm{MS}_k(i,j)}{\sum_{k=1}^{N} \mathrm{MS}_k(i,j)} \left(\sum_{l=1}^{n} \mathrm{PD}_l - \sum_{l}^{n} \mathrm{MD}_l \right) / \max\{\mathrm{MS}_k(i,j)\} \tag{7.2}$$

式中,(i,j)是像素点坐标; $\mathrm{MS}_k(i,j) / \sum_{k=1}^{N} \mathrm{MS}_k(i,j)$ 是 MS 图像各通道光谱贡献率,它的值的大小反映 MS 图像各通道光谱信息差异的大小,影响融合图像光谱

调制幅度的大小；$\sum_{l=1}^{n}\mathrm{PD}_l$ 是注入细节；$\sum_{l}^{n}\mathrm{MD}_l$ 是源 MS 多光谱图像高频细节；$(\sum_{l=1}^{n}\mathrm{PD}_l-\sum_{l}^{n}\mathrm{MD}_l)/\max\{\mathrm{MS}_k(i,j)$ 是融合图像细节偏移率。

考虑 MS 图像与 PAN 图像相关性及差异设计 β_k 调制融合图像亮度信息，数学上表示为

$$\beta_k=\mathrm{corr}(\mathrm{MS}_k,P)\mathrm{average}\left(\frac{\mathrm{std}(\mathrm{MS}_k)}{\mathrm{std}(P)}\right) \tag{7.3}$$

式中，P 是全色图像；corr(•)是计算相关系数的函数；std(•)是计算标准差的函数；average(•)是计算平均值的函数。

从式(7.2)来看，α_k 同时考虑光谱信息差异和考虑融合图像细节偏移率来决策融合图像的光谱调制幅度。实际上，影响融合图像光谱质量的因素远不止这两个因素，不可公度，因此，Yang 等[2]提出的 α_k 一定不是式(7.1)问题的全局最优解，也可能存在比 α_k 更接近全局最优解的解。针对上述问题，本章重点研究式(7.1)问题，从多目标角度开发一种新的融合模型，以提高融合图像的质量。

7.2.2 多目标决策技术

多目标决策和单目标决策的根本区别在于目标的数量。单目标决策只要比较各待选方案的期望值哪个最大即可，而多目标问题就不如此简单了。

设有 m 个目标 $f_1(x),f_2(x),\cdots,f_m(x)$，但在这 m 个目标中有一个是主要目标，如为 $f_1(x)$，并要求其为最大。在这种情况下，只要使其他目标值处于一定的数值范围内，就可把多目标决策问题转化为下列单目标决策问题：

$$\begin{aligned}&\max_{x\in R'} f_1(x)\\&R'=\{x\mid f_i'\leqslant f_i(x)\leqslant f_i'',i=2,3,\cdots,m;x\in\mathbb{R}\}\end{aligned} \tag{7.4}$$

求解式(7.4)优化问题的方法很多，主要有线性加权和法、平方和加权法、功效系数法、环比法、权的最小平方法和层次分析(AHP)法[150]。本章采用 AHP 方法求解多目标决策问题。

AHP 方法具有定性与定量相结合地处理各种决策因素及系统灵活简洁的优点，在我国社会经济各个领域内，如能源系统分析、城市规划、经济管理、科研评价等得到了广泛的重视和应用。一般情况下，在进行系统分析时若遇到这样的情况：有些问题难以甚至不可能建立精确的数学模型来定量分析，定性分析不可避免；由于时间紧迫，有些问题来不及进行细致的定量分析；有些问题只需初步选择

或者大致判断。这时用 AHP 法合理地将定性与定量的决策结合起来，按照思维、心理的规律把决策过程层次化、数量化是最合适的解决方案。本章认为多光谱图像中光谱与空间信息间的相互影响和制约关系难以甚至不可能建立精确的数学模型来定量分析，定性分析不可避免，所以尝试把全色锐化中多光谱图像的光谱调制问题分解为若干层次，在最低层次通过两两对比得出各像素调制幅度的权重，通过由低到高的层层分析计算，最后计算出各层对总目标的权数矩阵。

7.3 基于多目标决策的遥感图像融合算法框架

本节给出了所提参数模型的架构和融合原理，如框架图 7.1 所示。

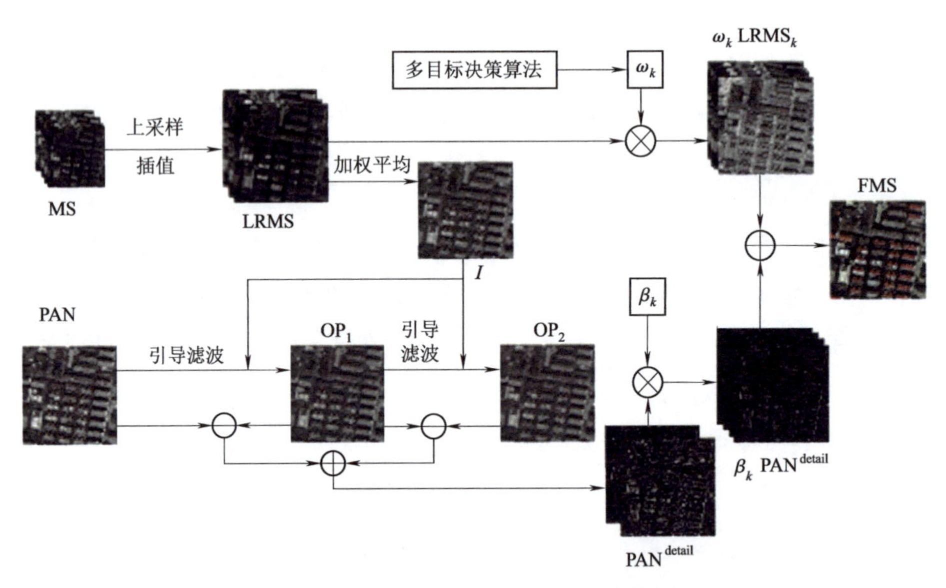

图 7.1 基于多目标决策的遥感图像融合算法框架

注：OP_1 和 OP_2 分别代表高斯滤波和引导滤波的第 1 次和第 2 次滤波的输出；PAN^{derail}是引导滤波在第 1 次和第 2 次滤波时输入和输出图像差异和，即 PAN 图像的高频细节，ω_k 是本章提出的光谱调制系数和β_k 亮度调制系数；k 是第 k 个通道；FMS 是融合图像。

首先对 MS 图像进行重新采样和插值得到 LRMS 图像，然后采用加权平均的方法将 I 分量从 LRMS 图像中分离出来。接着，通过引导滤波器提取 PAN 图像的细节，为了保证在提取过程中，使 PAN 图像的细节与 LRMS 图像纹理轮廓的变化趋势一致，用 I 分量作引导图像，同时，将 β_k 作用到提取到的 PAN^{derail} 细节，对 MS 图像的空间信息进行有效调制，减少融合图像的空间失真。与现有方法不同的是，本章围绕式(7.1)模型，设计了多目标决策算法，基于多目标决策算法产生一个决策映射 ω_k，然后对 LRMS 图像进行映射，实现融合图像光谱信息的有效调制。最后，ω_kLRMS 与 β_kPAN^{derail}联合获取融合图像 FMS。

综上所述，本书提出的泛锐化方法包括三个步骤：

(1)在空间上对融合图像进行有效的边缘和纹理增强；

(2)对融合图像光谱中的颜色信息进行有效调制；

(3)三是融合图像强度的有效调制。

7.4　基于多目标决策的遥感图像融合算法

7.4.1　空间信息增强

首先，采用第 6 章中阐述的全色图像高频细节提取方法，即用 LRMS 图像的 I 分量作引导图像，使用引导滤波器获取 PAN 图像的边缘和纹理信息，其处理过程描述为

$$I = \left(\sum_{k=1}^{K} \mathrm{LRMS}_k\right)/K \tag{7.5}$$

$$\begin{aligned}\mathrm{PAN}^{\mathrm{detail}} &= \sum_{l=1}^{n}(\mathrm{OP}_{l-1} - \mathrm{OP}_l) \\ &= \sum_{l=1}^{n}(\mathrm{GF}^{l-1}(\mathrm{PAN},I) - \mathrm{GF}^{l}(\mathrm{GF}^{l-1}(\mathrm{PAN},I),I))\end{aligned} \tag{7.6}$$

式中，$\mathrm{GF}^l(\cdot)$是第 l 次引导滤波操作；OP_l 是第 l 次滤波的输出图像，当 $l=1$ 时，OP_l 是 PAN 图像。

然后，引进注入模型，实现多光谱图像的全色锐化，数学上表示为

$$\mathrm{FMS}_k = \mathrm{LRMS}_k + \mathrm{PAN}^{\mathrm{detail}}, \quad k=1,2,\cdots \tag{7.7}$$

从式(7.7)来看，很明显，基于式(7.7)的全色锐化将 PAN^{detail}不加区别地注入 LRMS$_k$ 导致不正确的细节注入，从而引起融合图像严重的光谱失真。

7.4.2　多目标决策算法

综上所述，简单粗糙的细节注入不能满足融合需求，Leung 等[98]提出基于边

缘保护的光谱调制非常必要，见式(7.8)。

$$\mathrm{FMS}_k = \alpha_k \mathrm{LRMS}_k + \mathrm{PAN}^{\mathrm{detail}} \tag{7.8}$$

如第6章所述，Leung 等[98]提出的融合图像光谱调制是基于注入模型的全色锐化的关键问题之一，需要一种有效的方法来保持融合图像的高光谱分辨率。为了解决这一问题，Leung 等[98]考虑图像融合前后的空间信息变化幅度，基于细节注入功效设计了一个光谱调制系数，数学上表示为

$$\alpha_k' = 1 + \left(\sum_{l=1}^{n} \mathrm{PD}_l - \sum_{l}^{n} \mathrm{MD}_l\right) / \max\{\mathrm{MS}_k(i,j)\} \tag{7.9}$$

可以看出，α_k'只考虑图像融合前后的空间信息变化幅度，而没有考虑 MS 波段之间的光谱关系。同时，式(7.8)所示模型侧重于光谱调制，以避免融合图像的光谱失真，图像的亮度调制被忽略，融合图像的空间失真不可避免。因此，一个问题自然而然地出现了：如果同时处理光谱和强度调制，它的性能会更好吗？为了回答这个问题，本书提出并发展了另一种基于光谱和亮度调制的注入模型，见式(7.1)。在此基础上，设计了一个亮度调制系数

$$\beta_k = \mathrm{corr}(\mathrm{MS}_k, \mathrm{PAN})\,\mathrm{average}\left(\frac{\mathrm{std}(\mathrm{MS}_k)}{\mathrm{std}(\mathrm{PAN})}\right) \tag{7.10}$$

式中，corr(•)是计算相关系数的函数；std(•)是计算标准差的函数；average(•)是计算平均值的函数。同时，对 α_k'进行改进，不仅考虑注入细节功效，还考虑多光谱图像通道的光谱贡献率，设计式(7.2)所示的新的光谱调制系数。实验结果包括融合图像(见图7.2)和数值结果(见表7.1)表明，第6章提出的方法显著优于许多其他最先进的方法，同时也存在一个问题，即式(7.2)所示的 α_k 的能力受到注入细节的变化幅度的限制。

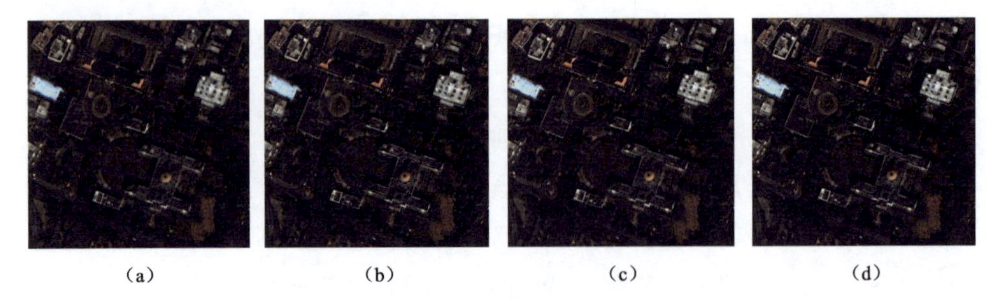

图 7.2 获得的融合图像

注：(a)、(d)分别是式(7.7)和文献[90]、[41]、[2]对应方法的融合图像。

表 7.1　式(7.7)和文献[90]、[41]、[2]对应方法的融合图像的客观评价结果

方法文献	CC↑	UIQI↑	RASE↓	RMSE	SAM↓	ERGA	PSNR↑	Q4↑	SSIM↑
[90]	0.949 5	0.951 3	24.370 9	11.224 0	6.446 0	6.757 8	27.127 8	0.840 5	0.865 4
[98]	0.913 6	0.910 5	38.917 1	17.923 3	4.543 9	9.143 3	23.062 5	0.758 4	0.785 8
[41]	0.930 2	0.929 5	30.212 5	13.914 4	6.553 1	8.316 4	25.261 5	0.805 4	0.836 6
[2]	**0.971 7**	**0.970 4**	**18.721 3**	**8.622 1**	**4.322 3**	**4.956 1**	**29.418 6**	**0.890 5**	**0.921 2**

受上述观察结果的启发，进一步从多目标优化的角度，本章提出一种更有效的构造光谱调制系数的方法。具体来说，从多目标的角度，探索当前的 MS 像素适应空间细节变化的能力，在此基础上提出一种基于多目标决策的参数模型。本章可以认为是本书第 6 章方法成功的另一个证明，因为在 PAN 图像细节控制的情况下，基于细节注入的全色锐化是一个具有挑战性的现实应用。

本章认为当前光谱像素的内在自适应是光谱保真度的关键。因此，最大限度地提高每个 MS 像素对空间信息变化的适应能力是降低光谱失真的关键。事实上，很难直接比较像素自适应能力大小。当对同一幅图像中的两个像素进行比较时，没有一致可行的方法来区分哪个像素更好，哪个像素更差。此外，对不同像素能力的衡量通常相互矛盾。换句话说，如果选择一个选项来改善一个像素的质量，那么它可能会使另一个选项的质量变差。例如，尽管亮度增加，相邻像素之间的灰度和颜色差异可能会减少。受此启发，建立多目标优化模型，融合图像中的每个像元都有一个适应光谱空间信息变化的优化目标，在实现子目标的同时实现总体光谱调制目标。

特别地，让 $\mathrm{FMS}^{\mathrm{ideal}}$ 和 FMS 分别是理想的融合图像和实际融合图像，同时让 FMS 是融合目标图像，FMS_k、$\mathrm{FMS}_k^{\mathrm{ideal}}$ 和 FMS_k 分别是 FMS、$\mathrm{FMS}^{\mathrm{ideal}}$ 和 FMS 的第 k 个通道，则有

$$\mathrm{FMS}_k = \underset{\mathrm{FMS}_k}{\operatorname{argmin}}(\mathrm{FMS}_k^{\mathrm{ideal}} - \mathrm{FMS}_k) \tag{7.11}$$

把式(7.8)代入式(7.11)，则有

$$\mathrm{FMS}_k = \underset{\alpha_k^P}{\operatorname{argmin}}((\mathrm{FMS}_k^{\mathrm{ideal}} - \alpha_k^P \mathrm{LRMS}_k) - \mathrm{PAN}^{\mathrm{detail}}) \tag{7.12}$$

式中，α_k^P 是本章提出的调制系数。在式(7.12)中，$\mathrm{FMS}_k^{\mathrm{ideal}} - \alpha_k^P \mathrm{LRMS}_k$ 测度 $\mathrm{FMS}^{\mathrm{ideal}}$ 和 FMS 在空间和光谱上的差异。如果 $\mathrm{PAN}^{\mathrm{detail}}$ 是注入细节，它的值应该

等于 $\text{FMS}^{\text{ideal}}$ 和 FMS 在空间上的差异。这样只需要通过设计一个 α_k^P，使 $\text{FMS}^{\text{ideal}}$ 和 FMS 在空间上的差异最少。

假设 S^F 和 S^M 分别是 $\text{FMS}^{\text{ideal}}$ 和 FMS 的光谱成分。根据式(7.8)，有 $S_k^F = \alpha_k^P S_k^M$，式中，S_k^F 和 S_k^M 分别是 S^F 和 S^M 的第 k 个通道。这样可将式(7.12)转化成以下优化问题：

$$\begin{aligned} S_k^F &= \underset{S_k^F}{\arg\min}(S_k^F - S_k^M) \\ &= \underset{\alpha_k^P}{\arg\min}(\alpha_k^P S_k^M - S_k^M) \end{aligned} \tag{7.13}$$

让 $\alpha_k^P = 1 + \boldsymbol{\omega}_k$。式(7.13)相当于以下等式：

$$S_k^F = \underset{\omega_k}{\arg\min}(\boldsymbol{\omega}_k S_k^M) \tag{7.14}$$

如上所述，在当前的光谱图像中，每个像素的内在适应是光谱保真度的最重要因素。因此，尝试最小化 $\boldsymbol{\omega}_k(i,j)S_k^M(i,j)$，其中 $S_k^F(i,j)$ 和 $S_k^M(i,j)$ 分别是 S^F 和 S^M 中(i,j)坐标处的像素，$\boldsymbol{\omega}_k(i,j)$是 $\boldsymbol{\omega}_k$ 中(i,j)坐标处的元素。

特别地，将多目标优化模型转化为如下公式：

$$\begin{aligned} &\min \boldsymbol{\omega}_k(1,1)S_k^M(1,1) \\ &\min \boldsymbol{\omega}_k(1,2)S_k^M(1,2) \\ &\cdots\cdots \\ &\min \boldsymbol{\omega}_k(m,n)S_k^M(m,n) \end{aligned} \tag{7.15}$$

$$\text{s.t.} \quad \sum_{i=1}^{m}\sum_{j=1}^{n}\boldsymbol{\omega}_k(i,j) = 1 \tag{7.16}$$

$$\boldsymbol{\omega}_k(i,j) \in (0,1), \quad \forall 1 \leqslant i \leqslant m, 1 \leqslant j \leqslant n \tag{7.17}$$

下面采用层次分析法（AHP）[150]求解式(7.15)～式(7.17)，其主要思想如下：

首先，构建 K 层的层次模型 $\mathbf{Z}$。相应的第 k 层是个 M 维的矩阵 $\mathbf{Z}^k$，$k=1,2,\cdots,K$，即 $\mathbf{Z}$ 中的第 k 个矩阵。特别地，让 $\boldsymbol{x}_k$ 是第 k 个 MS(大小 $M=m\times n$)通道的像素列向量(按字母顺序排列)。让 x_k^i 是 $\text{LRMS}_k(i,j)$的投影。则在第 K 层 $\mathbf{Z}^k$ 中(i,j)坐标处的元素可定义为

$$z_{i,j}^k = \frac{x_k^j}{y_k^i}, \quad \text{s.t. } \boldsymbol{y}_k = \boldsymbol{x}_k^{\mathrm{T}}, k=1,2,\cdots,K \tag{7.18}$$

这样，指定 $\boldsymbol{Z}^k$ 为

第 k 层	x_k^1	x_k^2	$\cdots$	x_M^i
y_k^1	$z_{1,1}^k$	$z_{1,2}^k$	$\cdots$	$z_{1,M}^k$
y_k^2	$z_{2,1}^k$	$z_{2,2}^k$	$\cdots$	$z_{2,M}^k$
$\vdots$	$\vdots$	$\vdots$		$\vdots$
y_M^i	$z_{M,1}^k$	$z_{M,2}^k$	$\cdots$	$z_{M,M}^k$

接下来，以下列方式构建一个 M 维的权重向量 $\boldsymbol{\lambda}^k$：

(1) 归一化 $\boldsymbol{Z}^k$ 的每一列获得矩阵 $\boldsymbol{A}^k=(a_{ij}^k)_{M\times M}$，其中 a_{ij}^k 表示为

$$a_{i,j}^k=\frac{z_{i,j}^k}{\sum\limits_{i=1,j=1}^{M}z_{i,j}^k} \tag{7.19}$$

(2) 对归一化矩阵 $\boldsymbol{A}^k$ 的行求和，得到列向量 $\boldsymbol{b}^k=(b_1^k,b_2^k,\cdots,b_M^k)^{\mathrm{T}}$，其中 b_i^k 表示为

$$b_i^k=\sum_{j=1}^{M}a_{i,j}^k \tag{7.20}$$

(3) 归一化 $\boldsymbol{b}^k$，得到列向量 $\boldsymbol{c}^k=(c_1^k,c_2^k,\cdots,c_M^k)^{\mathrm{T}}$，其中 c_i^k 表示为

$$c_i^k=\frac{b_i^k}{\sum\limits_{i=1}^{M}b_i^k} \tag{7.21}$$

(4) 设置权重向量 $\boldsymbol{\lambda}^k$ 为

$$\boldsymbol{\lambda}^k=(c_1^k,c_2^k,\cdots,c_M^k)^{\mathrm{T}} \tag{7.22}$$

(5) 构建大小与全色图像一样为 $m\times n$ 的 $\boldsymbol{\omega}_k^*$ 为

$$\boldsymbol{\omega}_k^*(i,j)=\lambda_{(i-1)m+j}^k \tag{7.23}$$

因此，本书提出基于 $\boldsymbol{\omega}_k^*$ 的光谱调制参数 α_k^P 为

$$\alpha_k^P=1+\boldsymbol{\omega}_k^* \tag{7.24}$$

接下来，利用式(7.8)，通过 α_k^P 对全色锐化后的图像进行光谱调制，见式(7.25)。

$$\mathrm{FMS}_k=\alpha_k^P\mathrm{LRMS}_k+\mathrm{PAN}^{\mathrm{detail}} \tag{7.25}$$

最后，与第 6 章类似，基于式(7.1)，设计式(7.10)的亮度调制系数，针对

PAN 和 MS 图像间的全局或局部不相似对融合图像的亮度信息进行调制，最终完成 MS 与 PAN 图像的融合处理，数学上，表示为

$$\mathrm{FMS}_k = \alpha_k^P \mathrm{LRMS}_k + \beta_k \mathrm{PAN}^{\mathrm{detail}} \tag{7.26}$$

综上所述，基于多目标决策的遥感图像融合算法能使融合图像有很好的空间及光谱质量。

7.4.3 α_k^P 参数性能

在这部分，采用式(7.8)模型，对比 $\alpha_k^{[41]}$、$\alpha_k^{[2]}$ 和 α_k^P 的光谱调制性能。在接下来的比较实验中，使用 IKONOS[104]、QuickBird[105] 和 WorldView-2[103] 数据集中的六对图像(见图 7.3)来验证本章提出的 α_k^P 的性能。分别将 $\alpha_k^{[41]}$、$\alpha_k^{[2]}$ 和 α_k^P 应用于式(7.8)模型对每一对图像进行全色锐化处理，采用八个参考指标(见表 7.2)对融合后的图像进行评价。将融合结果分成六组。考虑到大量的数据，主观和客观地展示和评价其中一组，其主观和客观评估的融合结果如图 7.4 和图 7.5 所示。除此之外，在图 7.5 中展示了六对图像在客观评价中的平均融合结果。在图 7.4 中，不仅显示了不同方法的融合结果[见图 7.4(a)～(c)]，而且还显示了残差[见图 7.4(d)～(f)]。从图 7.4(a)～(c)可以看出，由 $\alpha_k^{[41]}$ 和 $\alpha_k^{[2]}$ 融合后的图像存在一定的不均匀性。但本章所提出的 α_k^P 所提供的融合图像光谱信息均匀分布。为了使视觉对比更明显，计算参考图像与融合图像之间的残差，进一步验证所提 α_k^P 的性能。

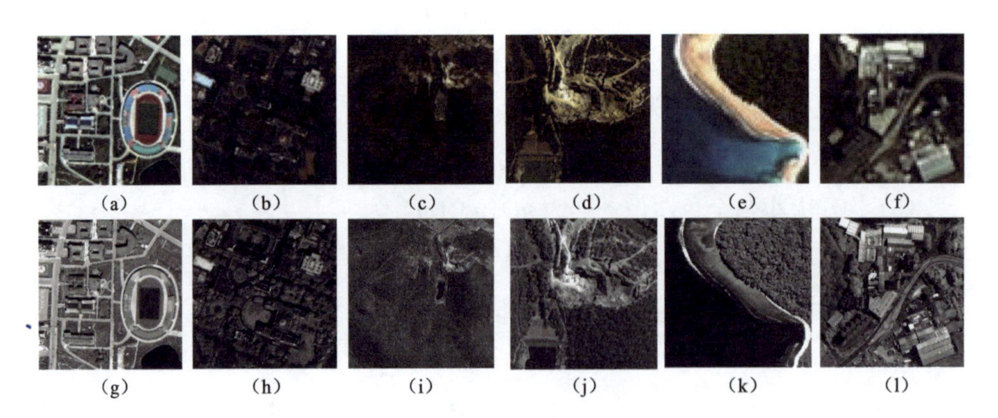

图 7.3　融合前图像数据

注：(a)～(f)是低空间多光谱图像；(g)～(l) 是相应的 PAN 图像。

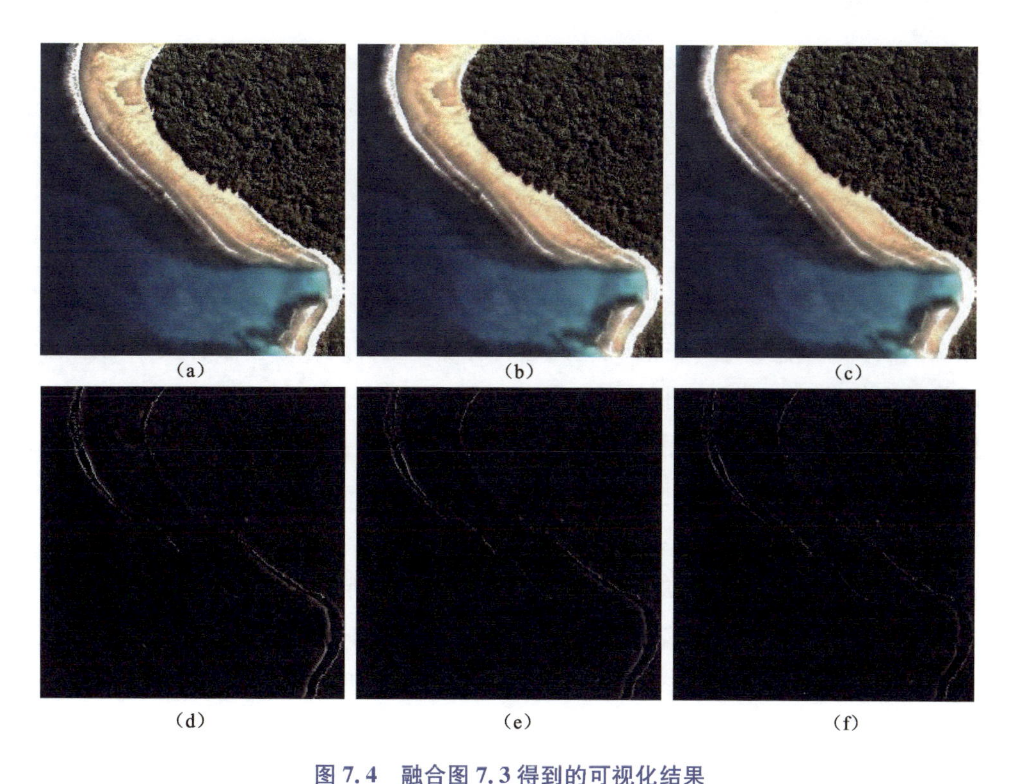

图 7.4　融合图 7.3 得到的可视化结果

注：(a)～(c) 是分别应用 $\alpha_k^{[41]}$、$\alpha_k^{[2]}$ 和 α_k^P 得到的可视化结果；(d)～(f)是相应的残差图。

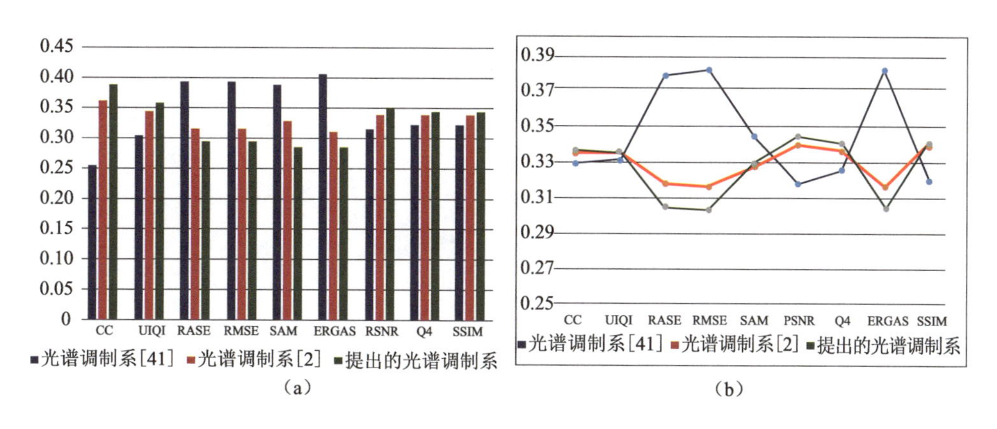

图 7.5　归一化客观评价结果

注：(a)是图 7.4 中融合结果的归一化客观评价结果；(b)是图 7.3 中六对图像的平均归一化客观评价结果。

从残差图可以清楚地看到 $\alpha_k^{[41]}$ 融合的结果在空间和光谱上有大量的残差信息，性能较差。特别地，尽管 $\alpha_k^{[2]}$ 融合的结果比 $\alpha_k^{[41]}$ 融合的结果有改进，但与 α_k^P 融合的结果相比有更多的剩余误差。因此，α_k^P 融合的结果在视觉上最接近参考图像的结果。此外，从图7.5(a)和(b)可以看到图7.4中α_k^P融合的结果对应的所有八个指标的值最佳。综上所述，与α_k[41]和α_k[2]相比，本章所提出的α_k^P的性能最好。

7.5 实验结果及其应用分析

本节对本章提出的算法的性能进行测试，同时对本章算法融合得到的融合图像在国土资源信息管理中的相关应用进行分析。为评价基于多目标决策的遥感图像融合算法的性能，使用WorldView-2、QuickBird、IKONOS和Pleiades四大数据库。所做实验包括作用于仿真图像的实验和作用于真实图像的实验两类，实验时利用4.5节所述方法处理PAN图像和MS图像。用于仿真图像实验的数据来自WorldView-2、Pleiades和QuickBird数据库，其中，来自WorldView-2和Pleiades数据库的MS图像大小是64×64，相应的PAN图像大小是256×256；来自QuickBird数据库的MS图像大小是128×128，相应的PAN图像大小是512×512；用于真实图像实验的数据来自IKONOS数据库，其MS图像大小是64×64，相应的PAN图像大小是256×256。

为了评价有参考图像和无参考图像融合结果的性能，七种先进的方法用于和本章算法作对比，分别是CBD[147]、BFLP[128]、BDSD[152]、MMMT[63]、ASIM[2]、RBDSD[151]和AWJDI[99]。1.5节中介绍的主观和客观两方面质量评价被用于性能评价，即主观评价和客观评价，其中有参图像评价指标包括CC、UIQI、RMSE、RASE和ERGAS，无参考图像客观评价指标是QNR，QNR由D_λ和D_s构成。特别地，使用残差图来更好地对比视觉效果。

7.5.1 仿真图像实验结果及其应用分析

1. WorldView-2数据

对于第一组来自WorldView-2数据库的实验，降采样后的MS图像如图7.6(a)所示，降采样后的MS图像被上采样到PAN图像大小后的MS图像如图7.6(b)所示，PAN图像如图7.6(c)所示，原始MS图像作为参考图如图7.6(d)所示，相应方法获得的融合图像的主观评价结果如图7.6(e)～(l)所示，相应的残差图如图7.6(e1)～(l1)所示，客观评价结果见表7.2。图像的主要内容是某城市的体育馆及体育馆周边环境及建筑，这种类型的遥感图像适用于国土资源信息管理中目标检测、城市/测绘管理。

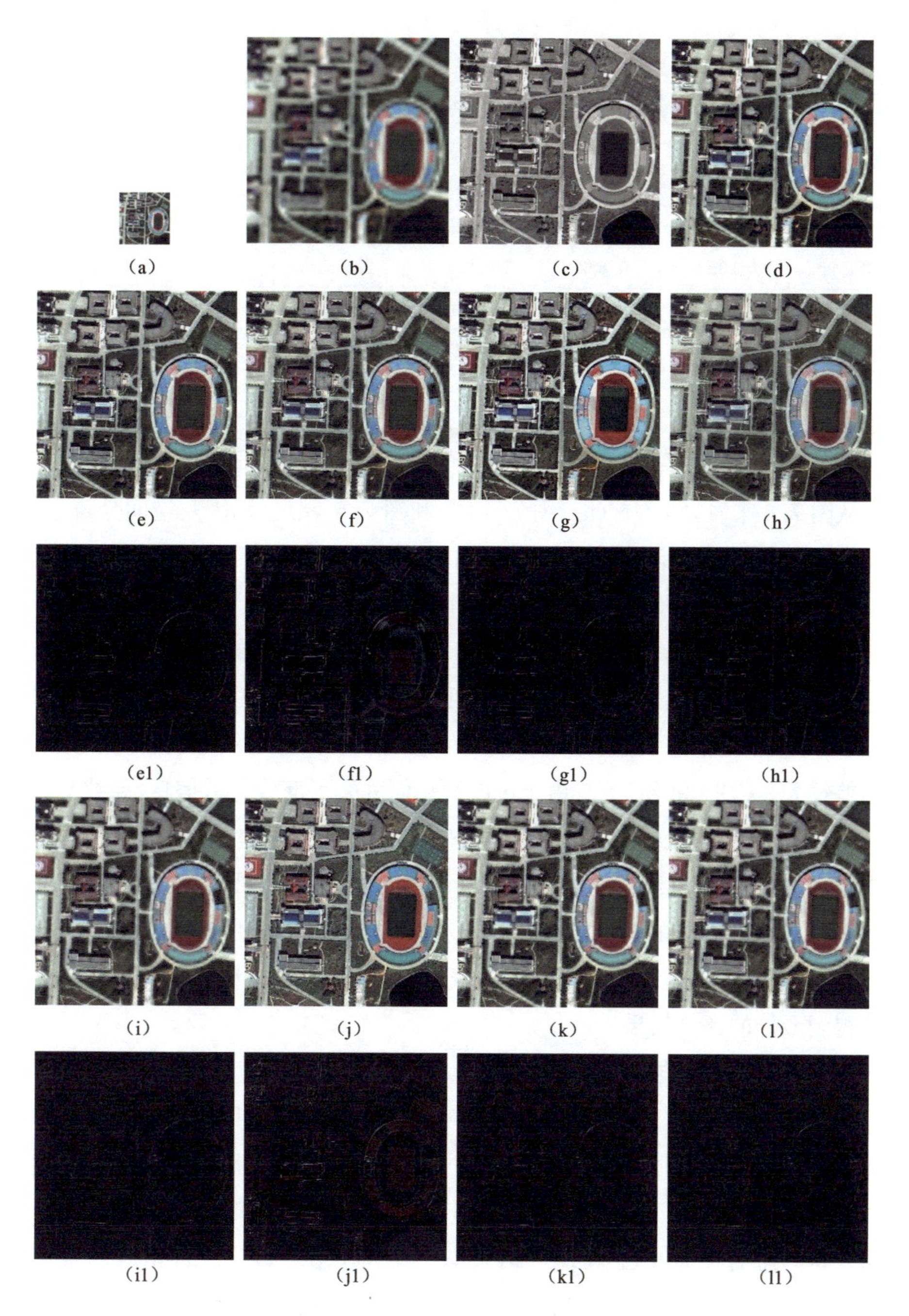

图 7.6　WorldView-2 图像融合结果

注:(a)是降采样后的 MS 图像;(b)是降采样后的 MS 图像被上采样到 PAN 图像大小的 MS 图像;(c)是 PAN 图像;(d)是参考图像;(e)～(l)分别是 CBD、BFLP、BDSD、MMMT、AWJDI、RBDSD、ASIM 方法和本章方法所获得的融合图像。

表 7.2 图 7.6 中融合图像定量评价结果

算　法	CC	UIQI	RASE	RMSE	SAM	ERGAS
CBD	0.948 3	0.855 1	17.116 3	18.724 8	5.547 6	4.210 8
BDSD	0.917 3	0.843 4	24.631 4	26.946 2	8.587 4	6.011 3
BF	0.919 0	0.850 9	20.849 9	22.809 3	5.303 5	5.137 5
MMMT	0.935 9	0.872 0	18.058 0	19.755 0	6.042 3	4.510 2
AWJDI	0.934 6	0.855 8	16.310 1	17.842 9	5.160 9	4.320 5
RBDSD	0.919 3	0.835 0	21.853 2	23.906 9	7.327 7	5.242 0
ASIM	0.957 6	0.861 9	14.912 1	16.313 6	5.045 4	3.712 6
Proposed	**0.957 9**	**0.862 6**	**14.686 9**	**16.067 1**	**4.898 6**	**3.654 6**

从图 7.6 来看，图 7.6 (a)、图 7.6 (b)和图 7.6 (c)分别因其空间分辨率低、地物模糊和光谱分辨率低，导致地物识别率不高、分类精度不高，不适合直接用于国土资源信息管理。图 7.6 (e)～(l)是本章所用对比方法及本章算法所获得的融合图像，从图 7.6 (e)～(l)来看，BDSD 和 RBDSD 方法的结果光谱失真严重(尤其是红色区域)，空间和光谱的残差明显。MMMT 方法对图像进行多次变换，从而导致一些信息(包括光谱和空间信息)丢失，其融合结果在空间和光谱上的残差较大。CBD 和 BF 方法由于过度锐化而丢失了部分光谱信息，导致空间残差较大。AWJDI 方法的融合结果比本书方法更模糊，残差比本书方法更清晰。从视觉上看，ASIM 方法的融合结果与所提方法的融合结果没有显著差异，但残差图表明 ASIM 方法的融合结果具有更大的空间失真。所有的残差图表明，该方法的视觉效果优于其他方法。此外，由表 7.3 可知，本章方法在所有六个指标上都能得到最佳的评价结果。

2. QuickBird 数据

对于第二组来自 QuickBird 数据库的实验，降采样后的 MS 图像如图 7.7 (a)所示，降采样后的 MS 图像被上采样到 PAN 图像大小后的 MS 图像如图 7.7(b)所示，PAN 图像如图 7.7(c)所示，原始 MS 图像作为参考图如图 7.7(d)所示，相应方法获得的融合图像的主观评价结果如图 7.7 (e)～(l)所示，相应的残差如图 7.7 (e1)～(l1)所示，客观评价结果见表 7.3。所用图像是关于工业园区的遥感图像，其主要内容包括工厂设施、建筑、厂房、植被及周围的部分空地环境，这种类型的遥感图像适用于国土资源信息管理中工业及其周边环境管理。

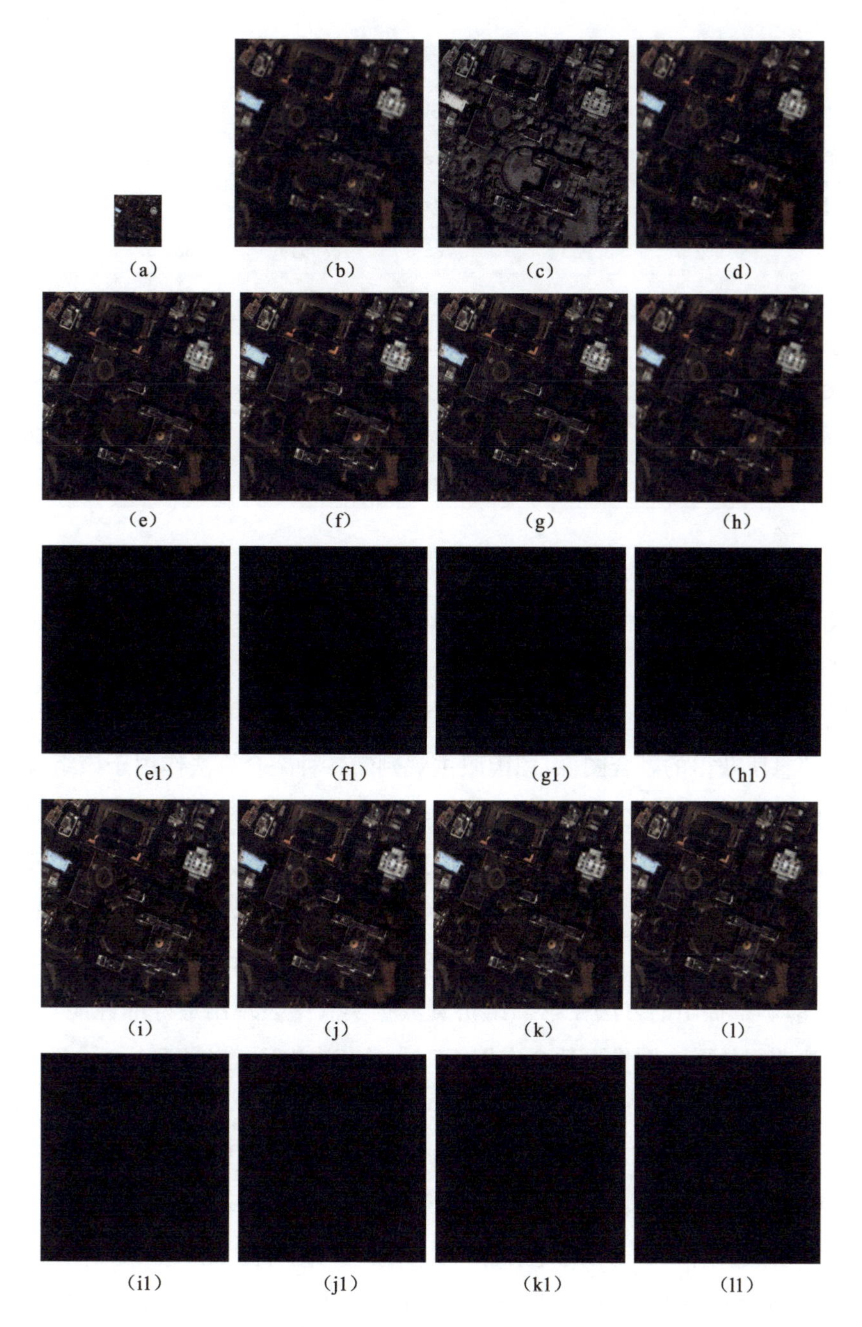

图 7.7　QuickBird 图像融合结果

注：(a)是降采样后的 MS 图像；(b)是降采样后的 MS 图像被上采样到 PAN 图像大小的 MS 图像；(c)是 PAN 图像；(d)是参考图像；(e)～(l)分别是 CBD、BFLP、BDSD、MMMT、AWJDI、RBDSD、ASIM 方法和本章方法所获得的融合图像。

表 7.3　图 7.7 中融合图像定量评价结果

算　法	CC	UIQI	RASE	RMSE	SAM	ERGAS
CBD	0.962 0	0.963 7	20.473 8	9.429 2	4.448 8	5.622 6
BDSD	0.965 7	0.961 4	21.821 0	10.049 6	5.954 7	5.728 4
BF	0.952 5	0.953 5	23.785 8	10.954 6	3.884 6	6.354 2
MMMT	0.960 1	0.965 3	19.794 5	9.116 3	5.033 7	5.490 0
AWJDI	0.938 5	0.936 6	31.462 1	14.489 9	4.319 8	7.378 8
RBDSD	0.971 9	0.967 4	19.841 4	9.137 9	4.923 2	5.200 3
ASIM	0.971 7	0.970 4	18.721 3	8.622 1	4.322 3	4.956 1
Proposed	**0.975 3**	**0.973 8**	**17.636 2**	**8.122 3**	**4.365 6**	**4.646 8**

从图 7.7 来看，图 7.7 (a)、图 7.7 (b)和图 7.7 (c)分别因其空间分辨率低、地物模糊和光谱分辨率低，导致地物识别率不高、分类精度不高，不适合直接用于国土资源信息管理。

图 7.7 (e)～(l)是本章所用对比方法及本章算法整合图 7.7 (b)和图 7.7 (c)的互补信息所获得的融合图像，用肉眼主观判断各种融合算法作用于该组源图像所获得的融合图像，对比方法产生的结果与本书提出的方法没有明显的差异。然而，通过观察残差图 7.7(c1)～(l1)，可以发现本章方法获得的融合结果的残差是最平坦的，这说明本章方法融合性能最好。此外，在表 7.3 中，发现除 SAM(本章方法的 SAM 值排名第三)外，本章方法在所有其他五个指标中提供了最好的值。综上所述，本章提出的方法在第二组仿真数据实验中表现出最好的性能，比其他对比方法获得的融合图像更适合应用于工业及其周边环境的管理。

3. Pleiades 数据

对于第三组来自 Pleiades 数据库的实验，降采样后的 MS 图像如图 7.8(a)所示，降采样后的 MS 图像被上采样到 PAN 图像大小后的 MS 图像如图 7.8 (b)所示，PAN 图像如图 7.8(c)所示，原始 MS 图像作为参考图如图 7.8(d)所示，相应方法获得的融合图像的主观评价结果如图 7.8(e)～(l)所示，相应的残差如图 7.8 (e1)～(l1)所示，客观评价结果见表 7.4。

从图 7.8 来看，图 7.8(a)空间分辨率低、地物识别率低和分类精度低，不适合将图 7.8(a)直接用于国土资源信息管理。图 7.8(b)中地物模糊，不利于准确描述国土资源信息。图 7.8(c)中对象边缘、纹理清晰，但没有色彩信息，无法定性、客观地描述国土资源性质、状态。图 7.8(e)～(l)是本章所用对比方法及本章算法整合图 7.8(b)和图 7.8(c)的互补信息所获得的融合图像。与图 7.7 的融合结果分析类似，用肉眼主观判断各种融合算法作用于该组源图像所获得的融合图像，对比方法产生的结果与本书提出的方法没有明显的差异。然而，通过观察残差图 7.8(c1)～(j1)，可以发现本章方法获得的融合结果的残差是最平坦的，这说明本章方法融合性能最好。此外，在表 7.4 中，发现除 SAM 外，本章方法在所有其他五个指标中提供了最好的值。综上所述，本章提出的方法在第三组仿真数据实验中表现出最好的性能，融合图像具有丰富色彩信息和空间信息，比其他对比方法获得的融合图像更适合应用于国土资源管理。

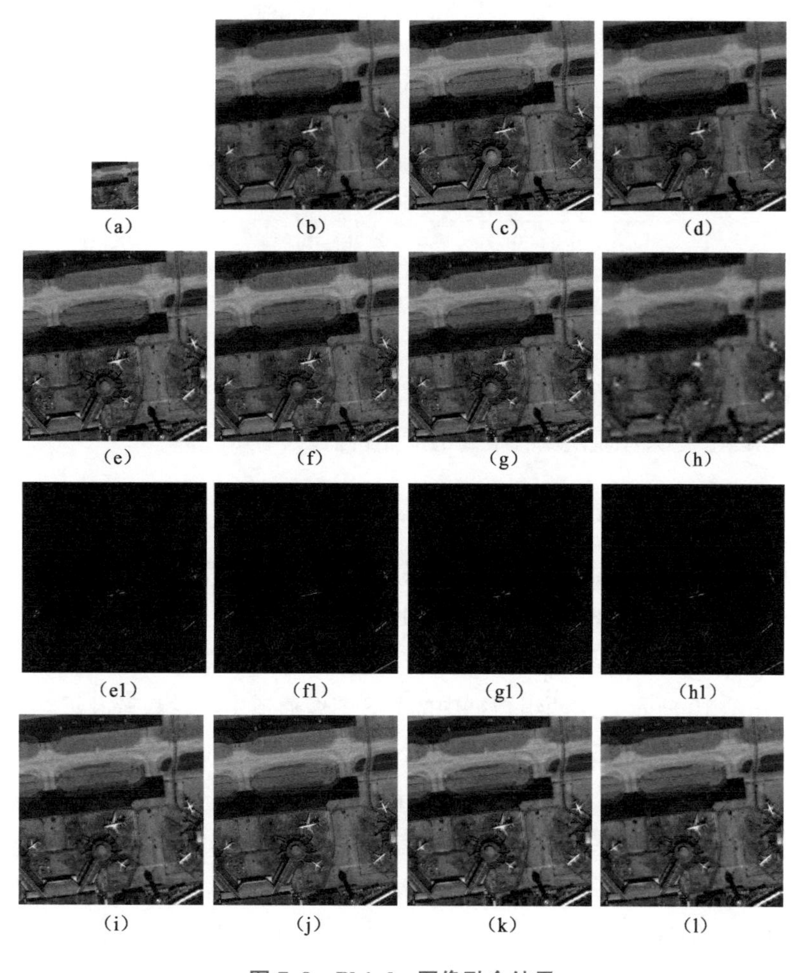

图 7.8　Pleiades 图像融合结果

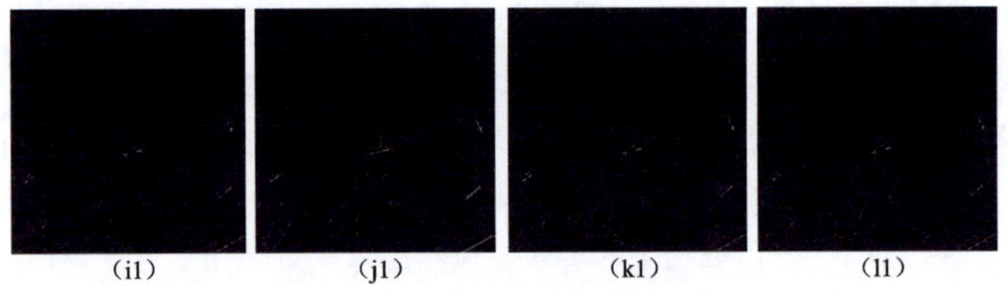

(i1)　(j1)　(k1)　(l1)

图 7.8　Pleiades 图像融合结果(续)

注:(a)是降采样后的 MS 图像;(b)是降采样后的 MS 图像被上采样到 PAN 图像大小的 MS 图像;(c)是 PAN 图像;(d)是参考图像;(e)~(l)分别是 CBD、BFLP、BDSD、MMMT、AWJDI、RBDSD、ASIM 方法和本章方法所获得的融合图像。

表 7.4　图 7.8 中融合图像定量评价结果

算　法	CC	UIQI	RASE	RMSE	SAM	ERGAS
CBD	0.925 4	0.926 6	17.931	15.813 9	2.089 9	4.462 1
BDSD	0.915 1	0.935 7	18.995 9	16.753 1	2.727 7	4.716
BF	0.926 6	0.942 7	17.552 7	15.480 3	1.478 6	4.379 1
MMMT	0.932 5	0.950 4	16.050 9	14.155 8	1.794 4	3.997 9
AWJDI	0.935 6	0.946 9	16.566 6	14.610 6	1.568 0	4.121 8
RBDSD	0.916 8	0.923 0	18.731 2	16.519 6	2.225 5	4.653 8
ASIM	0.936 3	0.946 6	16.719 9	14.745 8	2.077 5	4.160 8
Proposed	**0.941 1**	**0.950 2**	**16.000 6**	**14.111 5**	**2.049 4**	**3.969 0**

通过以上三组实验的对比,证实本章所提出的方法在仿真图像上表现出优异的性能,在国土资源管理领域有很高的应用价值。

7.5.2　真实图像实验结果及其应用分析

在真实图像实验中,本章做了两组实验,实验数据来自 IKONOS 卫星。对本章整个实验数据而言,这两组实验用第四组、第五组命名,所用到的数据源图及五种对比方法和本章所提出的方法作用于该组的源图像所得到的融合图像如图 7.9和图 7.10 所示。这两组数据中的 MS 图像通道由红、绿、蓝及近红外构成。MS 图像的大小是 64×64,其相应的 PAN 图像大小是 256×256。下面对实验结果及这些实验结果在国土资源信息管理中的应用进行描述。

来自 IKONOS 数据库的第四组和第五组真实数据实验,原始 MS 图像分别如图 7.9(a)和图 7.10(a)所示,MS 图像被上采样到 PAN 图像大小后的 MS 图像分别如图 7.9(b)和图 7.10(b)所示,PAN 图像分别如图 7.9(c)和图 7.10(c)所示,相应方法获得的融合图像的主观评价结果分别如图 7.9(d)~(k)和图 7.10(d)~(k)所示,客观评价结果见表 7.5。

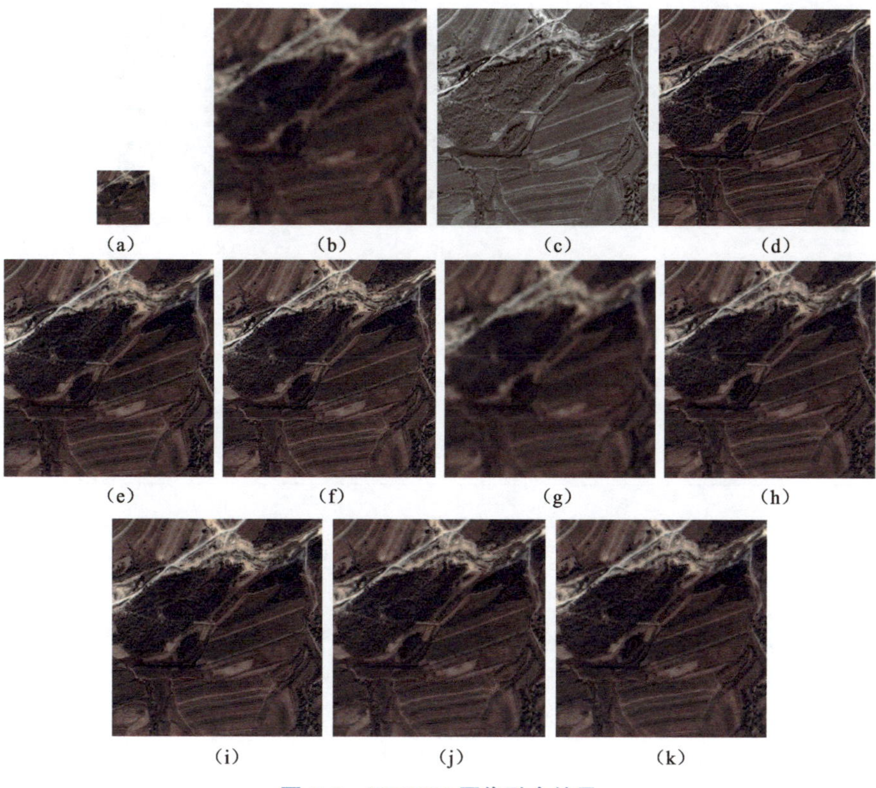

(a) (b) (c) (d) (e) (f) (g) (h) (i) (j) (k)

图 7.9　IKONOS 图像融合结果

注：(a)是原始 MS 图像；(b)是 MS 图像被上采样到 PAN 图像大小的 MS 图像；(c)是 PAN 图像；(d)～(k)分别是 CBD、BFLP、BDSD、MMMT、AWJDI、RBDSD、ASIM 方法和本章方法所获得的融合图像。

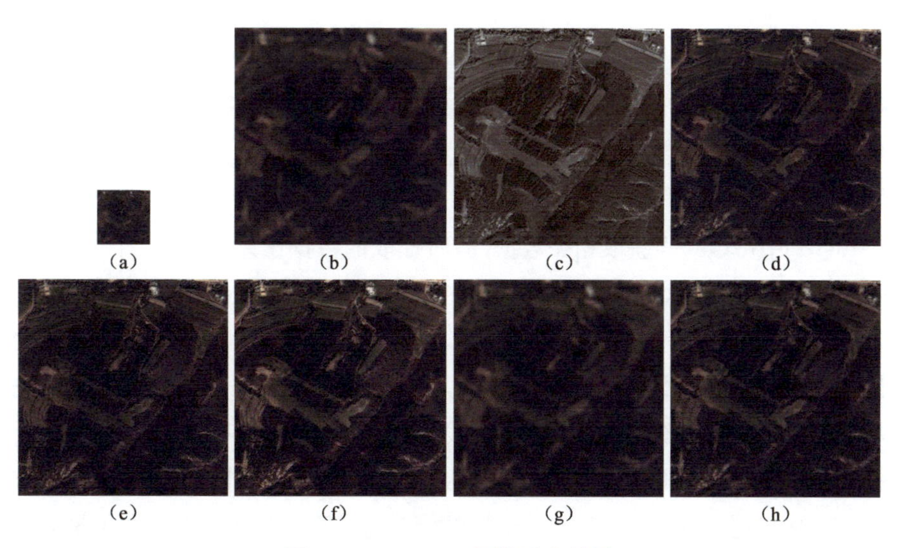

(a) (b) (c) (d) (e) (f) (g) (h)

图 7.10　IKONOS 图像融合结果

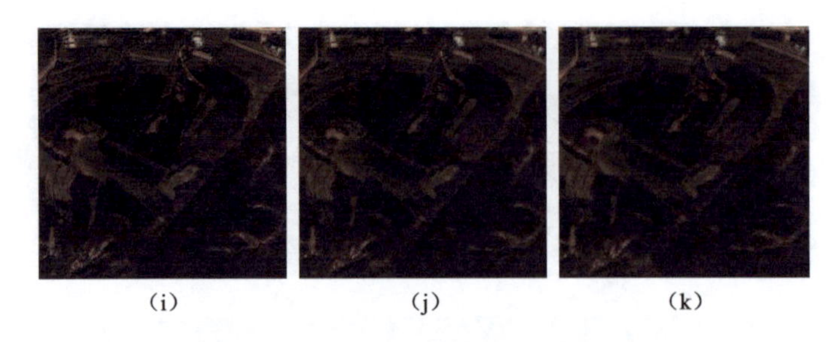

(i) (j) (k)

图 7.10 IKONOS 图像融合结果(续)

注:(a)是源 MS 图像;(b)是降采样后的 MS 图像;(c)是 PAN 图像;(d)~(k)分别是 CBD、BFLP、BDSD、MMMT、AWJDI、RBDSD、ASIM 方法和本章方法所获得的融合图像。

表 7.5 图 7.9、图 7.10 中融合图像定量评价结果

算法	图 7.9			图 7.10		
	D_λ	D_s	QNR	D_λ	D_s	QNR
CBD	0.053 6	0.152 8	0.801 8	0.065 6	0.176 0	0.770 0
BDSD	0.040 7	0.135 5	0.829 3	**0.014 5**	0.162 8	0.825 0
BF	0.078 4	0.161 4	0.772 9	0.032 3	0.232 8	0.743 2
MMMT	0.038 0	0.120 6	0.846 0	0.057 0	0.131 4	0.819 1
AWJDI	0.059 7	0.140 2	0.808 5	0.041 6	0.166 2	0.799 1
RBDSD	0.047 9	0.134 1	0.824 4	0.032 2	0.201 8	0.772 5
ASIM	0.050 1	0.128 4	0.828 0	0.040 6	0.139 2	0.825 9
Proposed	**0.032 6**	**0.113 6**	**0.857 5**	0.038 3	**0.129 9**	**0.836 8**

从图 7.9 和图 7.10 来看,图 7.9(a)和图 7.10(a)空间分辨率低、地物识别率低和分类精度低,不适合直接用于国土资源信息管理。融合前的 PAN[见图 7.9(c)和图 7.10(c)]图像,因其分辨率高,视觉上可清晰判断地物的位置、形状,但很难分析各功能区的详细分布、状态信息。从融合前的 MS 图像[见图 7.9(b)和图 7.10(b)]中可以勉强获取相关数据,但所提取的数据误差会很高。图 7.9(d)~(k)和图 7.10(d)~(k)是本章所用对比方法及本章算法所获得的融合图像,从图 7.9(d)~(k)和图 7.10(d)~(k)来看,MMMT 方法的融合结果由于图像的多次变换而丢失了很多细节信息。此外,由于本章采用的对比方法是近年来最先进的方法且实际数据没有参考图像,导致残留误差不能提供,很难肉眼主观区分各方法的融合结果之间的视觉差异。但是从表 7.5 中可以看出,客观评价本章方法在图 7.10中的融合图像,所有三个指标的值最好,客观评价本章方法在图 7.9 中的融合图像,除了 D_λ 的值第二好外,其他的指标值都最好。特别地,本章方法在

QNR 指标上，图 7.9 和图 7.10 对应的融合结果性能都是最好的(真实数据融合性能的主要参考指标是 QNR)。

结合以上真实实验结果和分析，可以得出结论，本章方法在真实数据应用方面优于所有的比较方法。比其他对比方法获得的融合图像更适合应用于国土资源管理中。

7.5.3 算法综合性能评价

7.5.1 节和 7.5.2 节从模拟实验和真实实验两个方面，在各种卫星数据上对本章方法的性能进行了测试，实验结果验证了本章方法的有效性和鲁棒性。本小节将从平均性能的角度进一步测试本章方法的有效性和稳健性。测试方法包括 CBD、BDSD、BF、MMMT、AWJDI、RBDSD、和 ASIM，评价指标包括 CC、UIQI、RASE、RMSE、SAM、ERGAS、QNR、D_λ 和 D_s，测试数据是 93 组 IKONOS 图像、81 组 QuickBird 图像、73 组 Pleiades 图像，实验结果如图 7.11 所示。

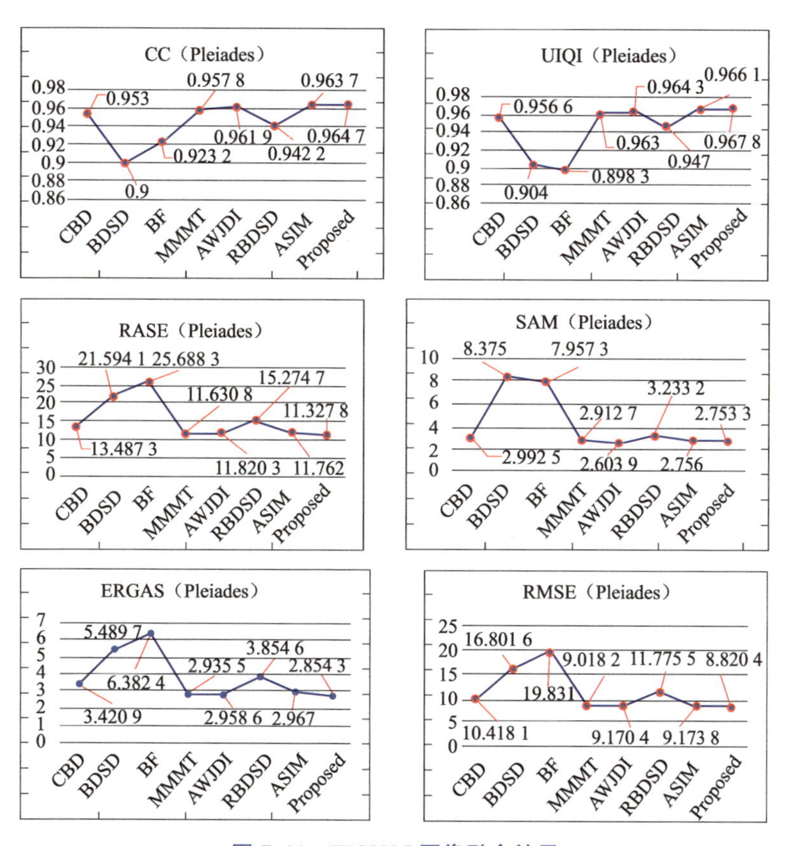

图 7.11　IKONOS 图像融合结果

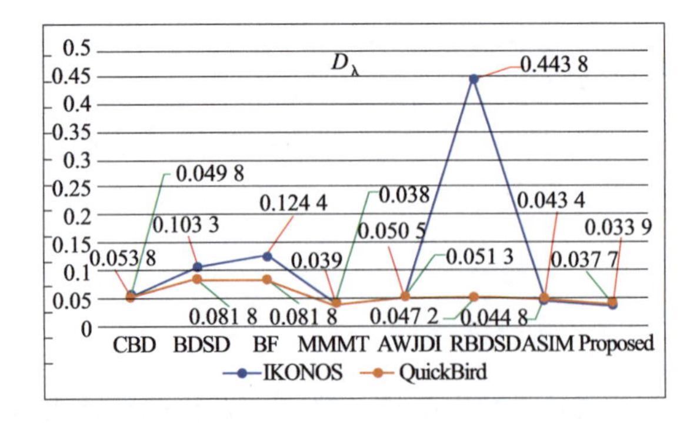

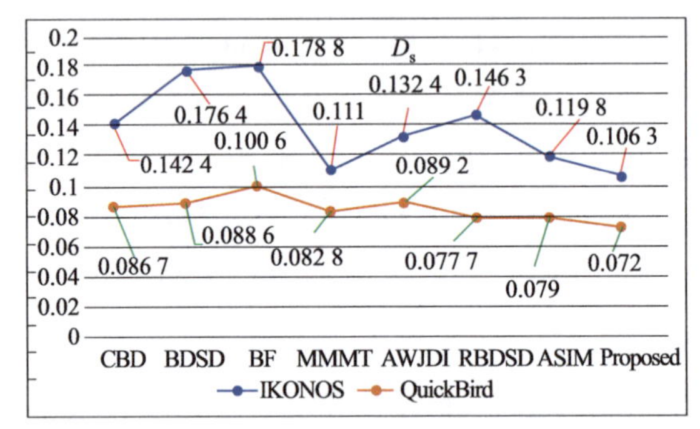

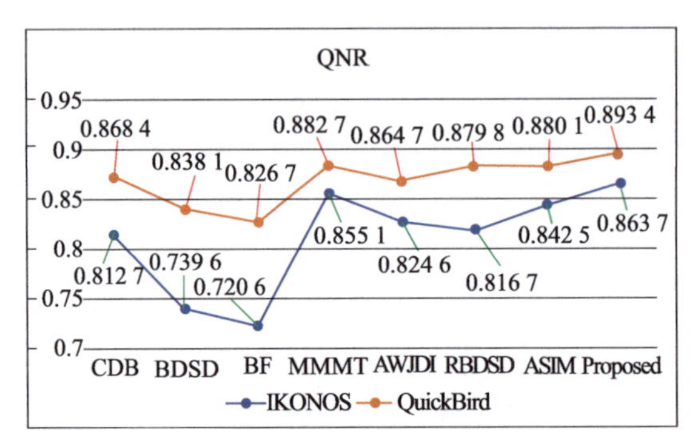

图 7.11 IKONOS 图像融合结果(续)

从图 7.11 中各方法在不同卫星数据上的测试结果来看,本章方法不仅在仿真图像上获得的融合图像的评价性能最好,而且在真实图像上获得的融合图像的评价性能也最好。该组算法综合性能评价实验结果表明,本章方法在很多遥感图像上可获得很好的融合结果。因此,结合之前的实验结果,可以得出结论,所提出的基于多目标决策的遥感图像融合算法与一系列现有方法对比,该算法的综合融合性能超过了其他所有的对比方法。

综合以上实验分析,与一系列现有方法对比,无论在仿真图像实验中还是在真实图像实验中,本章所提出的基于多目标决策的遥感图像融合算法的融合性能超过了其他所有的对比方法，并且对很多卫星数据有效。本章算法所获取的融合图像可满足国土资源信息管理中对遥感图像分辨率的需求，在国土资源信息管理中有很高的应用价值。

7.5.4 应用示例：算法用于城区地物分类管理

本节以本章算法在城区地物分类管理中的应用为例介绍本章算法在国土资源信息管理中的应用价值。验证方式：对比本章算法和其他算法融合得到的图像在城区地物分类管理中的应用。实验工具是通用遥感图像处理分析软件 ENVI，实验用图是图 7.6(d)～(l)对应的无框图，单幅图的总像素点为 65 536，实验中将其看作图中地物总面积(单位：m^2)。将图 7.6(d)～(l)对应的无框图分别载入 ENVI 软件中，利用 ENVI 软件的分类功能对这些载入的遥感图像中的地物信息进行分类，可得到这些载入图像的分类结果图和相关分类统计信息。实验方法是：将载入图像中的地物信息分成六类，参考图像对应的分类结果作为标签，越接近这个标签的分类结果越好，在国土资源信息管理中的应用价值越高。评价方式分主观评价和客观评价两类，主观评价结果如图 7.12 所示，客观评价结果见表 7.6。

分类结果图中一个颜色代表一类，不同的颜色代表不同的类。对照图 7.12(a)和图 7.12(b)来看，该遥感图像成像内容是某城市局部地物分布图，图像中地物被分成了六类，绿色类为该城市局部植被分布，粉色类是城市道路分布，黄色类是该城市局部管道分布，红色类是空地，深蓝色类是该城市局部红色建筑分布，淡蓝色类是该城市局部蓝色建筑分布。与分类后的参考图相比，很明显来自 BDSD、RBDSD 和 MMMT 方法的融合图像的分类误差很高，如体育馆处绿色所对应类的误判率很高。同理，来自 CBD、BFLP、AWJDI 和 ASIM 方法的融合图像在蓝色对应类分类误差很高。本章方法得到的融合图像，主观上分类结果都接近参考图像的分类结果，且从表 7.6 显示的客观分类结果来看，以参考图中植被类为例，与其他对比方法相比，本章方法所获得的融合图像分类准确度最高、分类结果最接近参考图分类结果。

以上分类实验结果表明，将 BDSD、RBDSD、MMMT、CBD、BFLP、AWJDI 和 ASIM 方法获得的融合图像用于地物分类管理时，地物分类误差率高，会造成对地表对象的严重误判，不能给国土资源管理部门提供精准的信息，影响国土资源管理部门地物管理效率。与其他对比方法相比，本章方法所获得的融合图像用于地物分类管理时，可有效消除分类误差，可以给国土资源管理部门提供精准的信息，帮助国土资源管理部门有效管理地物。

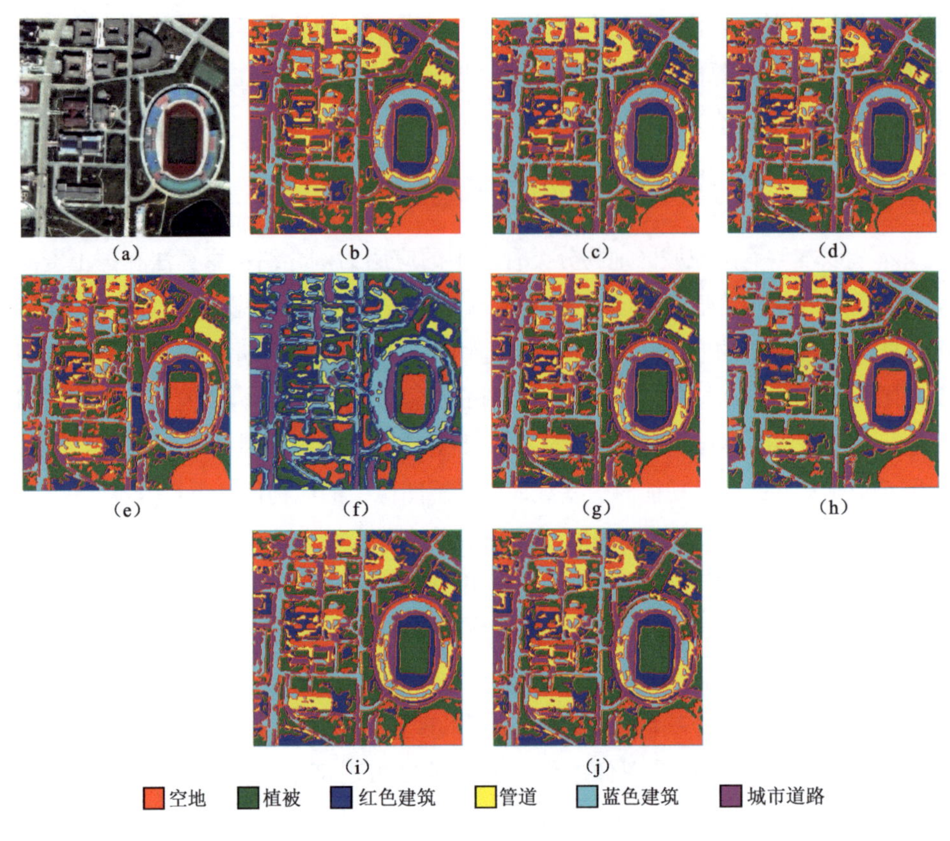

图 7.12　图 7.6(d)～(l)对应的无框图分类结果

注：(a)是分类前参考图像；(b)是分类后参考图像；(c)～(j)分别是 CBD、BFLP、BDSD、MMMT、AWJDI、RBDSD、ASIM 方法和本章方法所获得的融合图像的分类结果。

表 7.6　不同方法融合得到的融合图像的分类结果的量化对比

方　法　图	分类统计信息(植被类)	
	占地面积/m^2	占地比/%
参考图	20 952	31.970
CBD	18 479	28.197
BFLP	18 316	27.948
BDSD	17 625	26.89
MMMT	13 943	21.28
AWJDI	19 006	29.000
RBDSD	22 566	34.433
ASIM	18 941	28.902
本章方法	19 111	29.160

同时，为了说明本章算法得到的融合图像在国土资源管理中的信息提取性能，本章实验用 ENVI 软件从本章算法得到的融合图像中获取地物的统计信息，见表 7.7。从表 7.7 来看，用本章方法得到的融合图像用于地物分类管理，统计得到：该地区总占地面积 65 536 m^2，其中植被占地 19 111 m^2，占地百分比 29.160%；管道分布占地 7 352 m^2，占地百分比 11.22%；城市道路占地 9 890 m^2，占地百分比 15.09%；红色建筑占地 11 563 m^2，占地百分比 17.64%；蓝色建筑占地 11 299 m^2，占地百分比 17.24%；空地占地 6 321 m^2，占地百分比 9.65%。对比表 7.7 中参考图地物分布统计信息，发现本章方法的融合图像分类统计数据与参考图的非常接近，再次说明了本章方法在国土资源管理中的应用价值。因此，将本章算法应用于国土资源信息管理，可对地物进行准确分类，同时可从分类结果中获取不同类型地物的相关统计信息，如不同类型地物占地面积、不同类型地物占地面积百分比、不同类型地物在城区的准确分布等。

表 7.7　城市局部地物分布统计信息

参考图地物分布统计信息			本章方法融合图地物分布统计信息		
地物类型	占地面积/m^2	占地比/%	地物类型	占地面积/m^2	占地比/%
植被	20 952	31.97	植被	19 111	29.16
管道分布	7 258	11.08	管道分布	7 352	11.22
城市道路	11 891	18.14	城市道路	9 890	15.09
红色建筑	8 225	12.55	红色建筑	11 563	17.64
蓝色建筑	9 876	15.07	蓝色建筑	11 299	17.24
空地	7 334	11.19	空地	6 321	9.65

综上所述，本章提出的遥感图像融合方法获得的遥感图像能给国土资源管理提供全面、精准的信息，可解决现有遥感图像融合算法应用于国土资源信息管理中分类准确度不高的问题，可帮助国土资源管理部门准确获取地物信息，合理规划和利用土地资源。

小　结

本章在基于光谱及亮度调制的遥感图像融合算法研究基础上，基于多目标决策提出一个新的构建光谱调制系数的算法。该算法从像素级考虑光谱图像自适应细节注入行为，探索 MS 图像光谱信息内在特性，基于多目标决策算法建模 MS 图像光谱信息自适应能力，构建光谱调制系数，消除细节注入对光谱信息的不利影响。实验证明了本章算法提出的光谱调制系数的性能优于第6章算法提出的光谱调制系数的性能。此外，本章算法在设计新的光谱调制系数的同时，引进第6章算法中构建的亮度调制系数，并基于第6章提出的融合模型构建了新的参数模型，实验证明了本章提出的新的参数模型优于第6章算法提出的融合模型，进一步证明了第6章提出的融合框架的能力。在这些工作的基础上，城区地物分类管理为例，进行了算法性能测试实验分析与算法在国土资信息管理中的应用分析。

实验结果表明，本章提出的基于多目标决策的遥感图像融合算法可以有效减少融合图像的光谱失真和空间失真，与现有很多基于注入模型的遥感图像融合算法相比，本章所提出的算法不仅可以实现高频细节的正确注入，减少融合图像空间失真，还可以消除细节注入对融合图像光谱信息的不利影响，减少融合图像光谱失真，与前面章节所提算法相比，本章所提算法获得的融合图像更能满足国土资源信息管理需要，适用于土地利用管理、海洋研制和农、林业管理，尤其是城市/测绘等国土资源管理领域。

参考文献

[1] 肖鹏峰，冯学智. 高分辨率遥感图像分割与信息提取[M]. 北京:科学出版社,2012.

[2] YANG Y, WU L, HUANG S, et al. Pansharpening for multiband images with adaptive spectral-intensity modulation[J]. IEEE Journal of Selected Topics in Applied Earth Observations and Remote Sensing, 2018, 11(9): 3196-3208.

[3] GHASSEMIAN H, A review of remote sensing image fusion methods[J]. Information Fusion, 2016, 32: 75-89.

[4] JINGKAI W, XIAYUAN Y, RIDONG Z. Random walks for pansharpening in complex tight framelet domain[J]. IEEE Transactions on Geoscience and Remote Sensing, 2019, 57(7): 5121-5134.

[5] CHIEN C L, TSAI W H. Image fusion with no gamut problem by improved nonlinear IHS transforms for remote sensing[J]. IEEE Transactions on Geoscience and Remote Sensing, 2013, 52(1): 651-663.

[6] SHAHDOOSTI H R, GHASSEMIAN H. Fusion of MS and PAN images preserving spectral quality[J]. IEEE Geoscience and Remote Sensing Letters, 2015, 12(3): 611-615.

[7] JIN H, WANG Y. A fusion method for visible and infrared images based on contrast pyramid with teaching learning based optimization[J]. Infrared Physics and Technology, 2014, 64(3): 134-142.

[8] POHL C, GENDEREN J V. Structuring contemporary remote sensing image fusion[J]. International Journal of Image and Data Fusion, 2015, 6(1): 3-21.

[9] XU Y, WU Z, CHANUSSOT J, et al. Nonlocal patch tensor sparse representation for hyperspectral image super-resolution[J]. IEEE Transactions on Image Processing, 2019, 99: 1-15.

[10] PALSSON F, SVEINSSON J R, Ulfarsson M O, et al. Model-based fusion of multi- and hyperspectral images using PCA and wavelets[J]. IEEE Transactions on Geoscience and Remote Sensing, 2015, 53(5): 2652-2663.

[11] SONG H, HUANG B, LIU Q, et al. Improving the spatial resolution of landsat TM/ETM+ through fusion with SPOT5 images via learning-based super-resolution[J]. IEEE Transactions on Geoscience and Remote Sensing, 2014, 53(3): 1195-1204.

[12] 陈圣波. 地球空间信息技术在新一轮国土资源大调查中的应用探讨[J]. 国土资源遥感, 1999, 40(2): 1-6.

[13] 邓书斌. ENVI遥感图像处理方法[M]. 2版. 北京：高等教育出版社，2014.

[14] POHL C，GENDEREN J L V. Remote sensing image fusion：a practical guide[M]. Boca Raton：Crc Press，2016.

[15] POHL C，GENDEREN J L V. Review article multisensor image fusion in remote sensing：concepts，methods and applications[J]. International Journal of Remote Sensing，1998，19(5)：823-854.

[16] PANDIT V R，BHIWANI R J. Image fusion in remote sensing applications：a review[J]. North American Actuarial Journal，2015，16(4)：462-486.

[17] POHL C，GENDEREN J L V. Remote sensing image fusion：an update in the context of digital earth[J]. International Journal of Digital Earth，2014，7(2)：158-172.

[18] CHANG N B，BAI K，IMEN S，et al. Multisensor satellite image fusion and networking for all-weather environmental monitoring[J]. IEEE Systems Journal，2018，12(2)：1341-1357.

[19] WEI Q，BIOUCAS-DIAS J，DOBIGEON N，et al. Hyperspectral and multispectral image fusion based on a sparse representation[J]. IEEE Transactions on Geoscience and Remote Sensing，2015，53(7)：3658-3668.

[20] WANG Q，ZHU G，YUAN Y. Multi-spectral dataset and its application in saliency detection[J]. Computer Vision and Image Understanding，2013，117(12)：1748-1754.

[21] WANG Q，YAN P，YUAN Y，et al. Multi-spectral saliency detection[J]. Pattern Recognition Letters，2013，34(1)：34-41.

[22] WEI Q，DOBIGEON N，TOURNERET J Y. Bayesian fusion of multi-band images[J]. IEEE Journal of Selected Topics in Signal Processing，2015，9(6)：1117-1127.

[23] ZHANG J X. Multi-source remote sensing data fusion：status and trends[J]. International Journal of Image and Data Fusion，2010，1(1)：5-24.

[24] 杨波. 基于小波的像素级图像融合算法研究[D]. 上海：上海交通大学，2008.

[25] HUNTSBERGER T，JAWERTH B. Wavelet based sensor fusion[J]. Proceedings of SPIE-The International Society for Optical Engineering，1993，2059：488-498.

[26] BURT P J，KOLCZYNSKI R J. Enhanced image capture through fusion[J]. Iccv，1993，173-182.

[27] XING Y，WANG M，YANG S，et al. Pansharpening with multiscale geometric support tensor machine[J]. IEEE Transactions on Geoscience and Remote Sensing，2018，56(5)：2503-2517.

[28] ZHANG L，ZHANG J. A new saliency-driven fusion method based on complex wavelet transform for remote sensing images[J]. IEEE Geoscience and Remote Sensing Letters，

2017，14(12)：2433-2437.

[29] ANSARI A，DANYALI H，HELFROUSH M S. HS remote sensing image restoration using fusion with MS images by EM algorithm[J]. Iet Signal Processing，2017，11(1)：95-103.

[30] HONG L，FANG L，YANG S，et al. Refined pan-sharpening with NSCT and hierarchical sparse autoencoder[J]. IEEE Journal of Selected Topics in Applied Earth Observations & Remote Sensing，2016，99:1-11.

[31] CARPER W，LILLESAND T，KIEFER R. The use of intensity-hue-saturation transformations for merging SPOT panchromatic and multispectral image data[J]. Photogrammetric Engineering and Remote Sensing，1990，56 (4)：459-467.

[32] PALSSON F，SVENINSSON J R，ULFARSSON M O. Multispectral and hyperspectral image fusion using a 3-D-convolutional neural network[J]. IEEE Geoscience and Remote Sensing Letters，2018，14(5)：639-643.

[33] 李存军，刘良云，王纪华，等. 两种高保真遥感影像融合方法比较[J]. 中国图像图形学报，2004，9(11)：1376-1385.

[34] EL-MEZOUAR M C，TALEB N，KPALMA K，et al. An IHSbased fusion for color distortion reduction and vegetation enhancement in IKONOS imagery[J]. IEEE Transactions on Geoscience and Remote Sensing，2011，49(5)：1590-1602.

[35] CHU H，ZHU W. Fusion of IKONOS satellite imagery using IHS transform and local variation[J]. IEEE Geoscience and Remote Sensing Letters，2008，5 (4)：653-657.

[36] MALPICA J A. Hue adjustment to IHS Pan-sharpened IKONOS imagery for vegetation enhancement[J]. IEEE Geoscience and Remote Sensing Letters，2007，4(1)：27-31.

[37] TU T M，HUANG P S，HUNG C L，et al. A fast intensity-hue-saturation fusion technique with spectral adjustment for IKONOS imagery[J]. IEEE Geoscience and Remote Sensing Letters，2004，1(4)：309-312.

[38] TU T M，SU S C，SHYU H C，et al. A new look at IHS-like image fusion methods[J]. Information Fusion，2001，2(3)：177-186.

[39] SU Y，LEE C H，TU T M，et al. A multi-optional adjustable IHS-BT approach for high resolution optical and SAR image fusion[J]. Chung Cheng Ling Hsueh Pao/ Journal of Chung Cheng Institute of Technology，2013，42 (1):119-128.

[40] GARZELLI A，NENCINI F. Fusion of panchromatic and multispectral images by genetic algorithms[C]//Denver，CO：IEEE International Symposium on Geoscience and Remote Sensing，2006:3810-3813.

[41] ZHOU X, LIU J, LIU S, et al. A GIHS-based spectral preservation fusion method for remote sensing images using edge restored spectral modulation[J]. ISPRS Journal of Photogrammetry and Remote Sensing, 2014, 88:16-27.

[42] YANG Y, WU L, HUANG S, et al. Compensation details-based injection model for remote sensing image fusion[J]. IEEE Geoscience and Remote Sensing Letters, 2018, 15(5): 734-738.

[43] GONZALEZ-AUDICANA M, SALETA J L, CATALAN R G, et al. Fusion of multispectral and panchromatic images using improved IHS and PCA mergers based on wavelet decomposition[J]. IEEE Transactions on Geoscience and Remote Sensing, 2004, 42(6): 1291-1299.

[44] SHAHDOOSTI H R, GHASSEMIAN H. Combining the spectral PCA and spatial PCA fusion methods by an optimal filter[J]. Information Fusion, 2016, 27: 150-160.

[45] GREEN A A, BERMAN M, SWITZER P, et al. A transformation for ordering multispectral data in terms of image quality with implications for noise removal[J]. IEEE Transactions on Geoscience and Remote Sensing, 1988, 26: 65-74.

[46] SHAH V P, YOUNAN N H, KING R L. An efficient pan-sharpening method via a combined adaptive PCA approach and contourlets[J]. IEEE Transactions on Geoscience and Remote Sensing, 2008, 46(5): 1323-1335.

[47] LABEN C A, BROWER B V. Process for enhancing the spatial resolution of multispectral imagery using pan-sharpening: us6011875A[P]. 2000-01-04.

[48] AIAZZI B, BARONTI S, SELVA M. Improving component substitution pansharpening through multivariate regression of MS+PAN data[J]. IEEE Transactions on Geoscience and Remote Sensing, 2007, 45(10): 3230-3239.

[49] ZHONG J, YANG B, HUANG G, et al. Remote sensing image fusion with convolutional neural network[J]. Sensing and Imaging, 2016, 17(1):1-10.

[50] LI S, KWORK J T, WANG Y. Using the discrete wavelet frame transform to merge landsat TM and SPOT panchromatic images[J]. Information Fusion, 2002, 3(1): 17-23.

[51] 斯特海琪. 图像融合:算法与应用[M]. 王强，刘燕，金晶，译. 北京：国防工业出版社，2015.

[52] 苗启广，王宝树. 基于改进的拉普拉斯金字塔变换的图像融合方法[J]. 光学学报，2007，27(9):1605-1610.

[53] MALLAT S G. A theory for multiresolution signal decomposition: the wavelet representation[J]. IEEE Transactions on Pattern Analysis and Machine Intelligence, 1989, 11(7):674-693.

[54] YOCKY D A. Image merging and data fusion by means of the discrete two-dimensional wavelet transform[J]. Journal of the Optical Society of America A, 1995, 12(9): 1834-1841.

[55] CHIBANI Y, HOUACINE A. Redundant versus orthogonal wavelet decomposition for multisensor image fusion[J]. Pattern Recognition, 2003, 36(4):879-887.

[56] NUNEZ J, OTAZU X, FORS O, et al. Multiresolution-based image fusion with additive wavelet decomposition[J]. IEEE Transactions on Geoscience and Remote Sensing, 1999, 37(3):1204-1211.

[57] KIM Y, LEE C, HAN D, et al. Improved additive-wavelet image fusion[J]. IEEE Geoscience and Remote Sensing Letters, 2011, 8(2):263-267.

[58] GHAHREMANI M, GHASSEMIAN H. Remote-sensing image fusion based on Curvelets and ICA[J]. International Journal of Remote Sensing, 2015, 36(16): 4131-4143.

[59] 宋梦馨，郭平. 结合 Contourlet 和 HSI 变换的组合优化遥感图像融合方法[J]. 计算机辅助设计与图形学学报，2012，24(1)：83-88.

[60] CUNHA A L D, ZHOU J, DO M N. The nonsubsampled contourlet transform: theory, design, and applications[J]. IEEE Transactions on Image Processing, 2006, 15(10): 3089-3101.

[61] ZHANG Q, GUO B L. Research on image fusion based on the nonsubsampled contourlet transform[C]//Guangzhou: IEEE International Conference on Control and Automation, 2007: 3239-3243.

[62] 牛彦敏，王旭初. 非子采样 Contourlet 变换系数统计建模及图像去噪应用[J]. 激光与光电子学进展，2010，47(5)：57-61.

[63] YANG Y, WAN W, HUANG S, et al. A novel pan-sharpening framework based on matting model and multiscale transform[J]. Remote Sensing, 2017, 9(4):391.

[64] WEI Q, DOBIGEON N, TOURNERET J Y. Fast fusion of multi-band images based on solving a sylvester equation[J]. IEEE Transactions on Image Processing, 2015, 24(11): 4109-4121.

[65] FASBENDER D, RADOUX J, BOGAERT P. Bayesian data fusion for adaptable image pansharpening[J]. IEEE Transactions on Geoscience and Remote Sensing, 2008, 46(6): 1847-1857.

[66] JOSHI M, JALOBEANU A. MAP estimation for multiresolution fusion in remotely sensed images using an IGMRF prior model[J]. IEEE Transactions on Geoscience and Remote Sensing, 2010, 48(3): 1245-1255.

[67] SHEN H, MENG X, ZHANG L. An integrated framework for the spatio-temporal-spec-

tral fusion of remote sensing images[J]. IEEE Transactions on Geoscience and Remote Sensing, 2016, 54(12): 7135-7148.

[68] 许宁，肖新耀，尤红建，等. HCT变换与联合稀疏模型相结合的遥感影像融合[J]. 测绘学报，2016，45(4)：434-441.

[69] LI S, YANG B. A new pan-sharpening method using a compressed sensing technique[J]. IEEE Transactions on Geoscience and Remote Sensing, 2011, 49(2): 738-746.

[70] JIANG C, ZHANG H, SHEN H, et al. A practical compressed sensing based pan-sharpening method[J]. IEEE Geoscience and Remote Sensing Letters, 2012, 9(4): 629-633.

[71] ZHU X X, BAMLER R. A sparse image fusion algorithm with application to pan-Sharpening[J]. IEEE Transactions on Geoscience and Remote Sensing, 2013, 51(5): 2827-2836.

[72] JIANG C, ZHANG H, SHEN H, et al. Two-step sparse coding for the pan-sharpening of remote sensing images[J]. IEEE Journal of Selected Topics in Applied Earth Observations and Remote Sensing, 2014, 7(5): 1792-1805.

[73] GUO M, ZHANG H, LI J, et al. An online coupled dictionary learning approach for remote sensing image fusion[J]. IEEE Journal of Selected Topics in Applied Earth Observations and Remote Sensing, 2014, 7(7): 1284-1294.

[74] HUANG B, SONG H. Spatiotemporal reflectance fusion via sparse representation[J]. IEEE Transactions on Geoscience and Remote Sensing, 2012, 50(10):3707-3716.

[75] HOU N, DONG H, WANG Z, et al. Non-fragile state estimation for discrete Markovian jumping neural networks[J]. Neurocomputing, 2016, 179: 238-245.

[76] YANG F, DONG H, WANG Z, et al. A new approach to non-fragile state estimation for continuous neural networks with time-delays[J]. Neurocomputing, 2016, 197: 205-211.

[77] YU Y, DONG H, WANG Z, et al. Design of non-fragile state estimators for discrete time-delayed neural networks with parameter uncertainties[J]. Neurocomputing, 2016, 182: 18-24.

[78] YUAN Y, SUN F. Delay-dependent stability criteria for time-varying delay neural networks in the delta domain[J]. Neurocomputing, 2014, 125: 17-21.

[79] ZHANG J, MA L, LIU Y. Passivity analysis for discrete-time neural networks with mixed time-delays and randomly occurring quantization effects[J]. Neurocomputing, 2016, 216: 657-665.

[80] FUKUSHIMA K. Neocognitron: a self-organizing neural network model for a mechanism of pattern recognition unaffected by shift in position[J]. Biological Cybernetics, 1980, 36(4): 193-202.

[81] HINTON G E. Training products of experts by minimizing contrastive divergence[J]. Neural computation, 2002, 14(8): 1771-1800.

[82] LECUN Y, HUANG F J, BOTTOU L. Learning methods for generic object recognition with invariance to pose and lighting[J]. in: Proceedings of IEEE Computer Society Conference on Computer Vision and Pattern Recognition, CVPR, 2004, 2: 97-104.

[83] HINTOM G E, SALAKHUTIDINOV R R. Reducing the dimensionality of data with neural Networks[J]. Science, 2006, 313 (5786): 504-507.

[84] 蔺素珍，韩泽. 基于深度堆叠卷积神经网络的图像融合[J]. 计算机学报，2017，40(11)：2506-2518.

[85] MASI G, COZZOLINO D, VERDOLIVA L, et al. Pansharpening by convolutional neural networks[J]. Remote Sensing, 2016, 8(7): 1-22.

[86] 李红，刘芳，杨淑媛，等. 基于深度支撑值学习网络的遥感图像融合[J]. 计算机学报，2016，39(8)：1583-1596.

[87] WEI Y, YUAN Q, MENG X, et al. Multi-scale-and-depth convolutional neural network for remote sensing imagery pan-sharpening[C]//Yokohama: IEEE International Geoscience and Remote Sensing Symposium, 2017: 3413-3416.

[88] YANG J, FU X, HU Y, et al. PanNet: a deep network architecture for pan-sharpening [C]//Tokyo: IEEE International Conference on Computer Vision. IEEE Computer Society, 2017: 1753-1761.

[89] HUANG W, XIAO L, WEI Z, et al. A new pan-sharpening method with deep neural networks[J]. IEEE Geoscience and Remote Sensing Letters, 2015, 12(5): 1037-1041.

[90] GHAHREMANI M, GHASSEMIAN H. Remote sensing image fusion using ripplet transform and compressed sensing[J]. IEEE Geoscience and Remote Sensing Letters, 2015, 12(3): 502-506.

[91] CHENG J, LIU H, LIU T, et al. Remote sensing image fusion via wavelet transform and sparse representation[J]. ISPRS Journal of Photogrammetry and Remote Sensing, 2015, 104: 158-173.

[92] LIU Y, LIU S, WANG Z. A general framework for image fusion based on multi-scale transform and sparse representation[J]. Information Fusion, 2015, 24: 147-164.

[93] YANG Y, WAN W, HUANG S, et al. Remote sensing image fusion based on adaptive IHS and multiscale guided filter[J]. IEEE Access, 2016, 4: 4573-4582.

[94] VIVONE G, ALPARONE L, CHANUSSOT J, et al. A critical comparison among pansharpening algorithms[J]. IEEE Transactions on Geoscience and Remote Sensing, 2015, 53(5): 2565-2586.

[95] GANGKOFNER U G, PRADHAN P S, HOLCOMB D W. Optimizing the high pass filter addition technique for image fusion[J]. Photogrammetric Engineering and Remote Sensing, 2008, 74 (9): 1107-1118.

[96] SYLLA D, MINGHELLI-ROMAN A, BLANC P, et al. Fusion of multispectral images by extension of the pan-sharpening ARSIS method[J]. IEEE Journal of Selected Topics in Applied Earth Observations and Remote Sensing, 2014, 7(5): 1781-1791.

[97] GARZELLI A, NENCINI F, CAPOBIANCO L. Optimal MMSE pan sharpening of very highresolution multispectral images[J]. IEEE Transactions on Geoscience and Remote Sensing, 2008, 46(1): 228-236.

[98] LEUNG Y, LIU J, ZHANG J. An improved adaptive intensity hue saturation method for the fusion of remote sensing images[J]. IEEE Geoscience and Remote Sensing Letters, 2014, 11(5): 985-989.

[99] YANG Y, WU L, HUANG S, et al. Remote sensing image fusion based on adaptively weighted joint detail injection[J]. IEEE Access, 2018, 6: 6849-6864.

[100] CHEN C, LI Y, LIU W, et al. SIRF: simultaneous satellite image registration and fusion in a unified framework[J]. IEEE Transactions on Image Processing, 2015, 24(11): 4213-4224.

[101] ALPARONE L, BARONTI S, AIAZZI B, et al. Spatial methods for multispectral pansharpening: multiresolution analysis demystified[J]. IEEE Transactions on Geoscience and Remote Sensing, 2016, 54(5): 2563-2576.

[102] HAN C, ZHANG H, GAO C, et al. A remote sensing image fusion method based on the analysis sparse model[J]. IEEE Journal of Selected Topics in Applied Earth Observations and Remote Sensing, 2016, 9(1): 439-453.

[103] WorldView Datasets [EB/oL]. http://www. datatang. com/data /43234 (accessed on 17 September 2015).

[104] Ikonos Datasets [EB/oL]. http://www. isprs. org/data ikonos_ hobart/default. aspx (accessed on 22 March 2016).

[105] QuickBird Datasets [EB/oL]. http://www. glcf. umiacs. umd. edu /data/ (accessed on 12 July 2016).

[106] WANG Z, BOVIK A C. A universal image quality index[J]. IEEE Signal Processing Letters, 2002, 9(3): 81-84.

[107] YANG Y, TONG S, HUANG S, et al. Multifocus image fusion based on NSCT and focused area detection[J]. IEEE Sensors Journal, 2015, 15(5): 2824-2838.

[108] RANCHIN T, WALD L. Fusion of high spatial and spectral resolution images: the

ARSIS concept and its implementation[J]. Photogram Metric Engineering and Remote Sensing, 2000, 66(1): 49-61.

[109] ALPARONE L, WALD L, CHANUSSOT J, et al. Comparison of pansharpening algorithms: Outcome of the 2006 GRSS data fusion contest[J]. IEEE Transactions on Geoscience and Remote Sensing, 2007, 45(10): 3012-3021.

[110] WALD L. Quality of high resolution synthesised images: is there a simple criterion? [C]// Nice, France: Proc. Int. Conf. Fusion Earth Data, 2000: 99-103.

[111] NEZHAD Z H, KARAMI A, HEYLEN R, et al. Fusion of hyperspectral and multispectral images using spectral unmixing and sparse coding[J]. IEEE Journal of Selected Topics in Applied Earth Observations and Remote Sensing. 2016, 9(6): 2377-2389.

[112] ALPARONE L, AIAZZI B, BARONTI S, et al. Multispectral and panchromatic data fusion assessment without reference[J]. Photogrammetric Engineering and Remote Sensing, 2008, 74(2):193-200.

[113] YIN H, LI S, FANG L. Simultaneous image fusion and super-resolution using sparse representation[J]. Information Fusion, 2013, 14(3): 229-240.

[114] 张阿珍，刘政林，邹雪城，等. 基于双三次插值算法的图像缩放引擎的设计[J]. 微电子学与计算机，2007，24(1)：49-51.

[115] MITCHELL H B. Image fusion: theories, techniques and applications[M]. Berlin: Springer Publishing Company, Incorporated, 2010.

[116] 孙岩. 基于小波变换的遥感图像融合技术研究[D]. 哈尔滨：哈尔滨工程大学，2007.

[117] UPLA K P, JOSHI S, JOSHI M V, et al. Multiresolution image fusion using edge-preserving filters[J]. Journal of Applied Remote Sensing, 2015, 9(1): 2501-2526.

[118] BARONTI S, AIAZZI B, SELVA M, et al. A theoretical analysis of the effects of aliasing and misregistration on pansharpened imagery[J]. IEEE Journal of Selected Topics in Signal Processing, 2011, 5(3): 446-453.

[119] SONG Y, WU W, LIU Z, et al. An adaptive pansharpening method by using weighted least squares filter[J]. IEEE Geoscience and Remote Sensing Letters, 2016, 13(1): 18-22.

[120] 禹晶，孙卫，肖创柏. 数字图像处理[M]. 北京：机械工业出版社，2015.

[121] WANG Z, ZIOU D, ARMENAKIS C, et al. A comparative analysis of image fusion methods[J]. IEEE Transactions on Geoscience and Remote Sensing, 2005, 43(6): 1391-1402.

[122] 埃拉德. 稀疏与冗余表示：理论及其在信号与图像处理中的应用[M]. 曹铁勇，杨吉斌，赵斐，等，译. 北京：国防工业出版社，2015.

[123] LI S, YIN H, FANG L. Remote sensing image fusion via sparse representations over learned dictionaries[J]. IEEE Transactions on Geoscience and Remote Sensing, 2013, 51 (9): 4779-4789.

[124] ELAD M, FIGUEIREDO M A T, Ma Y. On the role of sparse and redundant representations in image processing[J]. Proceedings of the IEEE, 2010, 98(6): 972-982.

[125] MALLAT S G, ZHANG Z F. Matching pursuits with time-frequency dictionaries[J]. IEEE Transactions on Signal Processing, 1993, 41(12): 3397-3415.

[126] TIBSHIRANI R. Regression shrinkage and selection via the lasso[J]. Journal of the Royal Statistical Society. Series B: Methodological, 1996, 58(1): 267-288.

[127] AHARON M, ELAD M, BRUCKSTEIN A. K-SVD: an algorithm for designing overcomplete dictionaries for sparse representation[J]. IEEE Transactions on Signal Processing, 2006, 54(11): 4311-4322.

[128] KAPLAN N H, ERER I. Bilateral filtering-based enhanced pansharpening of multispectral satellite images[J]. IEEE Geoscience and Remote Sensing Letters, 2014, 11(11): 1941-1945.

[129] CHOI J, YU K, KIM Y. A new adaptive component-substitution-based satellite image fusion by using partial replacement[J]. IEEE Transactions on Geoscience and Remote Sensing, 2010, 49(1): 295-309.

[130] HE K, SUN J, TANG X. Guided image filtering[J]. IEEE Transactions on Pattern Analysis and Machine Intelligence, 2013, 35(6): 1397-1409.

[131] YANG J, WRIGHT J, HHUANG T. S, et al. Image super-resolution via sparse representation[J]. IEEE Transactions on Image Processing, 2010, 19(11): 2861-2873.

[132] WANG W, JIAO L, YANG S. Fusion of multispectral and panchromatic images via sparse representation and local autoregressive model[J]. Information Fusion, 2014, 20 (1): 73-87.

[133] CHEN S, DONOHO D, SAUNDERS M. Atomic decomposition by basis pursuit[J]. Society for Industrial and Applied Mathematics Review, 2001, 43(1): 129-159.

[134] HUANG B, SONG H, CUI H, et al. Spatial and spectral image fusion using sparse matrix factorization[J]. IEEE Transactions on Geoscience and Remote Sensing, 2013, 52 (3): 1693-1704.

[135] YIN H. Sparse representation with learned multiscale dictionary for image fusion[J]. Neurocomputing, 2015, 148: 600-610.

[136] SONG H, HUANG B, ZHANG K, et al. Spatio-spectral fusion of satellite images based on dictionary-pair learning[J]. Information Fusion, 2014, 18(1): 148-160.

[137] WALD L, RANCHIN T, MANGOLINI M. Fusion of satellite images of different spatial resolutions: assessing the quality of resulting images[J]. Photogrammetric Engineering and Remote Sensing, 1997, 63(6): 691-699.

[138] OTAZU X, GONZALEZ-AUDICANA M, FORS O, et al. Introduction of sensor spectral response into image fusion methods. Application to wavelet-based methods[J]. IEEE Transactions on Geoscience and Remote Sensing, 2005, 43(10): 2376-2385.

[139] KANG X, LI S, BENEDIKTSSON J A. Pansharpening with matting model[J]. IEEE Transactions on Geoscience and Remote Sensing, 2014, 52(8): 5088-5099.

[140] ZHANG Q, LEVINE M D. Robust multi-focus image fusion using multi-task sparse representation and spatial context[J]. IEEE Transactions on Image Processing, 2016, 25(5): 2045-2058.

[141] ZHAO Y, CHEN Q, SUI X, et al. A novel infrared image super-resolution method based on sparse representation[J]. Infrared Physics and Technology, 2015, 71: 506-513.

[142] KATO T, HINO H, MURATA N. Multi-frame image super resolution based on sparse coding[J]. Neural Networks, 2015, 66: 64-78.

[143] DONG W, ZHANG L, SHI G, et al. Nonlocally centralized sparse representation for image restoration[J]. IEEE Transactions on Image Processing A Publication of the IEEE Signal Processing Society, 2013, 22(4): 1618-1628.

[144] LU X, HUANG Z, YUAN Y. MR image super-resolution via manifold regularized sparse learning[M]. London: Elsevier Science Publishers B. V. 2015: 96-104.

[145] LIN Z, LIU R, SU Z. Linearized alternating direction method with adaptive penalty for low-rank representation[C]. Cambridge: Advances in Neural Information Processing Systems, 2011, 612-620.

[146] LING Y, EHLERS M, USERY E L, et al. FFT-enhanced IHS transform method for fusing high-resolution satellite images[J]. Isprs Journal of Photogrammetry and Remote Sensing, 2007, 61(6): 381-392.

[147] AIAZZI B, ALPARONE L, BARONTI S, et al. MTF-tailored multiscale fusion of high-resolution MS and PAN imagery[J]. Photogrammetric Engineering and Remote Sensing, 2006, 72(5): 591-596.

[148] RAHMANI S, STRAIT M, MERKURJEV D, et al. An adaptive IHS pan-sharpening method[J]. IEEE Geoscience and Remote Sensing Letters, 2010, 7(4): 746-750.

[149] ZHANG Y. Problems in the fusion of commercial high-resolution satelitte as well as Landsat 7 images and initial solutions[J]. International Archives of Photogrammetry Re-

mote Sensing and Spatial Information Sciences, 2002, 34(4): 587-592.

[150] YANG G. Y, ZHENG Y. H. Research on multi-objective Decision problem and its solution method[J]. Journal of Mathematics in Practice and Theory, 2012, 2: 108-115.

[151] VIVONE G. Robust band-dependent spatial-detail approaches for panchromatic sharpening[J]. IEEE Transactions on Geosciactions on Remote Sensing, 2019. 57(9): 6421-6433.

[152] GARZELLI A, NENCINI F, CAPOBIANCO L. Optimal MMSE pan sharpening of very high resolution multispectral images[J]. IEEE Transactions on Geoscience and Remote Sensing,2008,46(1):228-236.